中国石油炼油化工技术丛书

大型氮肥技术

主　编　张来勇

副主编　马明燕　赵　敏　胡　健

石油工業出版社

内 容 提 要

本书全面介绍了中国石油重组改制以来，尤其是“十二五”和“十三五”期间在氮肥领域取得的创新成果，重点介绍了中国石油“45/80”大型天然气蒸汽转化、氨合成和尿素合成的工艺技术、关键设备和工程技术等氮肥技术开发成果和经验，以及中国石油生产企业技术进步和装置运行管理创新等方面的内容。

本书可供从事大型氮肥生产及研发的技术人员和管理人员使用，也可作为高等院校相关专业师生的参考书。

图书在版编目（CIP）数据

大型氮肥技术／张来勇主编．—北京：石油工业出版社，2022.3

（中国石油炼油化工技术丛书）

ISBN 978-7-5183-4976-0

Ⅰ.①大… Ⅱ.①张… Ⅲ.①氮肥-化工生产 Ⅳ.①TQ441

中国版本图书馆 CIP 数据核字（2021）第 244150 号

出版发行：石油工业出版社

（北京安定门外安华里 2 区 1 号　100011）

网　址：www.petropub.com

编辑部：（010）64523825　图书营销中心：（010）64523633

经　销：全国新华书店

印　刷：北京中石油彩色印刷有限责任公司

2022 年 3 月第 1 版　2022 年 6 月第 2 次印刷

787×1092 毫米　开本：1/16　印张：12

字数：300 千字

定价：120.00 元

（如出现印装质量问题，我社图书营销中心负责调换）

《中国石油炼油化工技术丛书》

编　委　会

专　家　组

《大型氮肥技术》
编　写　组

主　　编： 张来勇

副 主 编： 马明燕　赵　敏　胡　健

编写人员：（按姓氏笔画排序）

万克西　马　瑞　王　琥　王　琰　王　翥　韦晓奇
牛旭东　文　征　朱建立　刘　涛　安东旭　孙启虎
杨　洁　杨吉红　杨伟冲　何建军　张　婧　张红兰
张明松　张勤涛　张新亮　陈　萍　陈利维　陈胜彬
范吉全　林贤莉　林海涛　金敬科　郑广仁　赵　磊
姜　磊　姜海军　高丛然　郭慧波　唐　硕　常　亮
章　萍　韩广明　景　涛　程　超　雷少华　虞永清
廖君谋　廖新文　薛　涛　戴广来

主审专家： 任敦泾　薛　援

丛书序

创新是引领发展的第一动力，抓创新就是抓发展，谋创新就是谋未来。当今世界正经历百年未有之大变局，科技创新是其中一个关键变量，新一轮科技革命和产业变革正在重构全球创新版图、重塑全球经济结构。党的十八大以来，以习近平同志为核心的党中央坚持创新在我国现代化建设全局中的核心地位，把科技自立自强作为国家发展的战略支撑，面向世界科技前沿、面向经济主战场、面向国家重大需求、面向人民生命健康，深入实施创新驱动发展战略，不断完善国家创新体系，加快建设科技强国，开辟了坚持走中国特色自主创新道路的新境界。

加快能源领域科技创新，推动实现高水平自立自强，是建设科技强国、保障国家能源安全的必然要求。作为国有重要骨干企业和跨国能源公司，中国石油深入贯彻落实习近平总书记关于科技创新的重要论述和党中央、国务院决策部署，始终坚持事业发展科技先行，紧紧围绕建设世界一流综合性国际能源公司和国际知名创新型企业目标，坚定实施创新战略，组织开展了一批国家和公司重大科技项目，着力攻克重大关键核心技术，全力以赴突破短板技术和装备，加快形成长板技术新优势，推进前瞻性、颠覆性技术发展，健全科技创新体系，取得了一系列标志性成果和突破性进展，开创了能源领域科技自立自强的新局面，以高水平科技创新支撑引领了中国石油高质量发展。“十二五”和“十三五”期间，中国石油累计研发形成44项重大核心配套技术和49个重大装备、软件及产品，获国家级科技奖励43项，其中国家科技进步奖一等奖8项、二等奖28项，国家技术发明奖二等奖7项，获授权专利突破4万件，为高质量发展和世界一流综合性国际能源公司建设提供了强有力支撑。

炼油化工技术是能源科技创新的重要组成部分，是推动能源转型和新能源创新发展的关键领域。中国石油十分重视炼油化工科技创新发展，坚持立足主营业务发展需要，不断加大核心技术研发攻关力度，炼油化工领域自主创新能力持续提升，整体技术水平保持国内先进。自主开发的国Ⅴ/国Ⅵ标准汽柴油生产技术，有力支撑国家油品质量升级任务圆满完成；千万吨级炼油、百万吨级乙烯、百万吨级 PTA、“45/80”大型氮肥等成套技术实现工业化；自主百万吨级乙烷制乙烯成套技术成功应用于长庆、塔里木两个国家级示范工程项目；“复兴号”高铁齿轮箱油、超高压变压器油、医用及车用等高附加值聚烯烃、ABS 树脂、丁腈及溶聚丁苯等高性能合成橡胶、PETG 共聚酯等特色优势产品开发应用取得新突破，有力支撑引领了中国石油炼油化工业务转型升级和高质量发展。为了更好地总结过往、谋划未来，我们组织编写了《中国石油炼油化工技术丛书》（以下简称《丛书》），对 1998 年重组改制以来炼油化工领域创新成果进行了系统梳理和集中呈现。

《丛书》的编纂出版，填补了中国石油炼油化工技术专著系列丛书的空白，集中展示了中国石油炼油化工领域不同时期研发的关键技术与重要产品，真实记录了中国石油炼油化工技术从模仿创新跟跑起步到自主创新并跑发展的不平凡历程，充分体现了中国石油炼油化工科技工作者勇于创新、百折不挠、顽强拼搏的精神面貌。该《丛书》为中国石油炼油化工技术有形化提供了重要载体，对于广大科技工作者了解炼油化工领域技术发展现状、进展和趋势，熟悉把握行业技术发展特点和重点发展方向等具有重要参考价值，对于加强炼油化工技术知识开放共享和成果宣传推广、推动炼油化工行业科技创新和高质量发展将发挥重要作用。

《丛书》的编纂出版，是一项极具开拓性和创新性的出版工程，集聚了多方智慧和艰苦努力。该丛书编纂历经三年时间，参加编写的单位覆盖了中国石油炼油化工领域主要研究、设计和生产单位，以及有关石油院校等。在编写过程中，参加单位和编写人员坚持战略思维和全球视野，密切配合、团结协作、群策群力，对历年形成的创新成果和管理经验进行了系统总结、凝练集成和再学习再思考，对未来技术发展方向与重点进行了深入研究分析，展现了严谨求实的科学态度、求真创新的学术精神和高度负责的扎实作风。

值此《丛书》出版之际，向所有参加《丛书》编写的院士专家、技术人员、管理人员和出版工作者致以崇高的敬意！衷心希望广大科技工作者能够从该《丛书》中汲取科技知识和宝贵经验，切实肩负起历史赋予的重任，勇作新时代科技创新的排头兵，为推动我国炼油化工行业科技进步、竞争力提升和转型升级高质量发展作出积极贡献。

站在“两个一百年”奋斗目标的历史交汇点，中国石油将全面贯彻习近平新时代中国特色社会主义思想，紧紧围绕建设基业长青的世界一流企业和实现碳达峰、碳中和目标的绿色发展路径，坚持党对科技工作的领导，坚持创新第一战略，坚持“四个面向”，坚持支撑当前、引领未来，持续推进高水平科技自立自强，加快建设国家战略科技力量和能源与化工创新高地，打造能源与化工领域原创技术策源地和现代油气产业链“链长”，为我国建成世界科技强国和能源强国贡献智慧和力量。

2022 年 3 月

丛书前言

中国石油天然气集团有限公司（以下简称中国石油）是国有重要骨干企业和全球主要的油气生产商与供应商之一，是集国内外油气勘探开发和新能源、炼化销售和新材料、支持和服务、资本和金融等业务于一体的综合性国际能源公司，在国内油气勘探开发中居主导地位，在全球35个国家和地区开展油气投资业务。2021年，中国石油在《财富》杂志全球500强排名中位居第四。2021年，在世界50家大石油公司综合排名中位居第三。

炼油化工业务作为中国石油重要主营业务之一，是增加价值、提升品牌、提高竞争力的关键环节。自1998年重组改制以来，炼油化工科技创新工作认真贯彻落实科教兴国战略和创新驱动发展战略，紧密围绕建设世界一流综合性国际能源公司和国际知名创新型企业目标，立足主营业务战略发展需要，建成了以“研发组织、科技攻关、条件平台、科技保障”为核心的科技创新体系，紧密围绕清洁油品质量升级、劣质重油加工、大型炼油、大型乙烯、大型氮肥、大型PTA、炼油化工催化剂、高附加值合成树脂、高性能合成橡胶、炼油化工特色产品、安全环保与节能降耗等重要技术领域，以国家科技项目为龙头，以重大科技专项为核心，以重大技术现场试验为抓手，突出新技术推广应用，突出超前技术储备，大力加强科技攻关，关键核心技术研发应用取得重要突破，超前技术储备研究取得重大进展，形成一批具有国际竞争力的科技创新成果，推广应用成效显著。中国石油炼油化工业务领域有效专利总量突破4500件，其中发明专利3100余件；获得国家及省部级科技奖励超过400项，其中获得国家科技进步奖一等奖2项、二等奖25项，国家技术发明奖二等奖1项。中国石油炼油化工科技自主创新能力和技术实力实现跨越式发展，整体技术水平和核心竞争力得到大幅度提升，为炼油化工主营业务高质量发展提供了有力技术支撑。

为系统总结和分享宣传中国石油在炼油化工领域研究开发取得的系列科技创新成果，在中国石油具有优势和特色的技术领域打造形成可传承、传播和共享的技术专著体系，中国石油科技管理部和石油工业出版社于 2019 年 1 月启动《中国石油炼油化工技术丛书》（以下简称《丛书》）的组织编写工作。

《丛书》的编写出版是一项系统的科技创新成果出版工程。《丛书》编写历经三年时间，重点组织完成五个方面工作：一是组织召开《丛书》编写研讨会，研究确定 11 个分册框架，为《丛书》编写做好顶层设计；二是成立《丛书》编委会，研究确定各分册牵头单位及编写负责人，为《丛书》编写提供组织保障；三是研究确定各分册编写重点，形成编写大纲，为《丛书》编写奠定坚实基础；四是建立科学有效的工作流程与方法，制定《〈丛书〉编写体例实施细则》《〈丛书〉编写要点》《专家审稿指导意见》《保密审查确认单》和《定稿确认单》等，提高编写效率；五是成立专家组，采用线上线下多种方式组织召开多轮次专家审稿会，推动《丛书》编写进度，保证《丛书》编写质量。

《丛书》对中国石油炼油化工科技创新发展具有重要意义。《丛书》具有以下特点：一是开拓性，《丛书》是中国石油组织出版的首套炼油化工领域自主创新技术系列专著丛书，填补了中国石油炼油化工领域技术专著丛书的空白。二是创新性，《丛书》是对中国石油重组改制以来在炼油化工领域取得具有自主知识产权技术创新成果和宝贵经验的系统深入总结，是中国石油炼油化工科技管理水平和自主创新能力的全方位展示。三是标志性，《丛书》以中国石油具有优势和特色的重要科技创新成果为主要内容，成果具有标志性。四是实用性，《丛书》中的大部分技术属于成熟、先进、适用、可靠，已实现或具备大规模推广应用的条件，对工业应用和技术迭代具有重要参考价值。

《丛书》是展示中国石油炼油化工技术水平的重要平台。《丛书》主要包括《清洁油品技术》《劣质重油加工技术》《炼油系列催化剂技术》《大型炼油技术》《炼油特色产品技术》《大型乙烯成套技术》《大型芳烃技术》《大型氮肥技术》《合成树脂技术》《合成橡胶技术》《安全环保与节能减排技术》等 11 个分册。

《清洁油品技术》：由中国石油石油化工研究院牵头，主编何盛宝。主要包括催化裂化汽油加氢、高辛烷值清洁汽油调和组分、清洁柴油及航煤、加氢裂化生产高附加值油品和化工原料、生物航煤及船用燃料油技术等。

《劣质重油加工技术》：由中国石油石油化工研究院牵头，主编高雄厚。

主要包括劣质重油分子组成结构表征与认识、劣质重油热加工技术、劣质重油溶剂脱沥青技术、劣质重油催化裂化技术、劣质重油加氢技术、劣质重油沥青生产技术、劣质重油改质与加工方案等。

《炼油系列催化剂技术》：由中国石油石油化工研究院牵头，主编马安。主要包括炼油催化剂催化材料、催化裂化催化剂、汽油加氢催化剂、煤油及柴油加氢催化剂、蜡油加氢催化剂、渣油加氢催化剂、连续重整催化剂、硫黄回收及尾气处理催化剂以及炼油催化剂生产技术等。

《大型炼油技术》：由中石油华东设计院有限公司牵头，主编谢崇亮。主要包括常减压蒸馏、催化裂化、延迟焦化、渣油加氢、加氢裂化、柴油加氢、连续重整、汽油加氢、催化轻汽油醚化以及总流程优化和炼厂气综合利用等炼油工艺及工程化技术等。

《炼油特色产品技术》：由中国石油润滑油公司牵头，主编杨俊杰。主要包括石油沥青、道路沥青、防水沥青、橡胶油白油、电器绝缘油、车船用润滑油、工业润滑油、石蜡等炼油特色产品技术。

《大型乙烯成套技术》：由中国寰球工程有限公司牵头，主编张来勇。主要包括乙烯工艺技术、乙烯配套技术、乙烯关键装备和工程技术、乙烯配套催化剂技术、乙烯生产运行技术、技术经济型分析及乙烯技术展望等。

《大型芳烃技术》：由中国昆仑工程有限公司牵头，主编劳国瑞。介绍中国石油芳烃技术的最新进展和未来发展趋势展望等，主要包括芳烃生成、芳烃转化、芳烃分离、芳烃衍生物以及芳烃基聚合材料技术等。

《大型氮肥技术》：由中国寰球工程有限公司牵头，主编张来勇。主要包括国内外氮肥技术现状和发展趋势、以天然气为原料的合成氨工艺技术和工程技术、合成氨关键设备、合成氨催化剂、尿素生产工艺技术、尿素工艺流程模拟与应用、材料与防腐、氮肥装置生产管理、氮肥装置经济性分析等。

《合成树脂技术》：由中国石油石油化工研究院牵头，主编胡杰。主要包括合成树脂行业发展现状及趋势、聚乙烯催化剂技术、聚丙烯催化剂技术、茂金属催化剂技术、聚乙烯新产品开发、聚丙烯新产品开发、聚烯烃表征技术与标准化、ABS 树脂新产品开发及生产优化技术、合成树脂技术及新产品展望等。

《合成橡胶技术》：由中国石油石油化工研究院牵头，主编龚光碧。主要包括丁苯橡胶、丁二烯橡胶、丁腈橡胶、乙丙橡胶、丁基橡胶、异戊橡胶、苯乙烯热塑性弹性体等合成技术，还包括橡胶粉末化技术、合成橡胶加工与应用技术及合成橡胶标准等。

《安全环保与节能减排技术》：由中国石油集团安全环保技术研究院有限公司牵头，主编闫伦江。主要包括设备腐蚀监检测与工艺防腐、动设备状态监测与评估、油品储运雷电静电防护，炼化企业污水处理与回用、VOCs 排放控制及回收、固体废物处理与资源化、场地污染调查与修复，炼化能量系统优化及能源管控、能效对标、节水评价技术等。

《丛书》是中国石油炼油化工科技工作者的辛勤劳动和智慧的结晶。在三年的时间里，共组织中国石油石油化工研究院、寰球工程公司、大庆石化、吉林石化、辽阳石化、独山子石化、兰州石化等 30 余家科研院所、设计单位、生产企业以及中国石油大学（北京）、中国石油大学（华东）等高校的近千名科技骨干参加编写工作，由 20 多位资深专家组成专家组对书稿进行审查把关，先后召开研讨会、审稿会 50 余次。在此，对所有参加这项工作的院士、专家、科研设计、生产技术、科技管理及出版工作者表示衷心感谢。

掩卷沉思，感慨难已。本套《丛书》是中国石油重组改制 20 多年来炼油化工科技成果的一次系列化、有形化、集成化呈现，客观、真实地反映了中国石油炼油化工科技发展的最新成果和技术水平。真切地希望《丛书》能为我国炼油化工科技创新人才培养、科技创新能力与水平提高、科技创新实力与竞争力增强和炼油化工行业高质量发展发挥积极作用。限于时间、人力和能力等方面原因，疏漏之处在所难免，希望广大读者多提宝贵意见。

前言

中国石油在氮肥生产领域具有悠久的历史，并通过不断创新，开发出“30/52”和“45/80”等系列的氨合成和尿素技术。开发形成的国内首个“45/80”天然气蒸汽转化法大型氮肥成套技术，不仅引领了行业的技术发展，而且提升了相关关键设备的制造水平和能力，为中国氮肥工业的腾飞做出了积极贡献。为全面总结中国石油重组改制以来，尤其是“十二五”和“十三五”期间在氮肥领域取得的创新成果，分享中国石油科技自主创新能力和成功经验，组织编写了《大型氮肥技术》这本专著，以飨读者。

本书是《中国石油炼油化工技术丛书》分册之一。简要介绍了国内外氮肥生产的工艺技术和发展趋势，重点梳理总结了中国石油“45/80”大型天然气蒸汽转化、氨合成和尿素合成的工艺技术、关键设备和工程技术等氮肥技术开发成果和经验，以及中国石油生产企业技术进步和装置运行管理创新等内容，覆盖范围较广。

本书主编单位为中国寰球工程有限公司，参编单位有中国石油宁夏石化公司、乌鲁木齐石化公司、大庆石化公司。本书共六章，第一章由张来勇、陈萍、唐硕、高丛然等编写；第二章由唐硕、马明燕、陈萍、陈胜彬等编写；第三章由杨伟冲、高丛然等编写；第四章由马明燕、杨吉红、姜海军、金敬科等编写；第五章由张婧、牛旭东等编写；第六章由唐硕、陈萍、高丛然等编写。全书由张来勇、胡健和马明燕负责统稿，并由张来勇定稿。

本书编写过程中得到了主审专家任敦泾、薛援，以及审稿专家胡友良、杜建荣、段伟的大力支持和帮助。集团公司科技管理部副总经理杜吉洲、集团公司高级专家于建宁，石油工业出版社相关领导和编辑给予了大力指导和支持，在此向他们表示诚挚的感谢。

本书涉及专业领域较多、技术性强，由于编者水平和经验所限，虽经多次审查和完善，仍难免有不妥之处，敬请读者批评指正！

目录

第一章　绪论 …… 1
第一节　国内外氮肥技术现状 …… 1
第二节　中国石油氮肥技术概况 …… 6
参考文献 …… 11

第二章　以天然气为原料的合成氨技术 …… 12
第一节　合成氨技术进展 …… 12
第二节　合成氨工艺技术 …… 13
第三节　工艺流程模拟及计算流体力学分析 …… 45
第四节　合成氨关键设备 …… 55
第五节　合成氨工程设计技术 …… 74
第六节　过程控制技术 …… 83
第七节　合成氨催化剂 …… 87
参考文献 …… 90

第三章　尿素生产技术 …… 92
第一节　尿素生产技术进展 …… 92
第二节　尿素生产工艺技术 …… 94
第三节　尿素工艺流程模拟与应用 …… 105
第四节　尿素关键设备 …… 115
第五节　节能降耗措施 …… 122
第六节　材料与防腐 …… 124
第七节　生产排放及处理措施 …… 131
第八节　过程检测及关键控制回路 …… 135
参考文献 …… 139

第四章　装置生产管理 …… 140
第一节　生产技术管理 …… 140
第二节　设备管理 …… 143
第三节　安全生产管理 …… 151
第四节　先进控制和信息化技术应用 …… 154

参考文献 …… 159

第五章　大型氮肥项目经济性分析 …… 160
第一节　经济性分析简介 …… 160
第二节　项目经济性分析 …… 160
参考文献 …… 166

第六章　氮肥技术展望 …… 167
第一节　合成氨技术展望 …… 167
第二节　尿素技术展望 …… 173
参考文献 …… 174

第一章　绪　　论

氮肥是使用量最大的肥料品种，施用氮肥是农作物增产不可替代的重要措施和有效途径，对保障粮食安全、社会稳定和促进经济的持续快速发展起到了非常重要的作用。合成氨是化肥工业的基础，世界上90%以上的氮肥都是通过合成氨加工得到。尿素不仅是最主要的氮肥，而且也是重要的工业原料，广泛应用于合成材料、黏结剂、炸药、纺织、林业等领域。

我国氮肥工业经过60多年的发展，取得了举世瞩目的成绩，产能产量规模居世界第一，工艺技术和装备水平取得长足发展，产业结构升级稳步推进，行业总体水平不断进步。新一轮科技革命和产业变革蓬勃兴起，科技创新成为增强国家综合实力和提高社会生产力的战略支撑，绿色、清洁、低碳已成为世界能源发展的重要趋势。我国氮肥工业面对新科技革命和产业变革，与新一代信息技术、智能制造技术等充分融合，实现创新发展、绿色发展和可持续发展。

“十五”期间，国家经济贸易委员会等组织寰球工程公司等单位攻克了煤基年产$30×10^4$t合成氨和$52×10^4$t尿素工艺及工程技术，但大型天然气蒸汽转化制合成氨和尿素工艺技术仍然依赖进口。为此，“十二五”期间，中国石油天然气集团公司设立“大型氮肥工业化成套技术开发”重大科技专项，开发以天然气为原料年产$45×10^4$t合成氨和$80×10^4$t尿素工艺技术，并自主设计、制造一段蒸汽转化炉、氨合成塔、大型空气压缩机组、合成气压缩机组、二氧化碳压缩机组、尿素高压设备、大型反应器、塔器和余热回收器等关键设备，实现大型氮肥装置的装备国产化，形成国内首个具有自主知识产权的天然气蒸汽转化法的$45×10^4$t/a合成氨、$80×10^4$t/a尿素大型氮肥工业化成套技术(以下简称中国石油大型氮肥技术)，并在中国石油宁夏石化公司$45×10^4$t/a合成氨、$80×10^4$t/a尿素装置(以下简称宁夏石化“45/80”大氮肥装置)上成功应用，装置能耗、物耗等主要技术经济指标达到国际同类装置的先进水平。

该大型氮肥工业化成套技术的成功开发使我国拥有了天然气蒸汽转化法制合成氨和尿素的自主技术、自主设计能力，并具备了大型氮肥装备制造、加工能力，对我国实现节能减排、绿色低碳生产、提高行业整体技术水平具有重要影响。

第一节　国内外氮肥技术现状

氮肥是世界农业使用量最大的肥料品种。世界上第一座工业化的合成氨工厂由哈伯—博施(Haber—Bosch)于1913年建立，德国法本公司于1922年建立了世界上第一座以氨和二氧化碳为原料生产尿素的工厂，氮肥工业的雏形由此形成。经过百余年的发展，氮肥工业在产量和技术水平上取得了巨大进步。

一、合成氨技术现状

氨是重要的基础化工产品，合成氨及相关衍生物的消耗量是一个国家农业发展水平的体现。合成氨产业最重要的下游消费领域是化肥生产，约70%的氨用于生产各类农用化肥。同时，氨可作为生产胺、染料、炸药、合成纤维、合成树脂等化学品的原料。近年来，由于环保要求的不断提高，氨也被广泛应用于烟气选择性催化还原法(SCR)脱硝中，以减少烟气排放中的氮氧化物含量。

生产合成氨的主要原料按相态可以分为气体原料、液体原料和固体原料。气体原料主要为天然气、焦炉气等，液体原料主要为石脑油、重质油等，固体原料主要为煤、石油焦(或焦炭)等。早期合成氨工业原料以焦炭为主，20世纪五六十年代由于炼油技术的进步，逐渐发展了以石脑油、重油等液体为原料的合成气制备技术。70年代以后天然气取代焦炭成为主要原料。目前，合成氨生产的原料以天然气和煤为主。以天然气为原料的大型合成氨技术以其技术成熟、流程简捷、装置投资低、环境友好、生产操作稳定等特点成为世界主流合成氨原料路线，产能占比约为70%。基于我国煤多气少的资源禀赋，国内合成氨生产主要以煤为原料，占比约为76%，以天然气为原料的合成氨装置占比约为21%。

合成氨工业从建立到现在已历经100余年的历史，单套生产装置的规模由5t/d发展到3000t/d以上，工业装置的反应压力由30MPa降至10~15MPa，合成氨技术和装备水平均得到了很大的提升。现代大型合成氨装置被认为是最为庞大复杂的代表性工业装置之一。

1. 国外合成氨技术现状

(1) 以天然气为原料的合成氨技术。

国外合成氨技术主要采用天然气为原料，其制备合成气的方法有蒸汽转化法、部分氧化法、换热式转化法等，其中蒸汽转化法是最典型、最普遍的工艺方法。天然气蒸汽转化制氨的典型流程如图1-1所示。

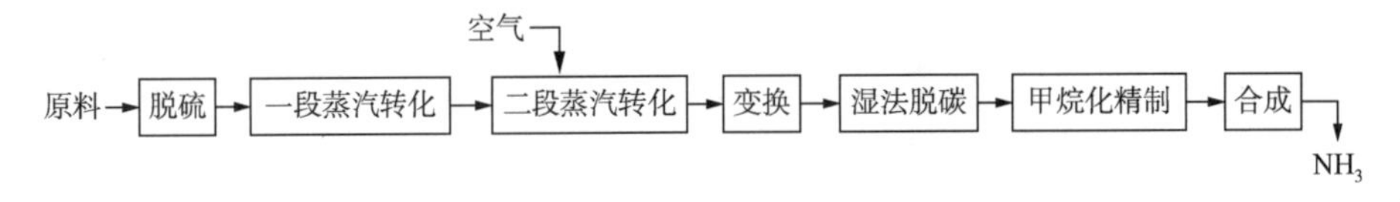

图1-1 天然气蒸汽转化制氨典型流程示意图

原料天然气经过脱硫等预处理后在一、二段蒸汽转化工序发生蒸汽转化反应，生成氢气、一氧化碳、二氧化碳等工艺气体；工艺气体经过一氧化碳变换、二氧化碳脱除、甲烷化等净化工序得到氨合成反应所需氢气及氮气；氨合成反应在氨合成塔中进行，生成的气氨经热回收及冷冻系统冷凝为液氨后从合成回路分离出来。

目前，国外以天然气为原料的大型合成氨技术专利商主要有美国凯洛格·布朗·路特公司(KBR)、丹麦托普索公司(Topsøe)、德国伍德公司(Uhde)等。

(2) 以煤为原料的合成氨技术。

20世纪三四十年代合成氨生产大多以煤为原料，由于流程复杂、污染严重等原因，从60年代起逐渐被天然气所取代。21世纪以来，世界各国相继开发出多种类型的煤气化技术，现代煤气化技术逐渐向高压、高温、清洁化、大型化发展，纯氧加压气化制合成气技术逐渐成熟。以煤为原料制氨的典型流程如图 1-2 所示。其中，合成气制备和净化工艺与天然气原料制氨有明显差别。

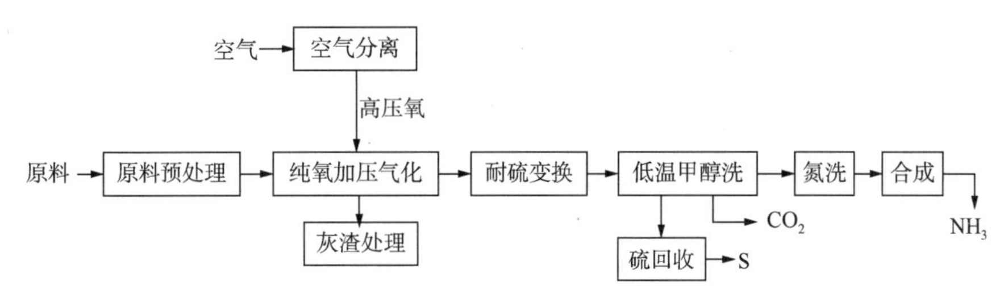

图 1-2 以煤为原料制氨典型流程示意图

煤气化技术是合成气制备的关键技术。目前正在应用的煤气化炉有很多类型，所有这些气化炉都有一个共同的特征，即在气化炉中，煤在高温条件下与气化剂反应，使固体原料转化成气体，只剩下含灰的残渣。通常气化剂采用水蒸气、氧(空气)或 CO_2。粗合成气中的组成是 CO、H_2和 CH_4，同时还有 CO_2、H_2O 和 N_2等。此外，还有硫化物、烃类产物和其他微量成分。粗合成气组成取决于煤的种类、气化工艺、气化剂的组成等。

按固体原料的运动状态，气化工艺可分为移动床(固定床)气化法、流化床气化法和气流床气化法等。目前洁净煤气化技术的主流是气流床气化技术，具有煤种适用性广泛、合成气质量好、氧耗低、热效率高、环境友好等特点。根据进料方式不同，气流床气化技术又可以分成两类：一是干煤粉加压气化技术，包括 Shell 粉煤气化、GSP 粉煤气化等；二是水煤浆加压气化技术，包括 GE 水煤浆气化等[1]。

在合成气净化部分，煤气化得到的粗合成气需要经过一氧化碳变换、二氧化碳脱除和少量杂质脱除以满足氨合成要求。但因粗合成气的组成与天然气蒸汽转化的合成气不同，所以在净化工艺选择上有明显差别。

通常采用低温甲醇洗工艺脱除由含硫渣油或煤气化生成气体中的 CO_2和硫化物。低温甲醇洗是基于物理吸收的气体净化方法，该法是用甲醇同时或分段脱除 H_2S、CO_2和各种有机硫、HCN、C_2H_2、C_3及 C_4以上的气态烃、水蒸气等，可以达到很高的净化度。基于甲醇对 H_2、N_2和 CO 的溶解度小，而且在溶液减压闪蒸过程中优先解吸，从而可通过分级闪蒸来回收，使气体在净化过程中有效成分的损失减至最低。随着吸收温度的降低，甲醇对酸性气体的选择性提高，因此，此法宜在较低温度下操作。

在低温甲醇洗的下游，通常设置液氮洗用于脱除 CO，同时还可从合成气中脱除甲烷、氩等惰性气。液氮洗属深冷技术，其主要优点是产品合成气的纯度很高，惰性气甲烷和氩几乎脱尽，且干燥无水，合成回路无惰性气体排放，降低了氨合成的能耗和物耗。以煤为原料制合成氨时，空气分离装置在提供气化所需氧气的同时，能提供高纯度氮气及液态氮供液氮洗使用，因此液氮洗通常是最终脱除一氧化碳等少量杂质的最优选择。与其他工艺相比，液氮洗装置可灵活、准确调整氢氮比，使氨合成回路的运行操作平稳可靠。

(3) 以液态烃为原料的合成氨技术。

液态烃原料主要涉及两种从石油中提炼出来的物质，即石脑油和重质油。

石脑油是来自石油馏出的较轻馏分，一般馏程在 40~130℃。为了扩大其来源，可放宽到 30~220℃。H/C 原子比约 2.23，碳原子数为 C_4—C_9[2]。这种原料的工艺技术与天然气蒸汽转化法本质上基本相同，但需重点关注三点：首先是脱硫，石脑油中可能会含有较多的硫，且其结构也与气体中的硫不尽相同；其次是要采用耐烯烃的专用催化剂，避免析炭堵塞活性表面；第三是采用较高的水碳比，一般为 3.7~4.0。

石脑油蒸汽转化工艺最先由 ICI 开发应用。在 20 世纪五六十年代，一度曾被一些没有天然气资源的国家所推广，如日本、欧洲及一些发展中国家。但从 20 世纪 70 年代中期开始，随着石脑油价格急剧上涨，这类工厂陆续改用天然气或液化石油气为原料，有的甚至被迫停产。

重质油原料包括减压渣油、常压重油甚至原油，要根据各地的原油加工深度而定。这类原料的合成气制备方法有多种工艺技术可供选择，一般根据对所制得粗合成气热值的要求而定，大体可分为热裂解法、加氢裂解法、催化裂化法、部分氧化法等。适合于生产合成氨的主要为部分氧化法。部分氧化法制得的粗合成气中有效气体 H_2和 CO 含量达到 90%以上，由于气化温度高，粗合成气中除甲烷外基本不含其他烃类。

重质油部分氧化法工艺流程主要由四部分组成：重质油和气化剂的输送、加压、预热、预混合；重质油和气化剂通过烧嘴进入气化炉，在高温下进行非催化部分氧化反应；反应热回收利用，在激冷室高温裂解气被激冷水冷却并被水蒸气充分饱和，同时脱除大量炭黑，或在废热锅炉回收裂解气热量副产蒸汽；裂解气的洗涤，彻底清除炭黑。根据高温裂解气显热回收方式，部分氧化工艺分为激冷流程、废热锅炉流程及激冷—废热锅炉复合型流程[2]。

2. 国内合成氨技术现状

中华人民共和国成立以后，我国建设了一批中型氮肥厂，1956 年由化工部化工设计院(寰球工程公司前身)自行设计了首个 7.5×10^4t/a 的合成氨装置，并建设了四川化工厂，标志着我国已经基本具备自主的合成氨技术能力。1958 年，化工部化工设计院又根据四川化工厂的设计生产经验，编制了年产 5×10^4t 合成氨装置的定型设计，建设了衢州化工厂、吴泾化工厂和广州化工厂，标志着我国在中小型合成氨技术上具备了自主设计、自主设备制造、自主施工建设的能力。1964 年，化工部化工设计院开发了“以煤为原料，采用三触媒净化流程”的合成氨技术，并在石家庄化肥厂三期扩建工程成功应用。随后，又开发了 10%烯烃的焦化干气蒸汽转化法制合成氨、焦炉气蒸汽转化法制合成氨、炼厂气催化部分氧化法制合成氨等技术，支撑我国建设了一批以油、气、煤为原料的中型氮肥厂。

20 世纪 50 年代，世界范围内合成氨装置开始趋于大型化。我国合成氨工业装置大型化起步相对较晚，直到 70 年代才进入合成氨装置大型化阶段，先后从法国赫尔梯公司(Heurtey)引进 3 套石脑油蒸汽转化制氨技术，建于南京、安庆、广州；从日本东洋公司(Toyo)引进 2 套天然气蒸汽转化制氨技术，建在四川化工总厂和齐鲁石化公司第二化肥厂；从美国凯洛格公司(Kellogg)引进 8 套天然气蒸汽转化制氨技术，分别建在泸州、赤水、云南、沧州、辽河、大庆、洞庭及枝江，后两套装置因天然气未能按计划送到而改为以石脑油为原料进行生产；从日本宇部公司(UBE)引进 3 套德士古(Texaco)渣油部分氧化法制氨技术，建于镇海、银川、乌鲁木齐。以上装置规模都是年产 30×10^4t 合成氨及$(48\sim52)\times10^4$t 尿素。

20 世纪 80 年代，新一轮的引进工作开始。从德国 Uhde 公司引进 ICI-AMV 法天然气蒸汽转化制氨技术，建于河南濮阳；引进德国鲁奇公司(Lurgi)烟煤纯氧连续气化法制氨技术，建于山西潞城；从法国德希尼布公司(Technip)引进2套布朗(Braun)工艺天然气制氨技术，建于辽宁锦西及重庆建峰；从意大利塔克尼蒙特公司(Tecnimont)引进布朗工艺天然气制氨技术，建于乌鲁木齐；从Toyo公司引进3套Shell渣油制氨技术，建于九江、呼和浩特和兰州；从日本UBE公司引进Texaco法水煤浆制氨技术，建于陕西渭南；从德国Linde公司引进Texaco渣油制氨技术，建于大连；从日本千代田公司(Chiyoda)引进ICI-AMV法天然气蒸汽转化制氨技术，建于海南富岛。

20世纪70年代引进的天然气制合成氨装置均进行了以"节能降耗"和"扩能增产"为目的的技术改造，合成氨吨氨能耗由41.87GJ降至33.49GJ，且生产能力提高了15%以上。80年代引进的渣油制合成氨装置也进行过增产10%的改造，具备了日产1100t合成氨的能力。21世纪初，中国石油组织大庆石化、宁夏石化、乌鲁木齐石化3套1000t/d合成氨装置实施增产50%改造，具备了1500t/d合成氨的生产能力(45×10^4t/a)。

20世纪90年代，在高油价压力下，为了改善装置的经济性，多套装置开始进行以"原料结构和产品结构调整"为核心内容的技术改造，原料结构调整包括轻油型装置的"油改煤"(采用Shell或Texaco煤气化工艺，以煤替代轻油)、渣油型装置的"油改气"(采用天然气部分氧化工艺，以天然气替代渣油)或"渣油劣质化"(使用脱油沥青替代渣油)；产品结构调整包括转产或联产氢气、甲醇等。

进入21世纪，中国大型氮肥生产技术有了新的发展，开始了大型合成氨技术的自主开发之路。2004年，山东德州华鲁恒升股份有限公司建设的国内首套拥有自主知识产权的30×10^4t/a合成氨装置成功开车，寰球工程公司自主设计的氨合成塔达到设计值，操作平稳，成为中国首家大型氨合成技术和氨合成塔的专利商。

"十二五"期间，中国石油组织的"大型氮肥工业化成套技术开发"重大科技专项联合攻关以天然气为原料生产45×10^4t/a合成氨的自主成套技术。设计、制造了一段蒸汽转化炉、氨合成塔、大型空气压缩机组、合成气压缩机组、大型反应器、换热器和废热锅炉等关键设备，实现了大型氮肥装置的自主工艺、自主设计、自主制造。重大科技专项的依托工程——宁夏石化"45/80"大氮肥装置的开车成功，标志着中国石油掌握了以天然气为原料的大型氮肥工程自主技术。该技术的能耗、物耗等主要技术经济指标达到国际同类装置的先进水平，打破了国外对大型氮肥技术长期垄断的局面。

基于我国煤炭资源丰富的特点，近年来我国煤制合成氨厂逐渐占据主流，煤气化技术也得到了一定的发展，新型对置式多喷嘴水煤浆加压气化技术、多元料浆煤气化技术、航天粉煤加压气化技术等都实现了工业化应用。

在工艺技术不断进步的同时，新型氨合成催化剂也研发成功。2020年，中国石油等单位共同研发了高性能钌基氨合成催化剂制备技术及以煤为原料的"铁钌接力催化"氨合成工艺，建立了世界首套以煤为原料的万吨级"铁钌接力催化"氨合成工业装置，打破了国外公司在钌系催化剂工业化应用上的长期技术垄断。

二、尿素技术现状

尿素既是重要农用物资，又是重要的工业产品原料。2020年，世界尿素总产能约2.1×10^8t/a。尿素产能主要集中在亚洲，其中中国的产能最大，约占世界总产能的35%。我国尿素产量在2015年达到峰值7493×10^4t，随着供给侧改革的深入，大批落后产能被清退或改造转产，2020年尿素产量约为5592×10^4t。国际上近年新增产能主要集中在北美和非洲地区。

工业上尿素的制备是以二氧化碳和液氨为原料，在高温和高压条件下直接生产。尿素生产工艺已经从由半循环法和传统水溶液全循环法，发展到二氧化碳汽提法和氨汽提法[3]。

传统水溶液全循环法，又称碳铵盐水溶液全循环法工艺，是在20世纪四五十年代最早实现全循环的尿素生产流程。目前在中国水溶液全循环法的中小型尿素厂有一百多套，新建的尿素装置已经很少采用这种工艺技术，现代尿素生产均采用成熟的二氧化碳汽提和氨汽提技术。

1. 国外尿素工艺技术现状

国外尿素工艺技术主要有荷兰斯塔米卡邦公司(Stamicarbon)的二氧化碳汽提工艺、意大利司南普吉提公司(Snamprogetti)的氨汽提工艺和日本东洋公司的ACES工艺等。三种工艺的原料氨和二氧化碳的消耗大体相同，其工艺流程的先进性主要体现在公用工程的消耗指标上。

2. 国内尿素技术现状

我国在20世纪60年代初引进一套斯塔米卡邦公司的水溶液全循环工艺尿素装置，建在四川泸州。1965年，上海化工研究院完成了水溶液全循环工艺的中间试验，进行了一系列数据的测定，并在消化吸收引进装置的基础上，自行设计了石家庄化肥厂400t/d的水溶液全循环工艺装置，于1967年成功投运，其后有30多套同规模的水溶液全循环工艺装置陆续建成投产。水溶液全循环法的中小型尿素装置在国内数量是最多的，有100多套，但是随着产业升级，水溶液全循环法已经属于逐步淘汰的技术，新建装置已经不再采用该技术。

汽提法的大中型尿素装置自20世纪70年代开始陆续引进。我国从1973年开始引进1620t/d二氧化碳汽提工艺的大型尿素装置，在1978年又采取购买专利、与国外工程公司合作设计及合作采购的方式建设了3套1740t/d改进型二氧化碳汽提工艺的尿素装置。1997年和2001年，两次引进新的二氧化碳汽提工艺——池式冷凝器技术。20世纪80年代后期我国引进了第一套52×10^4t/a大型氨汽提尿素装置。之后陆续引进30多套大中型氨汽提工艺的尿素装置。在我国有2套ACES工艺技术尿素装置，建在河北魏县和陕西渭南，目前只有陕西的装置还在运行中。

20世纪60年代引进水溶液全循环法(荷兰Stamicarbon)，70—90年代又先后引进二氧化碳汽提、氨汽提和ACES工艺技术，我国引进了除美国UTI法(孟山都，孟买克公司)之外的几乎所有国际上先进的尿素工艺。

经过几十年的消化吸收，我国在尿素装置设计、设备制造和生产运行管理方面积累了丰富的经验，并结合国内技术成果，加以改进创新。

第二节　中国石油氮肥技术概况

一、中国石油氮肥生产企业

中国石油在氮肥生产领域已有多年生产运营经验，宁夏石化、乌鲁木齐石化、大庆石化、吉林石化、独山子石化等生产企业拥有多套氮肥装置。上述企业除吉林石化采用渣油为原料外，其余均采用天然气为原料。中国石油氮肥生产企业产能及主要工艺技术见表1-1。

表1-1 中国石油氮肥生产企业产能及主要工艺技术

序号	生产企业及装置	装置规模，$10^4t/a$	主要技术
1	宁夏石化 第一套化肥装置	合成氨：30； 尿素：52	合成氨：原以渣油为原料，采用 Texaco 气化工艺，1988 年投产。2003 年改造为天然气为原料，采用 Texaco 气化技术。酸性气体脱除采用 Linde 公司低温甲醇洗技术。氨合成采用 Topsøe 公司技术。 尿素：引进 Stamicarbon 二氧化碳汽提工艺，1988 年投产
2	宁夏石化 第二套化肥装置	合成氨：45； 尿素：80	合成氨：以天然气为原料，1999 年建成投产，原为 30t/a 合成氨装置。2005 年进行扩能改造，集合了 Topsøe 的转化技术、BASF 脱碳技术和 Cassle 氨合成技术，实现年产 45×10^4t 合成氨。 尿素：引进 Snamprogetti 氨汽提工艺，1999 年建成投产。2005 年进行扩能改造，实现年产 80×10^4t 尿素的产能
3	宁夏石化 第三套化肥装置	合成氨：45； 尿素：80	以天然气为原料，采用中国石油氮肥技术，2018 年投产
4	乌鲁木齐石化 第一套化肥装置	合成氨：45； 尿素：80	合成氨：以渣油为原料，采用 Texaco 气化技术，1985 年投产。2008—2010 年实施了原料渣油改天然气及扩能增产 50%的改造。 尿素：引进 Stamicarbon 二氧化碳汽提工艺，1985 年投产。2010 年完成装置增产改造，尿素生产规模为 $80\times10^4t/a$
5	乌鲁木齐石化 第二套化肥装置	合成氨：30； 尿素：52	合成氨：以天然气为原料，采用 Braun 合成氨工艺，1997 年投产。 尿素：引进 Stamicarbon 二氧化碳汽提工艺，1997 年投产
6	大庆石化	合成氨：45； 尿素：80	合成氨：以天然气为原料，采用凯洛格蒸汽转化工艺、苯菲尔脱碳、Topsøe 氨合成塔，日产合成氨 1000t，1976 年投产。2005 年完成装置 50%增产改造，合成氨生产规模为 $45\times10^4t/a$。 尿素：引进 Stamicarbon 二氧化碳汽提工艺，日产尿素 1620t，1976 年投产。2005 年完成装置增产改造，尿素生产规模为 $80\times10^4t/a$
7	独山子石化	合成氨：45； 尿素：80	合成氨：以天然气为原料，采用 Topsøe 合成氨工艺，2010 年投产。 尿素：引进 Snamprogetti 氨汽提工艺，2010 年投产
8	吉林石化	合成氨：30	合成氨：以减压渣油为原料，采用 Texaco 气化技术，空分、气体净化采用 Linde 技术，氨合成采用 Casale 合成塔技术，2003 年投产

二、中国石油氮肥技术发展历程

中国石油时刻走在氮肥工艺技术发展的前沿，密切跟踪世界氮肥技术的发展潮流，在氮肥领域有着长期的积累和丰富的经验。

重组 20 多年以来，中国石油紧跟国内外技术发展趋势，不断推动化肥企业技术改造。主要措施包括：组织了大庆石化、乌鲁木齐石化、宁夏石化各一套化肥装置实现了 50%扩能改造；包括所有化肥装置在内的中国石油炼化企业 MSE 信息化系统建设；以安全环保隐患治理为中心的技术改造；以能量优化为目标的智能化管理技术与攻关等。通过以上改造，中国石油所有化肥企业在主要经济指标、环保水平、安全水平、信息化管理水平上均达到国内外同期同类装置先进水平。

提高我国大型氮肥装置的自主技术和工程能力、装备国产化率，形成具有国内领先水平并与世界先进水平接轨的技术实力和工程能力，可进一步增强中国石油的氮肥技术实力，有利于提升整个氮肥行业的技术水平和市场竞争力，为将中国从一个氮肥生产大国变成氮肥技术强国做出应有的贡献，履行中国石油作为综合性能源公司的社会责任。

寰球工程公司自1953年成立以来，一直将氮肥设计作为公司的主要业务之一，并不断地发展和延续。可以说，寰球工程公司60多年的历史就是伴随着新中国化肥工业的发展历史而走过来的，并创造了一系列的中国化肥工业的第一。1955—2000年，寰球工程公司完成了近20套氮肥装置的工程设计，涵盖天然气、煤、渣油、炼厂气、轻油等多种原料及多种工艺技术。从20世纪80年代末开始，寰球工程公司就致力于以天然气为原料的大型化肥装置的国产化工作，先后参与了国家“七五”“八五”“九五”等国产化攻关课题的研究、开发工作。并于2001年承担了国内第一个大型化肥国产化示范项目——山东德州华鲁恒升股份有限公司以煤为原料年产30×10^4t合成氨装置，形成了低温甲醇洗、液氮洗净化，以及合成氨技术；对原有2套尿素装置进行增产100%改造的设计工作，形成了寰球工程公司年产52×10^4t尿素技术。2004年，寰球工程公司采用自有的氮肥工艺专利和专有技术，在国际公开招标中战胜了国内及日本、韩国等5家国内外竞争对手，成功与缅甸石化公司签订了建设2套10×10^4t/a合成氨和2套15×10^4t/a尿素装置的总承包合同，实现了国内氮肥成套技术、装备的出口。

并入中国石油以来，寰球工程公司的氮肥技术得到了进一步的发展和提升。中国石油于2009年11月设立重大科技专项“大型氮肥工业化成套技术开发”，以寰球工程公司、宁夏石化、石油化工研究院和经济技术研究院组成的开发团队始终坚持自主开发的原则，在工艺技术、关键工程技术等方面取得重大突破，并实现了关键设备和催化剂的国产化，设备国产化率达到98%。2018年，采用中国石油氮肥技术的宁夏石化“45/80”国产化大氮肥装置成功生产出合成氨和尿素产品，并创造出国内氮肥同行业投料至产出成品最短时间的好成绩。

三、中国石油大型氮肥技术

1. 合成氨工艺技术

中国石油大型合成氨工艺技术是以天然气为原料，通过天然气压缩和脱硫、工艺空气压缩、蒸汽转化、一氧化碳变换、二氧化碳脱除、甲烷化、合成气压缩、氨合成、氨冷冻、氢回收等单元，形成45×10^4t/a合成氨的工艺技术，工艺流程示意图如图1-3所示。

该工艺结合了寰球工程公司几十年积累的技术和经验，同时尽可能考虑关键设备国产化的可能性，对工艺流程和设备进行了优化、集成和创新。中国石油大型合成氨成套技术不仅开发了年产45×10^4t合成氨装置工艺技术，还攻克了新型氨合成塔、蒸汽转化炉等关键设备的工程设计、制造技术，同时充分研究配套催化剂的筛选和新型催化剂的开发及工程化配套技术等，使得大型合成氨装置从设计、制造、施工等方面均实现国产化，形成具有自主知识产权的合成氨成套技术，并具备以下优势：

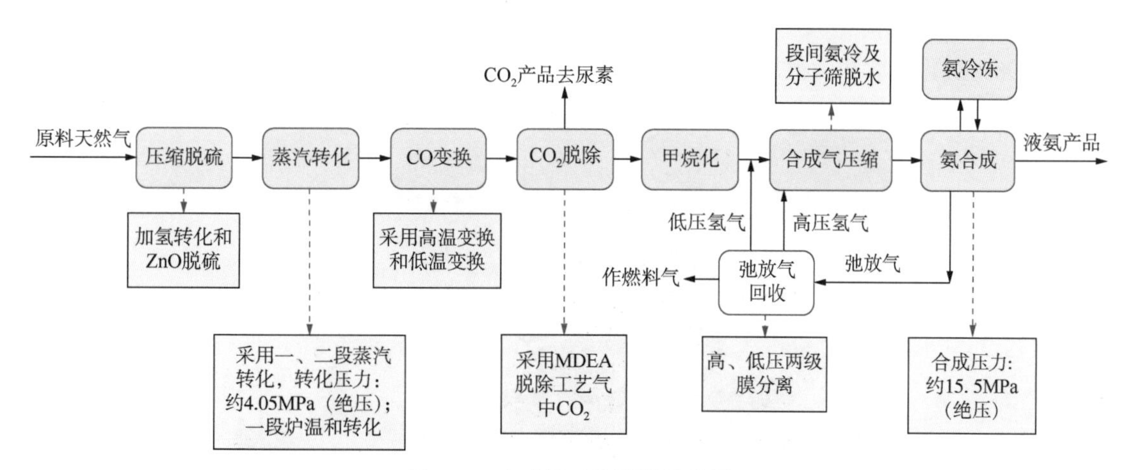

图 1-3　合成氨工艺流程示意图

(1) 采用较高的转化压力和中水碳比，以实现节能的效果。

(2) 增加一段蒸汽转化炉对流段各组能量回收盘管之间的温度调节措施，综合考虑对流段的能量回收利用和盘管材料的选择，保证装置“安稳长满优”(安全、稳定、长周期、满负荷、优化)运行。

(3) 一段蒸汽转化炉温和转化，二段转化炉补充过量空气，与合成回路膜分离氢回收相结合，实现合成氨工艺的低能耗。

(4) 采用节能环保的改良 MDEA 脱碳工艺，取得脱碳低能耗和高 CO_2 回收率的良好效果。

(5) 合成回路采用 15. 5MPa 的合成压力。氨合成回路余热回收采用合成气在塔内不经换热，直接出塔进入废热锅炉和锅炉给水预热器，副产高压饱和蒸汽，经过热后可用于驱动汽轮机，提高余热回收利用等级。同时优化氨冷冻分离温度等级，综合平衡氨压缩机和合成气压缩机之间的压缩功。

(6) 氨合成塔采用寰球工程公司专利技术三床轴径向复合床间接换热式高效节能型氨合成塔，不仅实现了设备制造自主化，而且降低了设备制造成本。氨合成塔设计中对各床层催化剂装填量、内部换热器和塔内件的设计都进行了充分优化，具有生产能力大、全塔压降小的特点，实现高氨净值、副产高压蒸汽的节能效果。

(7) 采用 12. 1MPa、4. 8MPa、0. 34MPa 的蒸汽压力等级。在提高蒸汽压力和温度的前提下做到能量分级合理利用，提高了能量的综合利用效率。

(8) 充分考虑国内的装备制造能力。在成熟、可靠、保证稳定操作的前提下，主要装备实现国内设计、制造。核心设备一段蒸汽转化炉全部实现自主设计和国内制造。

(9) 结合寰球工程公司设计开发经验和工厂操作数据，对相关软件进行二次开发，实现对全流程和关键设备的模拟、方案比选和设备计算，保证了设计、计算的准确性和可靠性。

中国石油大型合成氨技术具有能耗低、操作简单、运行安全等特点。合成氨装置的综合能耗为 30GJ/t 氨，属国际先进水平。

中国石油大型合成氨技术已成功应用于宁夏石化 45×10^4t/a 合成氨装置(图 1-4)，标志着首套国内自主技术“气头”大氮肥装置的成功。该装置实现了关键设备的国产化，国产化率达到98%，并首次在大氮肥装置中应用了国产DCS。

图1-4　宁夏石化年产45×10^4t合成氨装置

2. 尿素工艺技术

中国石油尿素技术在保持传统二氧化碳汽提工艺原有特点的基础上，消化吸收了其他汽提工艺技术的优点，对传统二氧化碳汽提技术进行了改进，该技术具有能耗低、操作弹性好、安全性高等特点。

在中国石油重大科技专项“大型氮肥工业化成套技术开发”中，寰球工程公司总结国内尿素装置实际运行经验，对CO_2汽提工艺系统及高压系统关键设备进行了优化；根据国内外主流尿素工艺技术，对工艺流程进行分析和改进，开发出年产80×10^4t尿素工艺技术。自主尿素技术已成功应用于宁夏石化“45/80”大氮肥装置。

中国石油大型尿素工艺主要由二氧化碳压缩和氨升压、高压合成与汽提回收、低压分解回收、蒸发与造粒、工艺冷凝液处理等单元组成，尿素工艺流程示意图如图1-5所示。

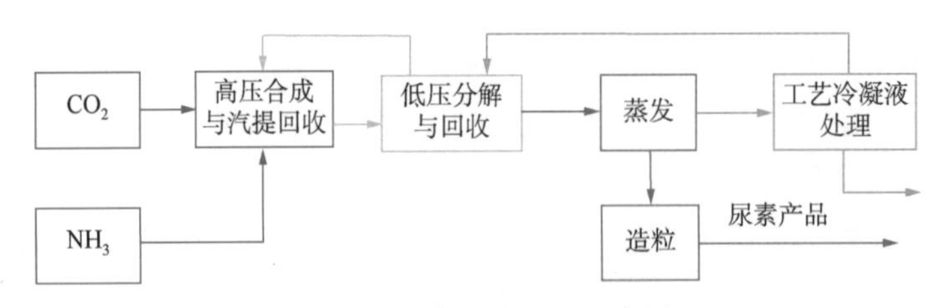

图1-5　尿素工艺流程示意图

中国石油大型尿素技术采用CO_2汽提尿素生产工艺技术，并结合尿素高效浸没式冷凝、三级真空浓缩新方法。尿素合成塔、汽提塔、甲铵冷凝器及高压洗涤器等各种重要的大型塔器设备均实现国内制造。主要技术特色包括：

（1）在计算中添加氨基甲酸铵组分，并拟合相关物料物性，对汽提过程和甲铵冷凝过程的机理进行定性和定量模拟与分析，建立了完整的尿素工艺基础物性数据库和适用于尿素三相体系的热力学模型。

（2）高压调温水预热进合成塔液氨，实现低位热能有效利用。

(3) 解吸气冷凝器采用卧式冷凝技术，冷凝吸收效率显著提升。

(4) 采用高性能水解塔和解吸塔，使处理后的工艺冷凝液完全回收。

(5) 在不增加能耗的情况下，设置蒸发系统三级真空，增加了蒸发系统的操作弹性。

(6) 低压分解回收工序采用全新的双效并流蒸发流程的节能型工艺技术，取得良好效果。

(7) 实现了大型关键设备国内制造，包括合成塔、汽提塔、甲铵冷凝器和高压洗涤器等高压设备，二氧化碳压缩机、高压氨泵、高压甲铵泵等转动设备。

(8) 高性能的尾气洗涤回收设计，使装置内放空尾气中氨损失减少到最低，实现达标排放。

结合中国石油先进的设计、操作经验，在尿素装置中通过使用先进的耐腐蚀材料，装置的运行周期更长。

环境友好清洁生产是先进生产工艺的必备条件。中国石油大型尿素工艺在生产过程中不生成或很少生成副产物以及造粒塔顶部安装的尾气洗涤装置，使尾气中尿素粉尘含量小于 $30mg/m^3$，并建有大容量污染物地下回收槽，可有效防止污染物流出。污水经过厌氧、好氧、膜分离和反渗透等工艺处理，实现无害化排放，冷凝液直接回收利用，达到了经济发展与环境保护的和谐统一。

中国石油尿素技术现已成功应用于缅甸化肥项目 2 套年产 15×10^4t 尿素装置和宁夏石化年产 80×10^4t 尿素装置中(图 1-6)。缅甸化肥项目 2 套尿素装置分别于 2010 年 12 月和 2011 年 1 月开车成功，在当地开创了满负荷长期稳定运行的记录。缅甸项目的成功运行进一步拓宽了该技术在国内外市场的应用前景。宁夏石化年产 80×10^4t 尿素装置于 2018 年 5 月一次投料开车成功，运行平稳并取得了良好的经济效益。装置吨尿素氨耗不高于 568kg，二氧化碳消耗不高于 735kg，达到国际先进水平。

图 1-6 宁夏石化年产 80×10^4t 尿素装置

参 考 文 献

[1]《石油和化工工程设计工作手册》编委会. 石油和化工工程设计工作手册第十一册 · 化工装置工程设计[M]. 东营：中国石油大学出版社，2010.

[2] 沈浚，朱世勇，冯孝庭. 化肥工学丛书 · 合成氨[M]. 北京：化学工业出版社，2001.

[3] 袁一，王文善. 化肥工学丛书 · 尿素[M]. 北京：化学工业出版社，1997.

第二章　以天然气为原料的合成氨技术

合成氨是化肥工业的基础，世界上90%以上的氮肥通过合成氨加工得到。以天然气为原料的合成氨技术具有能耗低、投资省、环境友好等特点，世界上70%以上的合成氨装置采用天然气为原料。我国自20世纪70年代开始引进大型合成氨技术和关键设备，多年的重复引进不仅造成建设投资居高不下，并且一直没有形成独立自主的成套技术。为了打破国外技术垄断，中国石油利用在氮肥领域数十年的技术积累和生产管理经验，组织攻关团队对合成氨工艺技术和工程化技术进行深入研究，解决了工艺与设备设计难题，掌握了一段蒸汽转化炉、氨合成塔、合成废锅等关键设备的工艺和工程设计技术，形成了与国际先进工艺水平相当的自主化大型合成氨成套技术，获得国家专利授权27件，形成专有技术4项，实现了大型氮肥成套技术的国产化应用。

第一节　合成氨技术进展

以天然气为原料的合成氨技术自从20世纪60年代开始工业化，其特点是单系列、大型化。该流程经过几十年的发展，以美国KBR、丹麦Topsøe、德国Uhde等公司为代表的合成氨技术专利商通过不断改进工艺及设备，吨氨能耗已由约40GJ下降到约30GJ，但基本流程变化不大，至今仍是主流的制氨技术。

美国KBR公司的合成氨技术应用广泛，其典型节能型合成氨工艺采用顶烧式一段蒸汽转化炉和卧式氨合成塔，空气压缩机由燃气轮机驱动，二段转化炉中加入约50%过量空气，从而降低一段蒸汽转化炉的燃料消耗，过剩氮气则通过冷箱脱除，合成氨工艺综合能耗较低，约29.3GJ/t氨。英国石油公司(BP)和KBR合作，于1990年10月开发出以钌基催化剂为基础的Kellogg Advance Ammonia Process(KAAP)工艺，并在加拿大Ocelot制氨公司进行工业化生产。1998年又采用KAAP工艺建立了2套日产1850t氨的合成氨装置。为了与单缸合成气压缩机相配套，KAAP工艺设计在8.96MPa压力下操作[1-2]。蒸汽转化炉的尺寸限制也是合成氨装置规模扩大后的瓶颈之一，KBR等公司通常采用预转化和换热式转化技术提高装置能力。预转化炉采用高活性低温转化催化剂，在原料气进入一段蒸汽转化炉之前，完成部分转化任务。原料气引入预转化炉，可吸收其中所有硫化物，保护一段转化催化剂及低温变换催化剂，改善一段蒸汽转化炉操作条件，延长转化炉管寿命，大大节省操作费用。同时，可减少燃料消耗，提高合成氨装置的产量。换热式转化技术也是提高单系列合成氨装置产量的手段之一，其利用二段转化出口气的高温气体作为热源，为一段转化反应提供热量。换热式转化炉可与一段蒸汽转化炉、二段转化炉或自热式转化炉并联或串联操作。在保持水碳比不变的情况下，约20%原料在换热式转化炉中进行蒸汽转化，使一段蒸汽转化炉负荷减小的同时，仍保持较高的转化出口温度(一般为750~850℃)，以保证甲烷的转化率和高压蒸汽产量。如果将换热式转化工艺用于改造，可将合成氨装置能力提高20%~25%[2]。

丹麦Topsøe公司在20世纪60年代建成世界上第一套日产1500t的合成氨装置，随后在世界各地新建和改造了多套大型合成氨装置。Topsøe公司的侧烧式蒸汽转化炉，采用先进的炉管材料，允许转化炉在更高的压力和热流强度下操作，并通过改进催化剂，减小了转化炉尺寸。Topsøe公司氨合成系统的压力一般在14~28MPa之间，并设计了两塔三床层两废热锅炉的合成回路(S-250系列)流程。该流程由两段径向S-200氨合成塔Ⅰ和一段径向S-50氨合成塔Ⅱ组合而成，氨净值高。两台氨合成塔出口都设置合成气废热锅炉，高压蒸汽(约12MPa)产量高，装置综合能耗低[3]。为了进一步扩大单套合成氨装置规模，Topsøe公司又推出了S-350氨合成回路系统，在三段径向S-300型合成塔后串联一台S-50塔，可以进一步提高氨转化率，同时提高其副产蒸汽量。迄今，Topsøe公司已开发了单系列3000t/d以上规模的合成氨工艺。

Uhde公司合成氨工艺的主要特点是采用高转化压力(达到4.1MPa)以节省压缩功，一段蒸汽转化炉的转化管和出口集气管采用刚性连接，水碳比在3.0左右，二段转化炉出口甲烷含量约为0.6%(摩尔分数)(干基)，进一段蒸汽转化炉的混合气温度达到580℃，进二段转化炉工艺空气温度达到600℃。如果需要外送的蒸汽量较小，二段转化炉出口气的热量可以一部分用于副产高压蒸汽，另一部分用于过热高压蒸汽。氨合成部分多采用低压氨合成工艺，其合成回路压力约10.8MPa。为解决装置规模扩大后，催化剂装填量增加，氨合成塔尺寸不能满足设备制造、运输的问题，Uhde公司开发了双压氨合成技术。新鲜气首先进入低压氨合成系统和配套的余热回收、冷却、氨分离装置，再进入高压合成回路进行氨合成反应。虽然单系列氨合成装置规模增加至3300t/d，但所有设备尺寸均与2000t/d氨合成装置尺寸相似，不仅减少了合成气压缩的消耗，而且减小了合成回路的设备尺寸，降低了由于设备尺寸增加带来的工程风险，装置能耗降低约4%。目前，Uhde公司已经建设了4套基于双压氨合成工艺，单系列规模为3300t/d的合成氨装置并成功投产[4-5]。

中国石油自20世纪70年代以来通过引进国外技术建设了多套大型氮肥装置。在多年的生产实践基础上，工程设计单位及制造企业不断提升工程技术能力及装备制造水平。经过多年持续不断的研究和开发，形成了自主化的中国石油大型氮肥工业化成套技术，实现了合成氨装置从工艺技术到设备制造的国产化。

第二节 合成氨工艺技术

氨合成反应所需的原料是氢气和氮气，对于以天然气为原料的合成氨技术，氢气来源于天然气蒸汽转化反应，原料氮气通常不需要空分装置制备，而是通过在转化反应过程中直接加入空气，空气中的氧气与氢气燃烧提供热量后，剩余氮气作为原料。通过蒸汽转化过程得到的合成气经过一氧化碳变换、二氧化碳脱除和合成气精制后，得到由氢气、氮气与少量不会影响氨合成反应的惰性气体组成的混合气，作为新鲜合成气经过加压后进行氨合成[6]。

中国石油合成氨技术是国内首个以天然气为原料的45×10^4t/a合成氨装置成套自主技

术，结合中国石油设计与生产企业在合成氨领域几十年的工程建设与管理经验，综合考虑关键设备国产化的可行性，对工艺流程和设备设计进行了优化、集成和创新。工艺流程采用了较高的转化压力和中水碳比，一段蒸汽转化炉为温和转化，二段转化炉加入过量空气，采用中国石油自主化三床轴径向内部间接换热式氨合成塔，并在合成回路中设置膜分离。合成氨装置工艺流程示意图如图 2-1 所示，主要包括天然气的压缩和脱硫、工艺空气压缩、蒸汽转化、一氧化碳变换、二氧化碳脱除、甲烷化、合成气压缩、氨合成、氨冷冻、氨回收和氢回收等单元。

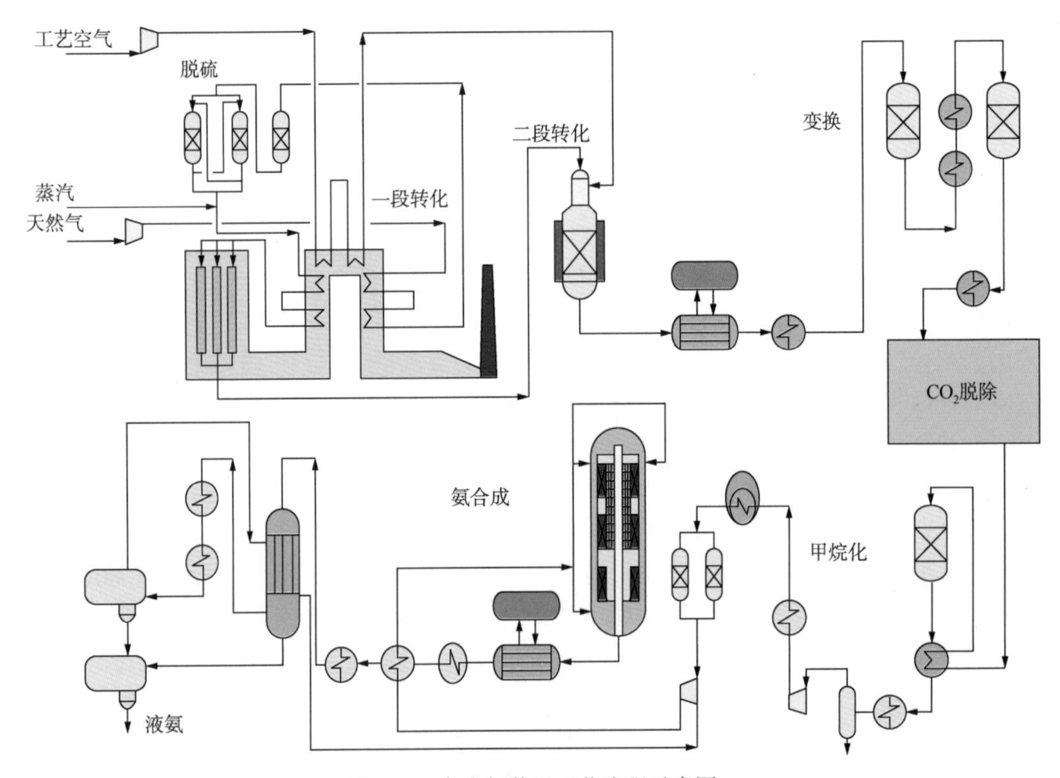

图 2-1　合成氨装置工艺流程示意图

中国石油合成氨工艺具有能耗低、操作简单、运行安全等特点，吨氨综合能耗为 30GJ，属国际先进水平。根据工艺流程，以下将分原料预处理技术、蒸汽转化技术、合成气净化技术和氨合成技术四部分对中国石油合成氨技术进行详细介绍。

一、原料预处理技术

原料天然气中所含的硫进入后续系统会使一段转化催化剂中毒，所以需要进行脱硫。脱硫方式包括湿法脱硫和干法脱硫[7]。应根据脱硫净化度的要求、动力来源、脱硫剂的来源、环保要求等条件，通过技术经济比较后，选择适宜的脱硫方法。干法脱硫硫容有限，对含高浓度硫的气体应用湿法脱硫进行粗脱，再用干法精脱。天然气在开采后、送入管网前通常已经过脱硫处理，送至合成氨装置时硫含量不高，所以以固体干法脱硫为主。

1. 脱硫反应原理

根据原料天然气组分的特点，中国石油合成氨技术通常采用两段脱硫工艺，包括加氢反应和氧化锌脱硫两步。天然气中的有机硫可加氢转化为硫化氢(H_2S)，然后予以脱除。通过加氢转化串联氧化锌脱硫的方法，原料天然气中的硫含量可降至$1×10^{-6}$(体积分数)以下。

典型的有机硫加氢转化反应如下：

$$COS(羰基硫)+H_2 = CO+H_2S \tag{2-1}$$

$$C_4H_4S(噻吩)+4H_2 = C_4H_{10}+H_2S \tag{2-2}$$

$$C_2H_5SH(乙硫醇)+H_2 = C_2H_6+H_2S \tag{2-3}$$

$$C_2H_5SC_2H_5(乙硫醚)+2H_2 = 2C_2H_6+H_2S \tag{2-4}$$

氧化锌脱硫反应如下：

$$ZnO+H_2S = ZnS+H_2O \tag{2-5}$$

2. 脱硫反应条件

1）温度

根据催化剂的特性，加氢转化反应可在260~400℃范围内进行。但温度对各个反应的影响是不同的。有机硫在350℃时，随温度上升其反应速率增加较快，但高于370℃后，反应速率的增加就不显著了。若达到430℃以上，则烃类加氢分解及其他副反应将加剧。从预防高温下的结焦和裂化反应考虑，也应对催化剂床层的最高温度加以限制。最适宜的操作温度须根据原料烃和催化剂的性能来确定，一般控制在350~400℃。中国石油合成氨技术中，天然气在一段蒸汽转化炉对流段进行预热，充分回收转化炉的高温烟气余热，预热至约390℃后进入加氢反应器和氧化锌脱硫反应器。

2）压力

升高压力既有利于转化反应的进行，又可控制结焦率，对提高加氢转化率和延长催化剂寿命均有利，所以脱硫系统设置在天然气压缩机出口，其压力根据所需蒸汽转化压力装置总体需要确定。

3）氢分压

氢分压对加氢转化深度和转化速度都有重要影响。氢分压增加，转化速度加大。若氢分压降低，则相应的烃类分压增加，由于烃类在催化剂表面被吸附，减少了氢和有机硫所能利用的表面，因而转化反应受到抑制。烃类的分子量越大，抑制作用越强。加氢脱硫催化剂要求的氢含量一般控制在2%~5%(摩尔分数)。对于合成氨装置，可直接从合成气压缩机出口抽出部分高压富氢气循环使用。

4）催化剂装填量与空速

大型氨厂加氢转化反应器的催化剂量随天然气的硫化物品种和数量而有很大变化，选用空速500~1500h^{-1}不等。

氧化锌脱硫能力的大小用硫容表示，目前工业上氧化锌脱硫剂用于天然气脱硫时取硫容为15%~22%(质量分数)。当天然气的硫含量较低时，不能简单地按硫容进行设计，还需考虑操作压力的影响。

3. 工艺流程

天然气脱硫单元工艺流程示意图如图2-2所示，作为原料的天然气经分液后被天然气压缩机压缩至5MPa以上，与来自合成工序的一股富含氢的合成气混合，进入一段蒸汽转化炉对流段预热，随后进入加氢反应器。在加氢反应器中，有机硫在加氢催化剂的作用下，加氢转化为硫化氢。从加氢反应器出来后，通过两台串联的、内部装有氧化锌脱硫剂的氧化锌脱硫反应器进行脱硫。这两台反应器的其中任何一台都可以作为第一反应器；也可以只使用一台反应器进行正常生产，另一台反应器进行脱硫剂的更换。脱硫后的气体中总硫含量小于 1×10^{-6}(体积分数)，温度约为370℃，送至蒸汽转化单元。

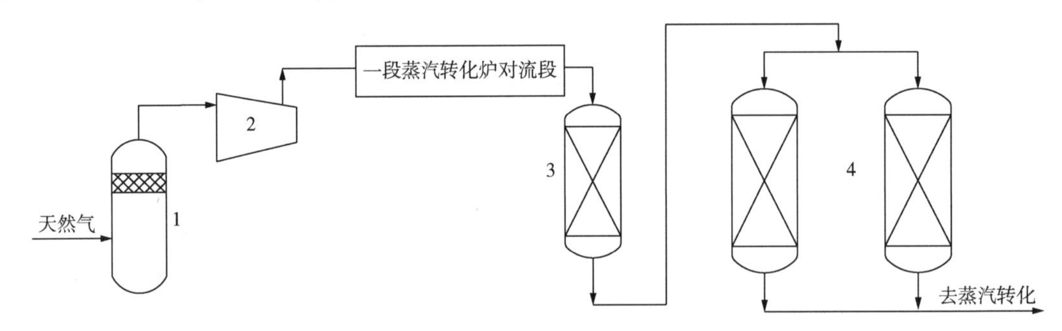

图 2-2　天然气脱硫工艺流程示意图

1—分液罐；2—天然气压缩机；3—加氢反应器；4—氧化锌脱硫槽

二、蒸汽转化技术

1. 蒸汽转化原理

1）一段蒸汽转化反应原理

天然气中的主要成分是甲烷，通常还含有少量 C_2H_6、C_3H_8、C_4H_{10} 等烷烃和 CO、CO_2、H_2 等组分。在烃类转化制合成气的各类方法中，蒸汽转化工艺是最重要和最具代表性的技术。在一段蒸汽转化炉中，甲烷进行的主要反应如下[8]：

$$CH_4+H_2O = CO+3H_2 \qquad \Delta H_m^\ominus = 206.3kJ \qquad (2-6)$$

$$CH_4+2H_2O = CO_2+4H_2 \qquad \Delta H_m^\ominus = 165.3kJ \qquad (2-7)$$

$$CO+H_2O = CO_2+H_2 \qquad \Delta H_m^\ominus = -41.2kJ \qquad (2-8)$$

$$CO_2+CH_4 = 2CO+2H_2 \qquad \Delta H_m^\ominus = 247.3kJ \qquad (2-9)$$

对于天然气中含有的少量多碳烃类物质，其反应原理与甲烷类似，反应方程式可表示如下：

$$C_nH_m+nH_2O = nCO+\left(n+\frac{m}{2}\right)H_2 \qquad (2-10)$$

在一定条件下，蒸汽转化过程中可能发生析炭反应，它是蒸汽转化过程中应当重点防止发生的有害副反应：

$$2CO = CO_2+C \qquad \Delta H_m^\ominus = -171kJ \qquad (2-11)$$

$$CO+H_2 = C+H_2O \qquad \Delta H_m^\ominus = -122.6kJ \qquad (2-12)$$

$$CH_4 = C+2H_2 \qquad \Delta H_m^\ominus = 82.4kJ \qquad (2-13)$$

甲烷蒸汽转化反应[式(2-6)、式(2-7)和式(2-9)]是强吸热反应，变换反应[式(2-8)]是中等放热反应，甲烷蒸汽转化总反应过程是强吸热的。所以，为了实现甲烷转化过程，工业上通常都要通过不同方式向转化反应系统供热——采用外部供热的管式转化炉、采用添加一定量空气靠氧气与甲烷进行放热反应、采用间歇供热方式、采用换热式转化炉供热技术等。

2）二段转化反应原理

二段转化是天然气蒸汽转化制合成气的第二步，其目的是为了进一步转化一段转化气中的残余甲烷，并添加一定量的氮气以满足氨合成所需的氢氮比。在中国石油合成氨技术中，开发了节能型流程，采取减轻一段蒸汽转化炉负荷的办法(转化负荷移向二段转化炉)来达到节能目的，一方面允许提高二段转化炉出口气中未转化的甲烷含量，同时在二段转化炉添加了过量空气来维持二段转化系统的热平衡，多余的氮气和未转化的残余甲烷则在合成气净化工序中除去。

二段转化炉内进行的主要反应如下[8]：

$$H_2+\frac{1}{2}O_2 = H_2O \qquad \Delta H_m^{\ominus}=-241kJ \tag{2-14}$$

$$CO+\frac{1}{2}O_2 = CO_2 \qquad \Delta H_m^{\ominus}=-283.2kJ \tag{2-15}$$

$$CH_4+\frac{1}{2}O_2 = CO+2H_2 \qquad \Delta H_m^{\ominus}=-35.6kJ \tag{2-16}$$

在催化剂层进行与一段蒸汽转化炉中类似的转化及变换反应[式(2-6)、式(2-7)与式(2-8)]。

上述反应中，氢与氧燃烧反应速率比其他反应要快 $1\times10^3 \sim 1\times10^4$ 倍，因此，在二段转化炉顶部空间中主要进行的是氢与氧的燃烧反应，反应生成水并放出大量热。当混合气到达催化剂层时，氧的反应率已达到99%以上。在催化剂层进行的主要是甲烷蒸汽转化反应[式(2-6)]和变换反应[式(2-8)]，由于反应吸热，工艺气的温度从顶部空间1200～1250℃逐渐下降到出口处950～1000℃。在节能流程中，二段转化炉采用过量空气或富氧空气时，顶部空间气体温度将为1300～1350℃。

二段转化炉内进行的反应是自热式，无须外部供热。显然，空气添加量是十分重要的——其他条件不变时，它将决定提供热量的多少和二段转化炉的出口温度。二段转化炉出口气体的平衡组成同样由甲烷蒸汽转化反应[式(2-6)]和变换反应[式(2-8)]决定，其温度则由热平衡决定。

2. 蒸汽转化条件

烃类蒸汽转化的工艺条件包括压力、温度和水碳比。甲烷、一氧化碳、二氧化碳平衡浓度与温度、压力、水碳比的关系如图2-3、图2-4、图2-5所示。

1）压力

烃类蒸汽转化反应是体积增大的可逆反应，甲烷的平衡含量与转化压力的二次方成反比：

$$n(CH_4) \propto f\left(\frac{1}{p^2}\right) \tag{2-17}$$

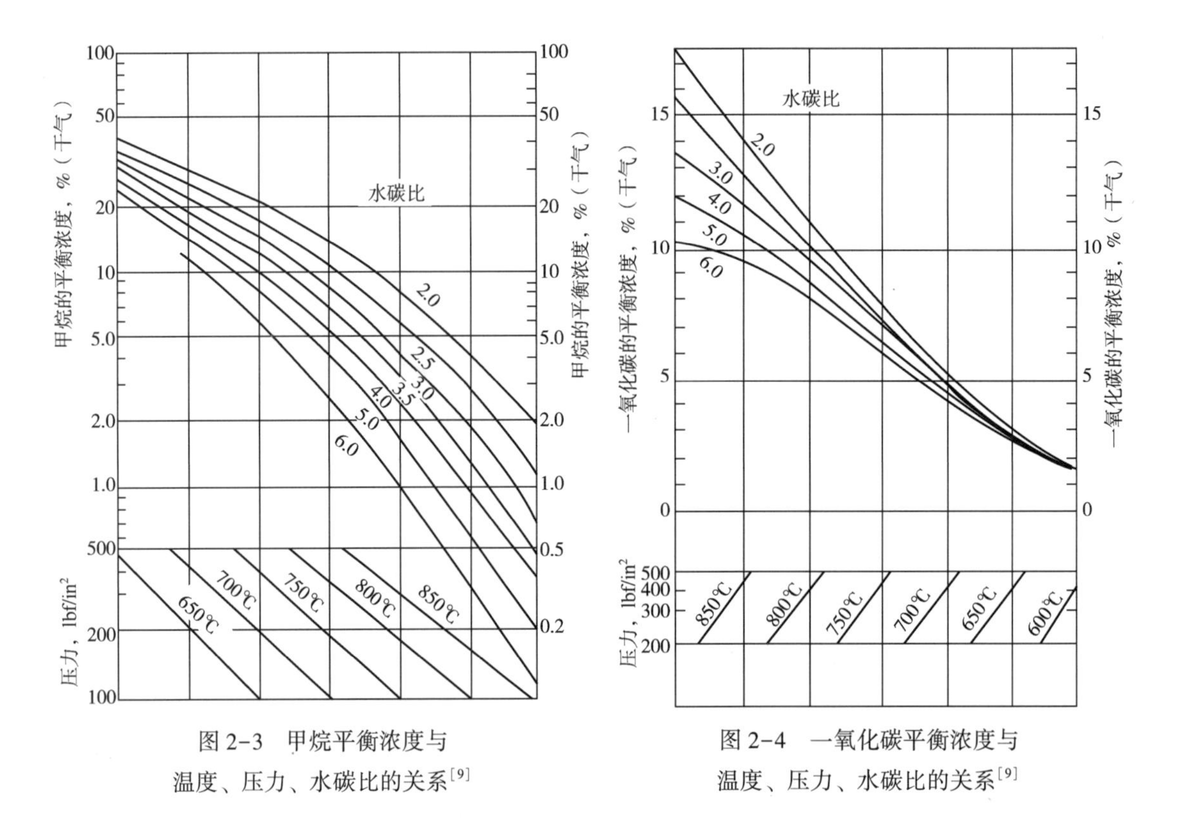

图 2-3　甲烷平衡浓度与温度、压力、水碳比的关系[9]

图 2-4　一氧化碳平衡浓度与温度、压力、水碳比的关系[9]

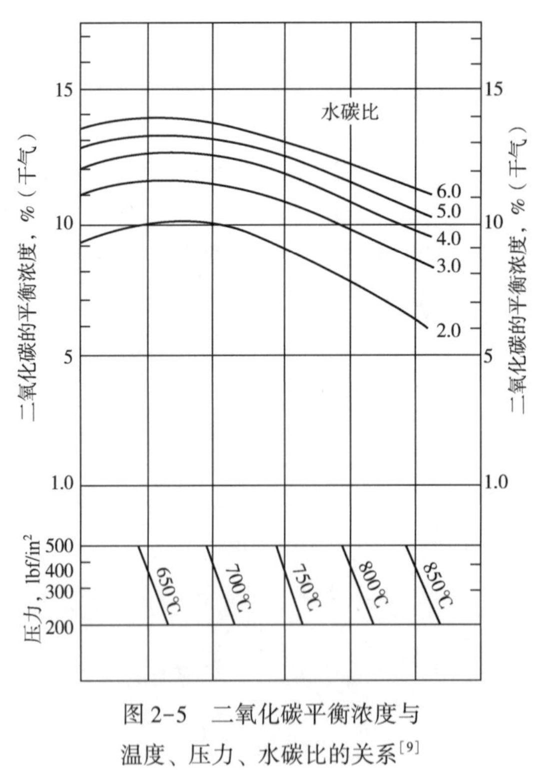

图 2-5　二氧化碳平衡浓度与温度、压力、水碳比的关系[9]

提高压力对转化反应不利，即不利于充分利用原料。但是随着科学技术的发展，蒸汽转化的压力逐渐提高。20 世纪 50 年代前，转化压力为常压。60 年代末，转化压力提高到 3~3.5MPa。中国石油合成氨技术中所采用的转化压力约为 4MPa，其原因包括：

(1) 提高压力有利于节约压缩功。烃类蒸汽转化反应是体积膨胀的反应，而气体压缩功与气体的体积成正比。经转化和净化后的合成气在氨合成工序需要进一步压缩至 10MPa 以上以满足氨合成反应的需要，压缩原料烃的压缩功低于压缩合成气的压缩功，因此原料气加压是合理的。如原料气压力由 0.4MPa 升至 3MPa 时，总压缩功可降低约 25%。但转化压力超过 4MPa 以后，生产每吨氨的总功耗减少已不多，所以转化压力不宜过高。

(2) 提高压力可强化传热。烃类蒸汽转化是一个强吸热反应。有一个大的给热系数是保证生产、强化设备传热的前提，而提高压力是提高床层给热系数的有效措施之一。为了获得较大的给热系数，势必导致床层压力降增大，如无足够的初始压力，过程也将无法进行，因此选择较高的操作压力是十分必要的。

(3) 提高压力有利于过量蒸汽冷凝热的回收。转化压力高、水蒸气分压越高，气体的露点越高，蒸汽冷凝液的利用价值越高，可回收的热量越多，装置总体能耗越低。

(4) 提高压力可节省设备投资。提高压力后加工气体的体积减小，反应速率、传质速率和传热系数均有所改善，减少了催化剂用量及设备尺寸，从而降低装置的投资。

综上所述，提高压力后会带来一系列好处，但需要采用提高转化温度和水碳比来补偿压力提高对转化反应的不利影响，而当水碳比一定时，提高转化温度是唯一可行的办法，这要受到转化炉管材质的限制。而且转化压力提高到一定限度后，总能耗的减少量不多，所以适宜的转化压力对合成氨装置总体能耗非常重要。

2）温度

烃类蒸汽转化反应是一个强吸热反应。从化学平衡或反应速率来考虑，提高温度都是有利的。温度升高的限制主要在于管材的耐热性能。应力、操作温度、使用寿命之间的关系可由拉森—米勒(Larson-Miller)曲线来决定。

工业上通常采用分段转化的流程，即在较低的温度下，在外部供热的一段蒸汽转化炉内进行烃类蒸汽转化反应，然后在有耐火衬里的钢制二段转化炉内加入空气，利用空气中的氧和一段转化气中的 H_2、CO 等发生反应，放出的反应热供甲烷进一步转化，同时也加入了氨合成需要的氮气。

在传统的合成氨工艺中，考虑到一段蒸汽转化炉内转化管温度存在轴向及径向的不均匀性，为使转化管拥有较长的寿命，最高管壁温度应低于 930℃，所以管出口温度应维持在 830℃以下，此时残余甲烷含量在 9.5%左右。在二段转化炉内加入的氧气首先与氢反应，产生的热供给甲烷进行转化反应。在压力为 3.3MPa、水碳比为 3.5 时，二段转化炉出口温度为 1000℃左右，出口残余甲烷含量可保证低于 0.5%。

中国石油合成氨技术采用降低一段蒸汽转化炉出口温度的方式降低能耗，允许一段蒸汽转化炉出口残余甲烷含量高达 14%以上，多余的负荷转移到二段转化炉，二段转化炉的热量平衡采用添加过量工艺空气来解决。

3）水碳比

从平衡来讲，提高水碳比有利于甲烷的转化，转化压力越高，这种影响越显著。水碳比对反应速率的影响目前还不明确，有研究认为水蒸气在镍基催化剂表面的吸附抑制活性的发挥，也有研究认为水蒸气的增加，推动力增加，有利于甲烷的转化反应[10]。

较高的水碳比，不仅可以降低转化炉出口残余甲烷，更重要的是可以有效防止析炭反应的发生。但是过高的水碳比会带来不利影响，包括增加转化系统的阻力、燃料气消耗增加、影响二段转化炉和变换系统的正常运转、不利于降低能耗等。在技术上允许的情况下，总是力求降低水碳比。我国在 20 世纪 70 年代引进的大型合成氨技术中，水碳比为 3.1~3.5。80 年代后，推出的节能流程大多采用了降低水碳比的节能措施，通常采用的水碳比为 2.5~2.7。

采用低水碳比操作，必须提高转化炉管内转化气的温度，并相应提高转化炉管管壁温度，对转化炉管的壁厚及材质均提出了较高的要求，对催化剂的活性和抗结碳能力也提出了更高的要求。所以，水碳比的确定还需要综合考虑装置能耗、制造成本、设备制造水平和催化剂性能等因素。

3. 工艺流程

蒸汽转化技术的核心包括一段蒸汽转化、二段蒸汽转化、高温合成气的余热回收和一段蒸汽转化炉高温烟气的余热回收，天然气蒸汽转化工艺流程示意图如图 2-6 所示。

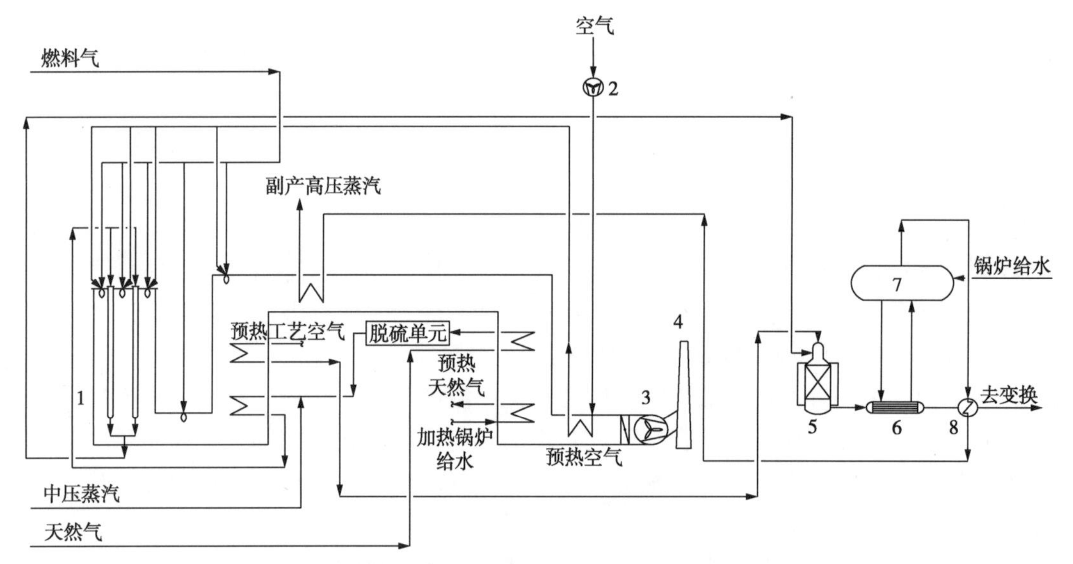

图 2-6 天然气蒸汽转化工艺流程示意图

1—一段蒸汽转化炉；2—鼓风机；3—引风机；4—烟囱；
5—二段转化炉；6—废热锅炉；7—汽包；8—蒸汽过热器

经预处理和压缩后的天然气首先需要配入中压蒸汽，达到一定的水碳比，然后进入一段蒸汽转化炉对流段的混合气预热盘管，加热到约 560℃，送到一段蒸汽转化炉辐射段顶部的上集气管。每根上集气管又将气体分配到装有催化剂的转化管中。气体在转化管内边吸热边反应，转化管底部的气体温度达到 800℃以上，甲烷含量约为 14%，每一排转化管的气体汇合于一根水平的下集气管，最后汇合于一根输气总管，然后送入二段转化炉。

二段转化炉所需空气来自空气压缩机，并在对流段的空气预热盘管预热到约 500℃后进入二段转化炉。一段转化气和空气在二段转化炉内顶部燃烧放热，通过催化剂床层时继续反应并吸收热量，离开二段转化炉气体温度约1000℃，残余甲烷含量约0.6%。

二段转化炉出口转化气送入废热锅炉副产高压蒸汽，再进入蒸汽过热器将所产饱和蒸汽过热，转化气本身温度降到约370℃，送往变换单元。

在一段蒸汽转化炉炉膛中，燃料天然气从炉顶的烧嘴喷入燃烧。烟道气的流动方向自上而下，与管内工艺气流向一致。离开辐射段炉膛的烟道气温度约在1000℃以上，进入对流段后依次流过混合进料预热器、工艺空气预热器、蒸汽过热器、锅炉给水预热器、原料气预热器和燃烧空气预热器等各组盘管，温度降到约120℃，用引风机排入烟囱。

4. 一段蒸汽转化炉工艺设计

一段蒸汽转化炉是合成氨装置的核心设备之一，也是合成氨装置的龙头，转化技术及设备的成熟、可靠性，将直接影响装置的操作稳定性、能耗及装置投资等。随着我国合成氨技术和制造技术的发展，工业炉的设计、材料和设备制造水平不断提高，中国石油结合国内几十年的合成氨工程实践和设备制造水平，自主开发技术，实现了大型合成氨装置一段蒸汽转化炉的首次国产化。

中国石油合成氨技术一段蒸汽转化炉为箱式、顶烧、多管排炉，由辐射段、对流段、烟风道系统(含鼓风机、引风机及烟囱)组成。其主要作用为通过燃烧天然气及弛放气等燃料气，产生热量供给转化管内的原料天然气与蒸汽的混合物，在管内镍基催化剂的作用下，进行甲烷蒸汽转化反应。同时来自辐射段的高温烟气进入对流段进行热量回收利用，对混合原料气、工艺空气、高压蒸汽、原料天然气、锅炉给水、燃烧空气等进行加热，使排烟温度降至120℃左右。炉子结构紧凑、热效率高于92%。

1）辐射段工艺模拟计算技术

一段蒸汽转化是伴有传热、传质、动量传递和复杂化学反应的综合过程，要求传热和反应必须相适应，对于并行的复杂反应，能够控制其反应的进程。设计时所选用的炉型、原料、催化剂和操作条件是一个整体[9]。一段蒸汽转化炉辐射段计算涉及管内的蒸汽转化反应与炉膛的燃烧，可采用专用的烃类蒸汽转化炉模拟软件并结合工程实际情况进行蒸汽转化反应、燃料燃烧、工艺气和烟气间传热、炉管压降的计算等。

通过模拟，可计算得到沿炉管长度的各组分转化率、热通量、壁温、工艺气温度等分布。计算得到的一段转化反应主要组分平衡含量—实际含量(干基)对比曲线如图2-7所示。

通过模拟计算，可结合炉管壁温耐受情况对一段蒸汽转化炉进行优化调整，综合考虑炉管最高壁温对选材和机械设计的影响，进行对比计算分析，调整炉管有效长度、炉管规格、空气过剩系数、转化入口温度、转化压力、水碳比等。为了降低炉管壁温，最显著的方法是减小炉管尺寸、增加炉管长度，但是管径减小，管子根数增加，提高了炉管连接方面的难度。大管径的优点是炉管根数可以减少，阻力降低；缺点是工艺介质流速降低，造成管内传热系数下降，管内径向流动不均匀程度增加，催化剂利用率低。因此，炉管管径的选择是传热和反应相匹配的问题。

2）对流段工艺模拟计算技术

中国石油一段蒸汽转化炉对流段设有十几组余热回收盘管，是合成氨装置中热量回收利用的关键点之一，关系到整个装置的热平衡和能量综合利用效果，对装置能耗影响较大。提高一段蒸汽转化炉的热效率，减少燃料消耗，对降低装置能耗具有十分重要的意义。

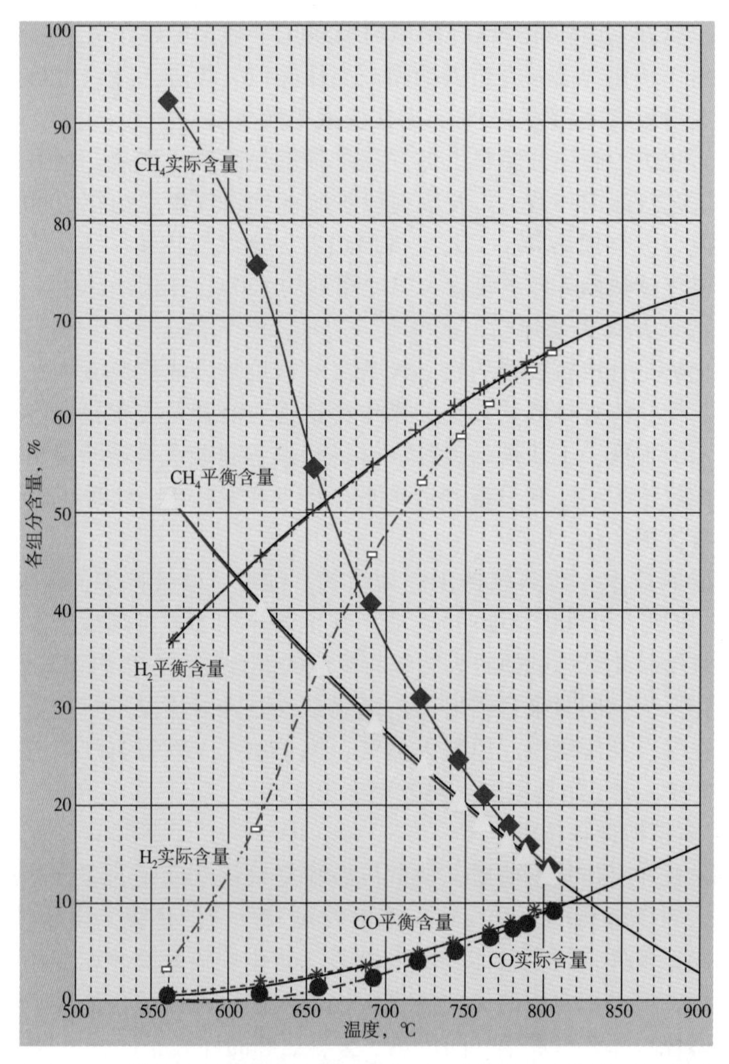

图 2-7　一段转化反应主要组分平衡含量—实际含量(干基)对比曲线

一段蒸汽转化炉对流段的工艺模拟计算可采用专业的加热炉计算软件，综合考虑工艺气的预热要求、压降的要求、盘管壁温的限制条件等，选取盘管的优化设计方案，并合理设置对流段各组能量回收盘管之间的温度调节措施，综合考虑对流段的能量回收利用和盘管材料的选择，保证装置安稳长满优运行。

三、合成气净化技术

蒸汽转化出口气体中主要包括 H_2、N_2、CO、CO_2和少量 CH_4、Ar 等物质及未反应的过量水蒸气。为了得到满足氨合成要求的合成气，合成气净化主要包含三个步骤：一氧化碳变换、二氧化碳脱除及合成氨原料气中少量杂质的脱除。

1. 一氧化碳变换

一氧化碳与水蒸气在催化剂上进行变换反应，生成氢气和二氧化碳。氢气是氨合成反应的原料，因此为了节约原料天然气量，要尽可能提高氢气产率。同时 CO 对氨合成催化剂有严重毒害，也必须除去。通过采用一氧化碳变换的方式，可以提高 CO 转化率和 H_2产率，降低原料天然气消耗，从而提高工厂经济效益。

中国石油合成氨技术针对以天然气为原料的蒸汽转化出口气体性质，采用两段变换技术，通过配置合理的多级余热回收换热器，实现装置能耗优化。

1）一氧化碳变换反应原理

在合成氨原料气中，一氧化碳和水蒸气变换反应是一个可逆的放热反应，如式(2-8)所示[6]。影响变换反应平衡的主要因素包括温度、压力和汽气比。

(1) 温度。平衡变换率随温度降低而增大，高温下反应速率快但是CO转化率低，低温下进行 CO 变换反应有利于降低出口 CO 含量，所以温度是变换反应重要的工艺条件。变换是放热反应，随反应进行，温度不断升高。大体上，CO 浓度每降低 1%，温度要升高 $9/(1+W)$~$10/(1+W)$（单位：℃，W 为汽气比）。同时需要考虑催化剂特性，目前市场上已经开发了各类变换催化剂，其中高温变换催化剂要求的操作温度一般为 300~500℃，低温变换催化剂要求的操作温度一般为 180~250℃。中国石油合成氨技术中，选择了经典的高、低温变换组合工艺流程，高温变换反应器入口温度约为 370℃，低温变换反应器进口温度约为 210℃。

(2) 压力。因 CO 变换反应是体积不变的可逆平衡反应，压力对变换反应平衡无影响，而变换催化剂的活性却随压力提高而有所增加。大型合成氨装置采用天然气蒸汽转化法制合成气时，需综合考虑转化工序与净化工序的压力。

(3) 汽气比。汽气比是变换操作的一个重要调节手段。从平衡关系可知，汽气比增大，则平衡转化率提高。当压力、温度和空速一定时，增加蒸汽量即是提高变换反应器进口汽气比，有利于提高变换率。但是，蒸汽量继续增加，变换率反而降低，这是因为增加蒸汽量虽然对平衡有利，但另一方面却降低了反应气体的分压，缩短了催化接触反应时间，因而不利于反应。

汽气比太高，在温度较低的低温变换反应器会有水蒸气冷凝而损坏催化剂。为防止冷凝液占据孔隙，引起催化剂活性下降，操作温度应保持在比工艺气体的露点温度高 15℃以上。

催化剂对变换过程的汽气比也有限制。高温变换催化剂一般要求蒸汽/干气不小于 0.35，低温变换催化剂一般要求蒸汽/干气不小于 0.25。

2）工艺流程

一氧化碳变换的工艺流程需要根据合成氨生产中所采用的原料、总的生产工艺要求、变换中使用的催化剂特性等情况综合考虑确定，还要结合全厂蒸汽平衡充分利用高温余热副产蒸汽和预热锅炉给水情况设计换热网络，变换工艺流程示意图如图 2-8 所示。

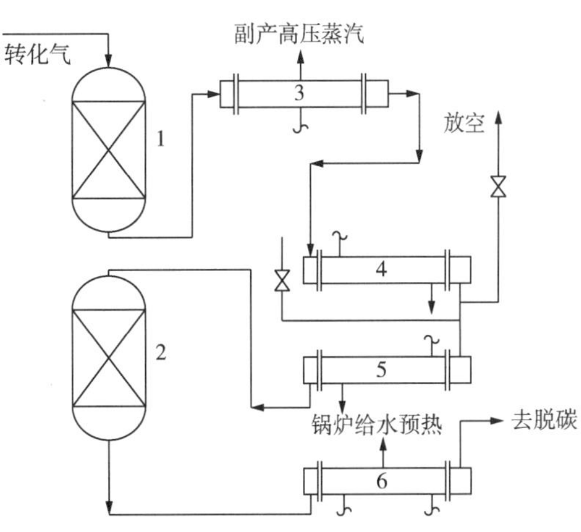

图 2-8　变换工艺流程示意图

1—高温变换炉；2—低温变换炉；3—变换气废热锅炉；4，5—锅炉给水预热器；6—锅炉给水预热器

从二段转化炉出来的气体经过转化气废热锅炉与蒸汽过热器降温，温度在 370℃左右进

入高温变换反应器，反应后气体中 CO 浓度降至 3%左右，温度 425~440℃，再进入变换气废热锅炉，产生高压蒸汽，气体在锅炉给水预热器中换热冷却至 220℃左右进入低温变换反应器，出低温变换反应器的残余 CO 降至 0.3%~0.5%。由于转化气中蒸汽含量较高，在高温变换反应器和低温变换反应器中均不需要再补加蒸汽，因此变换反应的蒸汽/干气是由转化单元的水碳比所决定的。在大型合成氨装置中，为了降低能耗，有些工艺流程采用低水碳比操作。当一段蒸汽转化炉水碳比由 3.75 降到 2.5 时，高温变换反应器的进口汽气比由 0.61 降至 0.39，低温变换反应器进口的汽气比由 0.48 降至 0.23。但在低汽气比操作时，如采用常规催化剂，其副反应较多，因此，一定要选用适应于低汽气比的新型催化剂。

2. 合成氨原料气的脱碳

对于任何以含碳化石能源为原料制备合成氨的生产过程，由于液氨产品本身不含碳，所以化石原料中相当数量的碳元素都需要以二氧化碳的形式排出，经过变换后气体中二氧化碳含量一般为 16%~40%。二氧化碳的脱除量随进料气中 C/H 和制气方法不同而有差别，但总量通常较大，一般为 640~1700m^3/t 氨，导致脱除二氧化碳是合成氨生产过程中能耗较高的单元之一，约占整个氨生产能耗的 10%，因此选择合适的脱碳方法很重要。目前国内外脱碳的方法很多，大致可分为两大类，即湿法脱碳和干法脱碳。固体吸附即为干法脱碳，CO_2在加压时被吸附在多孔状固体上，减压时吸附的 CO_2被解吸，也称变压吸附。湿法脱碳又可分为三类。

（1）化学吸收法。采用含有化学活性物质的溶液进行吸收，CO_2与之反应生成介稳化合物或者络合物，然后在减压条件下通过加热使生成物分解并释放 CO_2，解吸后的溶液循环使用。适合于 CO_2分压较低，净化度要求较高的情况，但再生时需要加热，热能耗大。主要化学吸收法包括：一乙醇胺(MEA)法、无毒脱碳法(G-V)、苯菲尔法(Benfield)、烷基醇胺的硼酸盐法(Catacarb)和空间位阻胺法(Flexsorb)。

（2）物理吸收法。CO_2被溶液吸收时不发生化学反应，溶剂减压后释放 CO_2，解吸后的溶液循环使用，适用于 CO_2分压较高的情况，再生时降压或汽提就可使绝大部分 CO_2闪蒸出来，总能耗比化学吸收法低。主要物理吸收法包括：低温甲醇洗(Rectisol)、*N*-甲基吡咯烷酮法(Purisol)、碳酸丙烯酯法(Fluor)和聚乙二醇二甲醚法(Selexol)。物理吸收法使用最多的是低温甲醇洗和聚乙二醇二甲醚法，其最大优点是能耗低，CO_2与溶剂不形成化合物，减压后绝大部分 CO_2被闪蒸出来，然后采用汽提或负压实现溶剂的完全再生。

（3）物理—化学吸收法。适用于净化度要求较高，总能耗介于化学吸收法和物理吸收法之间。主要物理—化学吸收法包括：环丁砜法(Sulfinol)、三乙醇胺—常温甲醇洗(TEA—Amisol)、甲基二乙醇胺(MDEA)法。

脱碳工艺的选择，既要考虑方法本身，也要从整个流程并结合原料路线、加工方法、副产品 CO_2的用途、公用工程费用等方面综合考虑。首先要考虑处理气体中 CO_2分压，以及要求达到的净化气中 CO_2分压。一般处理 0.01~0.1MPa 低 CO_2分压气体，优先考虑用 MEA 或环丁砜法；CO_2分压值在 0.5~0.7MPa 时选用低能耗的改良热钾碱法或 MDEA 法；超出上述 CO_2分压范围，选用聚乙二醇二甲醚、碳酸丙烯酯、低温甲醇洗等物理溶剂吸收较为有利。

其中，MDEA 法脱除 CO_2工艺是德国 BASF 公司最早在 20 世纪 70 年代开发的一种低能

耗脱 CO_2工艺。1971 年，BASF 公司的氨三厂首次投入使用，此后几年里，另有 8 套装置采用了 BASF aMDEA®工艺。这些装置的成功操作经验，使 MDEA 工艺自 1982 年后备受欢迎，之后广泛应用于氮肥装置。生产实践表明，MDEA 法不仅能耗低，而且吸收效果好，能使净化气中 CO_2含量降至 0.01%(体积分数)以下；溶液稳定性好，不易降解，挥发性小；对碳钢设备腐蚀性小，对烃溶解度低。

对于以天然气为原料的大型合成氨工艺，中国石油自主合成氨技术在广泛应用的 MDEA 法基础上，开发了基于国产化 MDEA 溶液的 MDEA 脱碳物性基础数据包，将 MDEA 脱碳工艺中涉及的 CO_2吸收、CO_2汽提、闪蒸解吸过程的机理、流程、模拟结果进行物性甄别、定性和定量分析，为工程设计提供依据。在此基础上，完善了流程模拟模型，进行了工艺流程和工艺参数的优化设计，进一步降低了能耗，在实际应用中具有操作弹性大、综合能耗低、脱碳效果好等优点。

1）MDEA 脱碳工艺原理

MDEA 法是一种以甲基二乙醇胺(MDEA)水溶液为基础的脱碳工艺，通过加入特种活化剂进一步改进该溶剂。这种工艺在投资、公用工程、物料消耗等方面比其他脱碳方法更为经济，具有很强的竞争性，是当今能耗最低的脱除 CO_2方法之一。所用活化剂为哌嗪、咪唑、二乙醇胺、甲基乙醇胺等。MDEA 对 CO_2有特殊的溶解性，吸收 CO_2后生成碳酸氢盐，可加热再生，工艺过程能耗低。MDEA 工艺的操作条件为吸收压力小于 12MPa，CO_2分压大于 0.05MPa，吸收温度 50~90℃，再生压力 0.05~0.19MPa，与天然气制氨工艺非常匹配，还可以用低变出口合成气余热作为 MDEA 溶液再生的热源，降低装置能耗。

在 MDEA—H_2O 脱除二氧化碳的体系中，既存在化学吸收，也存在物理吸收，同时在水溶液中还存在各种离解反应。为建立严格的气体溶解度计算模型，必须对各种反应和相平衡进行严格和充分的考虑，才能使得所建立的模型可以顺利地扩展到混合气体的溶解度计算。

（1）气液平衡。MDEA 脱碳体系中包含 CO_2、H_2O 和 MDEA 在汽液两相中的平衡关系，这对于模拟脱碳过程至关重要。CO_2的气液平衡计算采用亨利常数方法：

$$f_i = x_i \gamma_i^* H_i^{\circ} \tag{2-18}$$

式中　f_i——气相组分 i 的逸度；

H_i°——组分亨利常数；

x_i——组分在液相中的摩尔分数；

γ_i^*——活度系数，其参考态是在纯水中的无限稀释态。

H_2O 和 MDEA 的计算采用标准蒸气压法：

$$f_i = x_i \gamma_i p_i^{\circ} \tag{2-19}$$

式中　p_i°——H_2O 和 MDEA 的饱和蒸气压。

其中 f_i是组分 i 在气相中的逸度，可由 Peng-Robinson 方程计算。H_2O 和 MDEA 的饱和蒸气压 p_i°也可由 Peng-Robinson 方程计算。

（2）化学反应。MDEA 水溶液吸收酸性气体 CO_2 和 H_2S 时，在水溶液中存在的主要反应包括：水的离解、MDEA 的质子化、CO_2和 H_2S 的一级和二级水解等，见表 2-1。

表 2-1　MDEA 脱碳过程中的主要化学反应

反　应	反应式	反　应	反应式
水的离解	$H_2O═H^++OH^-$	CO_2的一级水解	$CO_2+H_2O═HCO_3^-+H^+$
MDEA 的质子化	$MDEA+H^+═MDEAH^+$	CO_2的二级水解	$HCO_3^-═CO_3^{2-}+H^+$

2）工艺流程

图 2-9 为 MDEA 法脱二氧化碳二段吸收流程示意图。

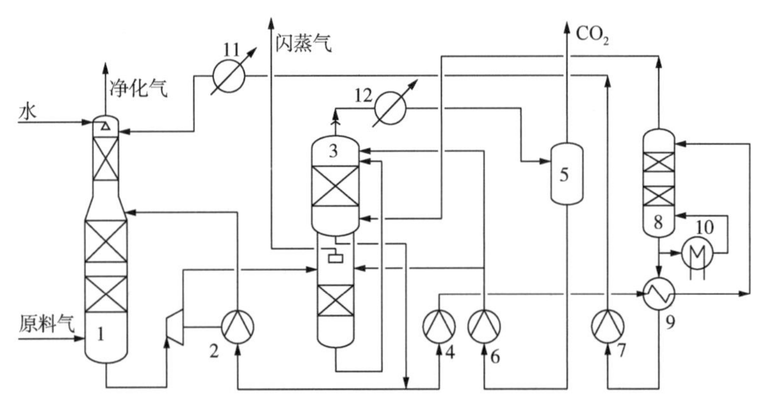

图 2-9　MDEA 法脱二氧化碳二段吸收流程示意图

1—吸收塔；2—半贫液泵；3—闪蒸塔；4—再生塔进料泵；5—分离器；6—冷凝液泵；7—贫液泵；8—再生塔；9—换热器；10—再沸器；11—冷却器；12—冷凝器

原料气进入吸收塔下段中吸收，下段吸收液用闪蒸塔底部已脱除大部分 CO_2的半贫液，上段吸收用加热再生后的贫液，气体与溶液在塔内逆流接触，脱除 CO_2后的净化气从吸收塔顶部引出，CO_2浓度一般可达 0.005%～0.1%(体积分数)。

离开吸收塔底的富液，在水力汽轮机中回收能量作为半贫液泵的动力。经水力涡轮机回收能量后的溶液分二级闪蒸，高压闪蒸段操作压力稍高于进气的 CO_2分压，溶解的惰性气体在较高压力下弛放出去，大部分高浓度的 CO_2在接近大气压的低压闪蒸段放出。

闪蒸再生后的半贫液大部分用泵打回吸收塔下段，小部分溶液送至再生塔加热汽提，汽提后的贫液与再生塔进料换热冷却，再用水冷却器冷却后进入吸收塔顶部喷淋。

再生塔顶部出来的气体可进入低压闪蒸段下部，有利于 CO_2气体的解吸。从低压闪蒸段出来的 CO_2，经过冷却器冷却后可送至尿素装置，冷凝液回流入塔。

上述二段吸收流程能耗低，但投资大，有些情况下也可以采用简单的一段吸收工艺流程。在一段吸收中，脱除 CO_2是在一段吸收塔中完成的。富液闪蒸同二段吸收一样，也分二级闪蒸。但闪蒸后的全部溶液到再生塔用蒸汽汽提再生。一段吸收工艺能耗较大，但投资低，在有大量低位热能可选用时，采用一段吸收流程较合适。

3）MDEA 脱碳工艺计算技术

MDEA 脱碳工艺技术的核心和脱碳条件的确定，关键在于计算气体在溶液中的溶解度。对于 MDEA 脱碳体系这样一个典型的混合溶剂电解质溶液体系，计算气体溶解度的关键是溶液中计算方法的选择和确定。中国石油合成氨技术采用 Chen-NRTL 方程，并结合实验结果进行拟合与验证。

Chen-NRTL 方程是一个非线性方程，可以较好地适用于 MDEA 和 H_2O 等极性溶剂电解质体系。采用 Chen-NRTL 模型[11]，体系的超额自由能由三部分组成：

$$\frac{g_{ex}^{*}}{RT}=\frac{g_{ex,PDH}^{*}}{RT}+\frac{g_{ex,Born}^{*}}{RT}+\frac{g_{ex,NRTL}^{*}}{RT} \tag{2-20}$$

长程项(PDH)表示离子和离子间相互作用的贡献：

$$\frac{g_{ex,PDH}^{*}}{RT}=-\sum_{k}x_k\left(\frac{1000}{M_s}\right)^{0.5}\left(\frac{4A_{\phi}I_x}{\rho}\right)\ln(1+\rho I_x^{0.5}) \tag{2-21}$$

其中

$$A_{\phi}=\frac{1}{3}\left(\frac{2\pi N_0 d}{1000}\right)^{1/2}\left(\frac{e^2}{D_W kT}\right) \tag{2-22}$$

$$I_x=\frac{1}{2}\sum_{i}x_i Z_i^2 \tag{2-23}$$

式中　$g_{ex,PHD}^{*}$——超额自由能中长程项的贡献；

$g_{ex,NRTL}^{*}$——超额自由能中短程项的贡献；

$g_{ex,Born}^{*}$——超额自由能中的波尔校正项；

x_i，x_k——组分 i、k 在液相中的摩尔分数；

N_0——阿伏伽德罗常数；

g_{ex}^{*}——超额自由能，J；

A_{ϕ}——德拜—休克尔渗透常数；

I_x——摩尔离子强度；

R——气体常数，1.987J/(mol·K)；

T——热力学温度，K；

d——溶剂密度，kg/m^3；

e——电子电荷；

D_W——水的介电常数，F/m；

k——Boltzmann 常数，J/K；

ρ——常数，取 14.9；

M_s——溶剂分子量；

Z——离子电荷数，如 H^+ 的 $Z=+1$。

波尔校正项(Born)离子的参考态从纯水无限稀释状态转到胺水溶液中的无限稀释态的贡献[11]：

$$\frac{g_{ex,Born}^{*}}{RT}=\left(\frac{e^2}{2kT}\right)\left(\frac{1}{D_m}-\frac{1}{D_W}\right)\frac{\sum_{i}x_i Z_i^2}{r_{bo}}\cdot 10^2 \tag{2-24}$$

式中　D_m——MDEA-H_2O 混合溶剂的介电常数，F/m；

r_{bo}——离子直径，3×10^{-10}。

短程局部浓度项(NRTL)则代表溶液中所有粒子间短程相互作用的贡献：

$$\frac{g^*_{ex,NRTL}}{RT}=\sum_m x_m\frac{\sum_j x_j G_{jm}\tau_{jm}}{\sum_k x_k G_{km}}+\sum_c x_c\sum_{a'}\frac{x_{a'}}{\sum_{a''}a''}\frac{\sum_j G_{jc,\ a'c}\tau_{jc,\ a'c}}{\sum_k x_k G_{kc,\ a'c}}+$$

$$\sum_a x_a\sum_{c'}\frac{x_{c'}}{\sum_{c''}c''}\frac{\sum_j G_{ja,\ c'a}\tau_{ja,\ c'a}}{\sum_k x_k G_{ka,\ c'a}} \tag{2-25}$$

其中 m 代表溶剂，c 代表阳离子，a 代表阴离子。

$$G_{cm}=\frac{\sum_a X_a G_{ca,\ m}}{\sum_{a'}X_{a'}}\qquad G_{am}=\frac{\sum_c X_c G_{ca,\ m}}{\sum_{c'}X_{c'}} \tag{2-26}$$

$$\alpha_{cm}=\frac{\sum_a X_a \alpha_{ca,\ m}}{\sum_{a'}X_{a'}}\qquad \alpha_{am}=\frac{\sum_c X_c \alpha_{ca,\ m}}{\sum_{c'}X_{c'}} \tag{2-27}$$

$$X_j=x_jC_j \tag{2-28}$$

其中，对于离子，$C_j=Z_j$；对于中性分子，$C_j=1$。

$$G_{i,j}=\exp(-\alpha_{i,j}\tau_{i,j}) \tag{2-29}$$

式中　$\alpha_{i,j}$——非随机因子；

$\tau_{i,j}$——相互作用参数。

各组分活度系数的计算公式为：

$$\ln\gamma_i=\left\{\frac{\partial[n_t g^*_{ex}/(RT)]}{\partial n_i}\right\}_{T,P,n_{j\neq i}} \tag{2-30}$$

式中　n_i——组分 i 的物质的量；

n_t——溶液总的物质的量。

对于溶剂 MDEA 和 H_2O 的活度系数的计算，从上式可直接得到组分的活度系数。但是对于各种离子，由于在反应平衡常数表达式中的参考态是在水中的无限稀释态，所以各离子的活度系数应为上式计算的活度系数减去该离子在纯溶剂中的无限稀释活度系数：

$$\ln\gamma_i^*=\ln\gamma_i-\ln\gamma_i^{\infty} \tag{2-31}$$

通过单一气体在 MDEA—H_2O 中溶解度的数据，采用 Marquart 最小化方法可拟合得到 Chen-NRTL 方程中的各种相互作用参数，在此基础上可以计算得到不同组分 MDEA 溶液的溶解度参数，可与流程模拟技术结合用于 MDEA 脱碳溶液量、吸附与解吸压力等工艺参数的确定。采用自主技术计算得到的结果与实验值相吻合，如图 2-10 与图 2-11 所示，图中根据实验结果绘制的数据点与根据方程计算出的数据线在 298.15~393.15K 的温度范围和 $1.0\sim1.0\times10^6$Pa 压力范围内均基本一致。在此基础上，结合变换出口的气体组分，确定了 MDEA 半贫液、贫液两段吸收流程的循环溶液量、吸收温度、解吸温度等工艺参数，为确定吸收塔和解吸塔的结构尺寸提供了设计依据。

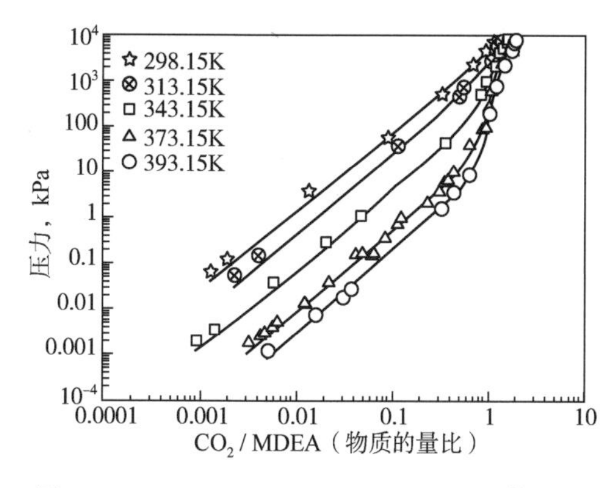

图 2-10　MDEA(2.0mol/L)-H_2O-CO_2体系中 CO_2分压随溶液中 CO_2/MDEA 比的关系

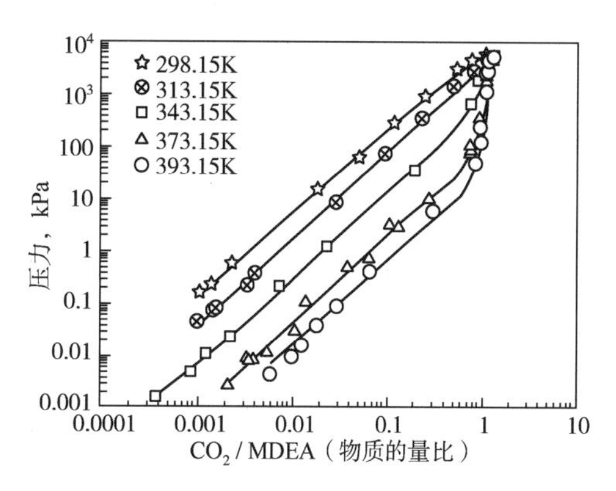

图 2-11　MDEA(4.2mol/L)-H_2O-CO_2体系中 CO_2分压随溶液中 CO_2/MDEA 比的关系

3. 氨合成原料气中少量杂质的脱除

氨合成原料气中少量杂质是指一氧化碳、二氧化碳、氧等。因 CO、CO_2、O_2等都是氨合成催化剂的毒物，一般要求进氨合成塔的原料气中 CO 等含氧化合物总含量小于 0.001%（摩尔分数）。

少量 CO 和 CO_2的脱除有以下几种方法：

（1）铜氨液吸收法。经铜氨液洗涤后的气体中 CO 含量可降低到 0.001%（摩尔分数）以下，同时将气体中氧、二氧化碳脱除。

（2）甲烷化法。在高温下使用催化剂可使 CO、CO_2与气体中存在的氢反应转化为甲烷。上游设置低温变换的流程，可使变换后 CO 含量降至约 0.4%，因此，甲烷化反应放热不会过于严重，此为采用甲烷化法的前提条件。

（3）甲醇化法。使用甲醇催化剂，使少量 CO 和 CO_2（CO+CO_2：4%~5%）绝大部分转化为甲醇，未转化的少量 CO 和 CO_2再用甲烷化法除去，这样可减少耗氢量，同时副产甲醇。国内开发的联醇工艺实质上也是一种甲醇化法，只是在甲醇化后用铜洗将残余的 CO 除去。

（4）液氮洗法。这是一种物理吸收法，在低温下用液氮作洗涤剂将 CO 脱除，并同时脱除氨合成原料气中的甲烷、氩等惰性气体。当以煤或重油为原料，用部分氧化法制合成气时，都有一个比较大的空分装置，由于空分流程的改进，在制取氧气的同时，可获得高纯氮气，这为液氮洗创造了有利的条件。

（5）碱洗或氨水洗脱除微量 CO_2。在采用铜氨液吸收法的合成氨流程中，原料气经铜氨液洗涤后，尚含有 0.01%~0.02%（摩尔分数）微量 CO_2，这些微量 CO_2最终就用 NaOH 或氨水溶液清除干净。

大型合成氨厂普遍使用的是液氮洗法和甲烷化法。对于以天然气为原料的合成氨厂，甲烷化法由于流程简单，具有设备小、操作简便、费用低廉等优点，使用最为广泛。液氮洗法脱除 CO 的同时还可从合成气中脱除甲烷、氩等惰性气，属深度冷冻技术。其主要优点是产品合成气的纯度很高，惰性气甲烷和氩几乎脱尽，且干燥无水，有利于后续氨合成反应，需补充的高压合成气量也相对少。但是液氮洗操作相对复杂，投资较高，且需要以液氮为原料，而以天然气为原料的合成氨厂通常不设大型空分装置，目前更多的是应用于有空分依托条件或超大规模合成氨装置中，以减小后续氨合成工序单系列装置规模。中国石油合成氨技术中通常选用甲烷化法脱除合成气中的少量杂质。

1）甲烷化法工艺原理

经脱碳净化的合成气中仍含少量的 CO 和微量的 CO_2，CO 和 CO_2都是氨合成反应的有害物，通过甲烷化法可将这些物质与氢气反应脱除，使 $CO+CO_2$浓度不大于 0.001%(摩尔分数)。甲烷化反应的化学方程式为：

$$CO+3H_2 \xlongequal{} CH_4+H_2O \tag{2-32}$$

$$CO_2+4H_2 \xlongequal{} CH_4+2H_2O \tag{2-33}$$

当有氧存在时，氧与氢立即结合生成水，如式(2-14)。

生成的甲烷是氨合成反应的惰性气，不会对反应造成影响，而生成的少量水通常在氨合成工序中通过分子筛干燥器或氨冷却方式分离。值得注意的是，这几个反应都是强放热反应，造成显著的温升，每反应 1%CO 会造成温升约 72℃，每反应 1%CO_2会造成温升约 60℃，每反应 1%O_2会造成温升约 165℃。所以工艺流程中必须严格监控进入甲烷化反应器的 CO、CO_2和 O_2含量，避免甲烷化反应器超温。

(1) 温度。甲烷化反应器通常进口温度为 280～330℃，而催化剂床层的绝热温升与原料气中 CO 和 CO_2的含量成正比，当 CO 和 CO_2含量超过 3%时，绝热温升可使床层温度达 510℃以上。如长期在这样高的温度下操作将造成催化剂烧结和活性丧失。因此，甲烷化不允许进口气体中碳氧化物的含量超过 3%。

在催化剂体积一定的条件下，提高温度使反应活性增加。因此，如进口气体组成不变，提高进口温度就等于增加催化剂的表观活性，也就是提高了处理能力，可以使用较大的空速，减少催化剂体积。但在选用操作温度时，必须考虑相应增加的设备费用，并为上游脱碳工序等的超温事故留有足够的安全裕度，而且在催化剂老化或中毒时，也能通过提高温度来补偿损失。

(2) 压力。提高压力对 CO 和 CO_2的甲烷化反应有利，既增加反应物分子接触，提高转化率，又有利于体积减小使反应右移，降低残余 CO 和 CO_2含量。因此，CO 和 CO_2残余量与压力成反比。但是合成氨装置中的甲烷化反应压力需要根据上游转化系统的压力确定。

2）工艺流程

甲烷化工艺流程简单，来自脱碳工序约 50℃工艺气体经甲烷化反应器进出口换热器预热到约 320℃后进入甲烷化反应器，经镍催化剂作用，将少量 CO、CO_2加氢反应生成甲烷。反应后气体温度可达到 350℃左右，依次经甲烷化反应器进出口换热器和水冷器冷却到

40℃左右，分液后送合成气压缩与氨合成工序。为了满足开车时甲烷化入口气的升温需要，还需要设置一台甲烷化开车加热器，可选用高压蒸汽作为加热热源。

四、氨合成技术

氨合成反应是可逆反应，反应温度为360~500℃。从热力学角度分析，较高的压力和较低的温度有利于该反应的化学平衡向氨的生成方向移动。从动力学角度分析，高温下可以获得更高的反应速率，从而降低催化剂装填量。氨合成塔结构复杂，内部设置多个反应床层和内部换热器，综合考虑化学平衡和反应速率的影响，以获得最优的反应条件，提高氨合成反应转化率。氨合成工艺流程示意图如图2-12所示。

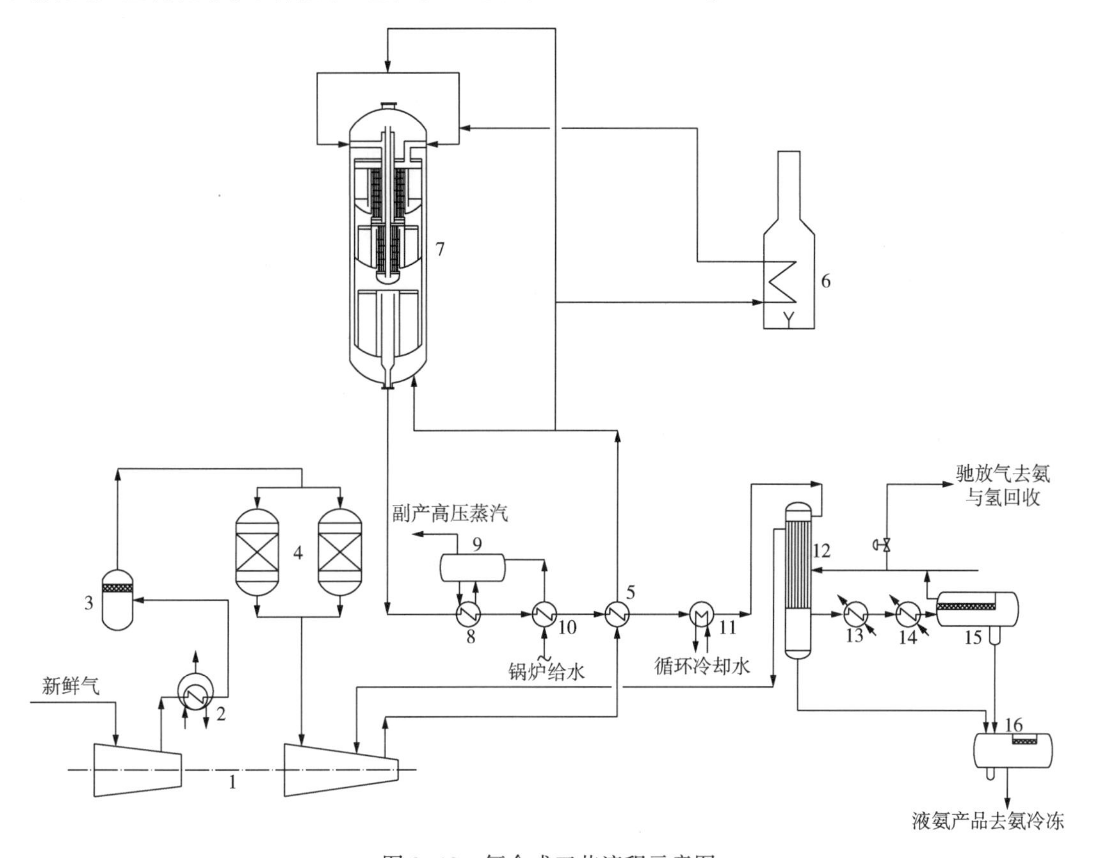

图2-12 氨合成工艺流程示意图

1—合成气压缩机；2—氨冷器；3—分离器；4—分子筛干燥器；5—热交换器；6—开工加热炉；7—氨合成塔；8—废热锅炉；9—汽包；10—锅炉给水预热器；11—水冷器；12—冷交换器；13——级氨冷器；14—二级氨冷器；15—氨分离器；16—氨闪蒸罐

1. 氨合成反应原理

氨的合成反应为可逆放热反应：

$$3H_2+N_2 \rightleftharpoons 2NH_3 \tag{2-34}$$

这个反应是放热反应，且反应后体积缩小，因此低温及高压有利于反应平衡向右移动。

2. 氨合成工艺条件

1）温度

温度对合成反应的影响是两方面的，既影响化学平衡又影响化学反应速率。由于合成反应是放热的，温度升高不利于氨的生成，但可提高反应速率。为此，在使用催化剂的初期，因催化剂的活性好，可降低操作温度；而在催化剂的中、末期，可通过适当提高操作温度增加反应速率来抵偿催化剂活性的衰减。

氨合成塔催化剂末期各床层预期操作温度及氨浓度关系如图 2-13 所示。

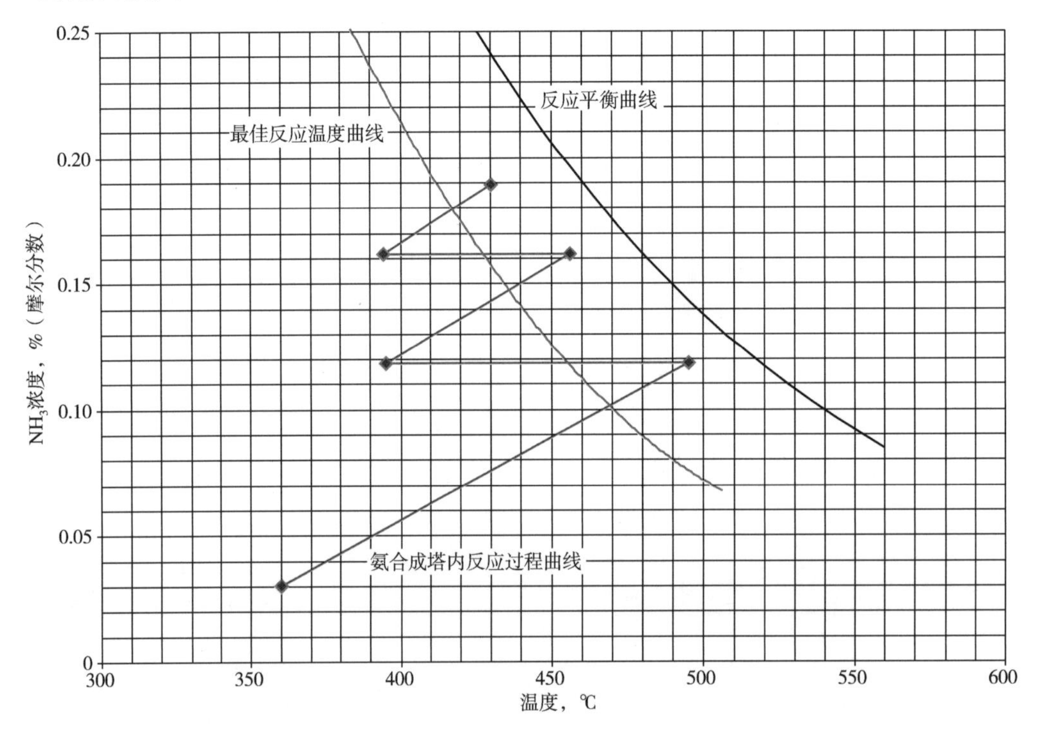

图 2-13　氨合成塔催化剂末期各床层预期操作温度及氨浓度关系

2）压力

由于氨合成反应是体积减小(物质的量减少)的反应，氨的合成反应会随压力升高而增加，同时，压力升高会使气体体积减小而增加了停留时间，使生成氨的化学反应更趋于平衡。因此，较高压力有利于氨转化率的提高。但是，为降低压缩机能耗，氨的合成压力趋向于不断降低。目前世界上已建成 8.0~9.0MPa 的氨合成回路，含钴的铁系催化剂和新型钌基催化剂，使低压合成成为现实。

3）空速

当合成塔内工艺气流速较高时，在催化剂床层上进行合成反应时间就较短，导致出塔气中的氨浓度较低。然而由于在提高空速后会有更多的气体流进反应器，带来的氨产量增加又可补偿由于反应不完全(停留时间短)而导致氨浓度的降低。所以在催化剂活性下降时，常用增大空速来增加氨产量，但此时会使合成回路中的阻力降增加，压缩机循环段的功耗增加；合成塔床层内温度会比低空速时有所降低。通常，在催化剂活性的初期采用低空速高净值操作，而在催化剂活性的末期采用高空速低净值操作，以确保设计的氨产量不变。

4）氢氮比

进入合成工序的新鲜气（不包括循环气）的氢氮比通常接近3，在合成塔内获得最大转化率的氢氮比为2.7~3，为获得合成塔进口混合原料气的最佳氢氮比，新鲜气的氢氮比可以稍偏离3。

5）惰性气体含量

对于以天然气为原料的合成氨装置，新鲜气中包含 CH_4、Ar 等惰性气体，在合成回路中会逐渐累积，需从循环段进口的管线上放出弛放气，并将弛放气洗涤后排至燃料气系统，用来调节循环气中惰性气体浓度。惰性气体在合成循环回路中的积累会导致氨合成率的降低和合成回路的压力升高，使生产能力下降。

6）进塔氨含量

进塔氨含量的选定，涉及冷冻功耗和循环功耗，也涉及氨合成塔和氨分离装置投资的权衡。氨冷级数与氨合成压力有关。25~32MPa 压力下，常采用一级氨冷，进塔氨含量在3%~4%；20MPa 时，采用二级氨冷，进塔氨含量2%~4%；10~15MPa 时，可以使用二级或三级氨冷，前者进塔氨含量4%左右，后者进塔氨含量2%左右。如中国石油氨合成技术经过能量优化，针对 45×10^4t/a 合成氨装置选择 15MPa 的合成压力，并采用二级氨冷，进塔氨含量约为3%，已实现氨合成与氨冷冻系统的能量最优化。

3. 工艺流程

氨合成工艺发展一百多年来，工艺流程虽然变化甚多，但至今其基本步骤不变，包括气体的压缩、氨的合成及反应热的利用、氨的分离、循环气的再压缩、惰性气体的排放和氢气回收利用、氨冷冻等。下面对中国石油合成氨技术的氨合成工艺流程进行介绍。

1）合成气的压缩

来自合成气净化工序氢氮比约为3：1的合成气经合成气压缩机一段压缩到约 8MPa。一段压缩出口工艺气经水冷、氨冷和分液后，进入分子筛干燥器脱去水和 CO_2，然后进入合成气压缩机二段压缩到约 14MPa，最后与来自合成回路冷交换器的循环气进行缸内混合后压缩至约 15MPa 进入合成回路。

2）氨的合成及反应热的利用

氨的合成是氢、氮气在氨合成塔中进行的。出合成气压缩机循环段的合成气进入热交换器，与出塔气换热后温度升到约 200℃进入氨合成塔，入塔气中氨含量约为3%。

氨合成塔为立式，由高压外壳和高净值塔内件两部分构成。内件设有三层催化剂筐，在第一、二床层内设有热交换器，内装有铁系催化剂，以实现氨净值的提升。同时氨合成反应热较大，在 450℃时每生成 1mol 氨可放出 54.5kJ 的反应热，或相当于产生低压饱和蒸汽的 1.44t/t 氨的热量。离开合成塔的合成气通常在 425℃以上，出口氨浓度可达 19%左右。

氨合成塔出口高温气体可用于加热锅炉给水或直接副产蒸汽，以回收反应热。经过系统和能量优化，反应热先副产高压（约 12MPa）蒸汽，再预热锅炉给水，所产蒸汽送至转化单元进行过热，以提供装置压缩机运转的动力蒸汽。预热锅炉给水后，合成气进入热交换器预热入塔气。此外，氨合成部分还需要设置一台开工加热炉，提供氨合成塔内催化剂升温还原时所需热量。

3）氨的分离

氨的分离采用冷凝分离法，利用氨气在高压下易被冷凝的原理而使液态氨分离。当操作压力为14~30MPa用水冷却时，仅能分离出部分氨，气相中的氨含量尚有8%~11%。因此，必须用液氨作制冷剂，将气体冷却到更低的温度，以使气体中的氨含量降低至合适的范围。

热交换器出口的合成反应气经逐步冷却并冷凝出液氨产品。合成气首先在水冷器冷却到40℃左右，随后进入冷交换器管程，与从氨分离器出来的冷循环气换热后冷却到约30℃，部分液氨被冷凝下来并分离进入氨闪蒸罐。最后，反应气进一步在一级氨冷器和二级氨冷器中冷却至-4℃以下进入氨分离器。

氨分离器分离出的气体进入冷交换器的壳程回收冷量，随后循环气返回合成气压缩机二段，与新鲜合成气混合并进一步压缩。由氨分离器分离出的高压液氨，经减压阀排放到氨闪蒸罐，其操作压力约为1.8MPa，闪蒸出来的溶解气送到氨与氢回收系统。氨闪蒸槽的液氨送至氨冷冻系统并最终作为产品送出。

4）弛放气的排放和氢气回收利用

由于循环回路中氢气、氮气的连续反应，不参与反应的惰性气体（甲烷和氩）不断积累，当达到较高含量时，对反应平衡和速率均很不利。所以，一部分弛放气在氨分离器出口抽出送至氨与氢回收系统，以调节合成回路的CH_4及Ar等惰性气含量。通常，弛放气中含有80%左右的氢气、氮气有效气体和一定量的氨，这些氢气和氨气都要回收利用。氨的回收过程通常采用水洗和蒸氨流程，而氢的回收相对复杂，目前主流的氢回收方法包括深冷分离法、中空纤维膜分离法和变压吸附法。

中国石油合成氨技术采用膜分离法实现氢气的回收利用，通过高压、低压两套膜分离系统实现高低压弛放气的高效利用。来自合成回路的高压弛放气进入高压洗氨塔，由来自蒸氨塔底部的稀氨水通过高压水洗泵从塔顶引入，用来洗涤气体中的氨，塔顶气体经分液后进入高压膜分离器。

膜分离器的结构与管壳式换热器类似，内部是中空纤维管管束，类似于U形管管束，管的末端设置"管板"，"壳侧"为高压圆筒。弛放气进入膜分离器的壳侧，在压力差的推动下，气体中的氢气从管壁渗透，从而在"管侧"得到富氢产品，而"壳侧"为分离后剩余的H_2及惰性气体。

高压膜分离器"管侧"回收的高压氢气压力在8MPa左右，送至合成气压缩机一段出口，"壳侧"出口气体进入低压膜分离器壳侧，从低压膜分离器"管侧"回收的低压氢气的压力约为4MPa，送往合成气压缩机一段入口，最终实现新鲜合成气氢氮比的调节。壳侧排出的尾气减压后送到燃料气系统做一段蒸汽转化炉燃料。

来自氨闪蒸罐的低压闪蒸气进入低压洗氨塔，由锅炉给水进行洗涤，塔顶尾气减压后与低压膜分离器的尾气一起送到燃料气系统作为一段蒸汽转化炉的燃料。

高压洗氨塔塔底氨水浓度通常约为10%（质量分数），经减压与换热后送至蒸氨塔，蒸氨塔由底部蒸氨塔再沸器供给热量，蒸出的气氨经循环水冷却为液氨后送回氨冷冻系统作为产品送出。

5）氨冷冻

氨冷冻系统通过液氨在氨冷器壳程中蒸发制冷为合成氨装置提供冷源，使反应生成的氨冷凝下来。中国石油合成氨技术采用二级氨冷流程，在二级氨冷器壳程蒸发的气氨进入氨压缩机一段，压缩至约0.6MPa，一段出口气经水冷后与一级氨冷器壳程蒸发的气氨混合进入氨压缩机二段。氨压缩机的最终出口压力约为1.6MPa，在氨压缩机最终水冷器中冷凝，液氨进入氨受槽，不凝气体则在氨冷器回收其中的氨后，送到燃料气系统。氨受槽中的液氨经减压后先后送至一级氨冷器与二级氨冷器进行蒸发形成循环。正常生产时，从氨受槽抽出的氨产品通过热氨泵送入尿素装置。当尿素装置停车时，由氨闪蒸罐来的液氨产品进入气氨分离罐闪蒸，闪蒸后的常压液氨送氨贮罐，气氨由螺杆式氨升压机加压后与氨压缩机出口气氨混合。

4. 氨合成塔工艺设计技术

氨合成塔是合成氨装置的心脏设备，现代氨合成塔都要求高效、节能，因其结构是否先进、可靠，能否长期稳定运转，会影响整个合成氨装置的效率及效益。氨合成塔工艺设计的重点是根据工艺流程的要求，确定合适的合成塔结构形式和各床层进出口温度、内部换热器负荷等工艺参数，以满足低阻力降、高转化率、催化剂装填量少，且实现合成塔和催化剂国产化制造的要求。

中国石油大型氨合成塔包含三个催化剂床和两个内部换热器，内部流程示意图如图2-14所示。入口合成气由合成塔底部进入，沿外壳和内筐之间的环隙空间向上流到顶部，以保护合成塔外壳，然后气体在顶部折流而下，进入贯穿两个催化剂床层的中心管，再折流向上穿过两个串联的热交换器的管程，在两个热交换器中换热升温。入塔气体在两个热交换器中自下而上相继被第二、第一催化剂床层反应后出来的热气体加热后进入第一催化剂床层，从上向下轴向流过催化剂床层。反应后的合成气出第一催化剂床层后，在第一催化剂床层内侧间隙汇合，沿内侧通道向上进入第一个热交换器壳程，经冷却后进入第二催化剂床层，在第二催化剂床层由外向中心径向流动，进一步进行氨的合成反应。反应后的合成气在床层内侧通道汇合，进入第二换热器壳程中进行换热冷却后，再进入第三径向床层，由外向内径向流动。未反应的H_2与N_2在第三催化剂床层进一步反应生成氨，反应后的气体经中心管离开合成塔。由于装置负荷，催化剂活性的变化，需要调节各床层入口温度，以保持反应活性，所以设置了两条副线，控制第一、第二催化剂床层入口温度。

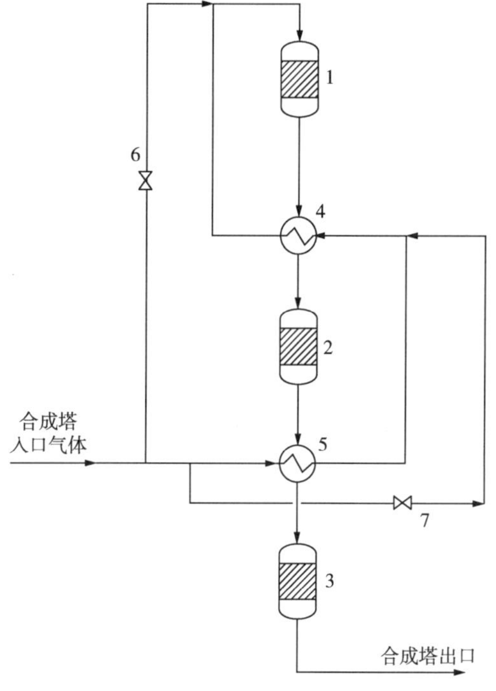

图2-14　氨合成塔内部流程示意图

1—第一催化剂床；2—第二催化剂床；3—第三催化剂床；4—第一催化剂床内部换热器；5—第二催化剂床内部换热器；6—第一催化剂床温度控制副线；7—第二催化剂床温度控制副线

氨合成塔工艺参数的确定是非常复杂的过程，在确定合成塔结构形式后，需要计算合成塔内每股物流的组成和温度。

（1）组成的计算。反应气在催化剂床层内会发生氨合成反应，部分氮气和氢气转化为氨，而氨的转化程度需要通过热力学的方法进行计算，从而引出关于氨合成反应平衡常数的推导和计算。

（2）温度的计算。氨合成反应本身是放热反应，而反应器为绝热反应器，温度会随着反应的进行而升高，所以在合成塔的设计中，加入两台内部换热器，通过降温使床层出口接近反应平衡的物流远离平衡而继续反应，以增加氨净值。确定氨合成塔内的最佳工艺参数，关键是使用动力学计算方法，根据出口要求反算每个床层进出口物流最优化的组成和温度，使其在满足内件材料、催化剂、合成回路其他设备温度、压力的前提下，催化剂装填量最少。

通过在第三方流程模拟软件平台上进行二次开发，编制了专用于氨合成塔计算的动力学计算模块，综合调研了国内主流催化剂的动力学参数，具有根据入口条件和催化剂装填量核算每个床层出口反应情况的校核型计算功能，也具有根据出口条件和反应要求反算每个床层最优化装填量的设计型计算功能，进而掌握了大型氨合成塔的优化工艺设计技术。

1）氨合成热力学

进行氨合成塔工艺计算的基础是反应体系中各组分、混合物的基本热力学参数计算与反应过程的动力学计算。热力学计算的目的一是计算混合物的基本参数，如热容、逸度、密度等，二是计算氨合成反应的平衡常数。在此基础上，还需要进行动力学计算，从而可以在给定催化剂装填量的情况下结合反应条件计算反应的转化率，也可以根据反应需求反向计算所需要的催化剂装填量。

目前国内工艺计算中通用的做法是使用商用流程模拟软件，利用内置的物性方法（如PR、SRK等）进行热力学计算，从而可以应用这些软件的内置物性方法在转化率反应器、Gibbs反应器、平衡反应器等模块中完成氨合成的物料平衡、热量平衡、转化率、平衡温距的计算。但是由于氨合成塔对计算精度的要求高，通用化的物性方法和计算模块无法满足准确计算的要求，所以进行氨合成塔工艺设计的基础是开发专用于氨合成反应体系的热力学计算方法，其关键包括比定压热容、反应热、逸度系数与平衡常数的计算。

（1）热容的计算。理想状态下气体的比定压热容或标准比定压热容C_p^0如下式表示：

$$C_p^0=\left(\frac{\partial H_{\mathrm{M}}^{\circ}}{\partial T}\right)_p \tag{2-35}$$

该方程表示等压条件下气体焓值随温度变化的情况。合成氨反应是放热反应，氨合成塔中三个催化剂床层都是绝热床，反应的过程伴随着温度的上升，而温度的变化又同时影响反应的化学平衡与反应速率，所以必须准确计算不同组分混合气的热容，才能计算合成塔中各部分的温度变化。对于合成氨反应，主要存在氢气、氮气、甲烷、氩和氨5种组分，同时体系处在高温高压下，偏离理想状态。经过文献调研和比选，针对多种热容方法进行评价分析，可用于高压下氨合成体系各组分（H_2、N_2、CH_4、Ar、NH_3）热容的一组计算公式见式（2-36）[12]。

$$C_{p,\mathrm{H_2}}=29.213-3.138\times10^{-4}T+6.196\times10^{-3}p_{\mathrm{H_2}}$$

$$C_{p,N_2}=30.840-0.607\times10^{-2}T+0.602\times10^{-5}T^2+0.273p_{N_2}-3.118\times10^{-4}Tp_{N_2}$$

$$C_{p,CH_4}=19.874-5.021\times10^{-2}T+1.268\times10^{-5}T^2-1.100\times10^{-8}T^3+0.107p_{CH_4}$$

$$C_{p,Ar}=20.815-0.858\times10^{-4}T-1.260\times10^{-4}Tp_{Ar}+3.958\times10^{-8}T^2-0.190p_{Ar}$$

当 $T\geqslant500\text{K}$ 时

$$C_{p,NH_3}=39.037-1.251\times10^{-2}T+3.665\times10^{-5}T^2+3.903p_{NH_3}-4.915\times10^{-3}Tp_{NH_3}$$

当 $T<500\text{K}$ 时

$$C_{p,NH_3}=237.872-1.107T+1.492\times10^{-3}T^2+40.809p_{NH_3}+0.477p_{NH_3}^2-8.955\times10^{-2}Tp_{NH_3} \quad (2-36)$$

上述式中分压单位为 MPa，比热容的单位为 J/(mol · K)。

(2) 反应热的计算。氨合成反应通常会在高压下操作，反应组分的性质偏离理想状态较大，压力对反应热的影响相当显著。同时，$H_2-N_2-NH_3$三元体系在较高压力下是非理想物系，氨的生成同时伴随着氨在体系中的混合，将氨在系统中的混合热记为 ΔH_M，因此氨合成反应总的反应热 ΔH_R 应为：

$$\Delta H_R=\Delta H_F+\Delta H_M \quad (2-37)$$

(3) 逸度系数的计算。由于真实反应的非理想性，化学平衡计算中的分压用逸度计算。采用 Beattie-Bridgeman 方程用于高压下氨合成体系各组分逸度系数 ϕ_i的计算[12]，其形式为：

$$RT\ln\phi_i=\left[(B_{0i}-A_{0i}-C_i/T^3)+(A_{0i}^{0.5}-\text{Sum})^2\times\frac{1}{0.08206T}\right]\left(\frac{p}{0.101325}\right) \quad (2-38)$$

式中 p 的单位是 MPa；A_{0i}、B_{0i}和C_i值是各组分的 Beattie-Bridgeman 状态方程参数，而 $\text{Sum}=\sum y_iA_{0i}^{0.5}$，$y_i$表示组分的平衡组成，计算 Sum 时应包括惰性气体甲烷和氩在内。各组分的A_{0i}、B_{0i}和C_i参数值见表 2-2。

表 2-2　Beattie-Bridgeman 状态方程各参数

组分	A_{0i}	B_{0i}	C_i
H_2	0.1976	0.02096	0.0504×10^4
N_2	1.3445	0.05046	4.20×10^4
NH_3	2.3920	0.03415	476.87×10^4
CH_4	2.2769		
Ar	1.2907		

(4) 平衡常数的计算。平衡常数对于反应的计算至关重要，反应动力学计算也是在平衡常数基础上进行的，特别是氨合成塔中氨合成反应通常都比较接近化学平衡状态，所以平衡常数的准确计算是反应计算的基础。恒压下理想气体的标准平衡常数K_f^0与温度的关系可用 Van't Hoff 方程表示：

$$\left(\frac{\partial \ln K_f^0}{\partial T}\right)_p = \frac{\Delta H_R^0}{RT^2} \tag{2-39}$$

根据此关系，Gillespie 和 Beattie[13] 利用氢、氮和氨的热容与温度的关系式推导出了理想状态下氨合成反应标准平衡常数K_f^0的计算式：

$$\lg K_f^0 = -2.691122\lg T - 8.519265\times10^{-5}T + 1.848863\times10^{-7}T^2 + \frac{2001.6}{T} + 2.6899 \tag{2-40}$$

该计算式简称 G-B 方程。

另外，Harrison 和 Kobe 于 1953 年根据当时的热容数据同样导出了氨合成反应标准平衡常数K_f^0计算式[14]：

$$\lg K_f^0 = \frac{2250.332}{T} - 0.85340 - 1.51049\lg T - 25.8987\times10^{-5}T + 14.8961\times10^{-8}T^2 \tag{2-41}$$

该计算式简称 H-K 方程。

中国石油合成氨技术根据文献中的实验参数与合成氨工厂得到的运行指标，经过对比研究，确定了在不同设计条件下选择相应的计算方程以获得最为精确的平衡常数计算结果。

2）氨合成动力学

氨合成反应动力学的关键是反应过程中决速步(决定反应速率的控制步骤)的研究。在没有催化剂的情况下，氨合成反应的活化能约为 55kcal/mol，约为氨合成反应热的 2.5 倍。所以，催化剂的使用可以使氨合成反应在较低的温度下得到足够的反应速率。

最早在氨合成反应动力学上取得突破性进展的是 Temkin 和 Pyzhev，假定氨合成催化反应的机理为：

$$N_2(\text{气相}) \longrightarrow 2N(\text{吸附}) \xrightarrow{\text{气相中的氢}} 2NH(\text{吸附}) \xrightarrow{\text{气相中的氢}}$$

$$2NH_2(\text{吸附}) \xrightarrow{\text{气相中的氢}} 2NH_3(\text{吸附}) \longrightarrow 2NH_3(\text{气相})$$

（1）Temkin-Pyzhev 动力学方程中 Temkin 和 Pyzhev 认为氮的活性吸附是该反应的决速步，并假设：

① 催化剂表面活性不均匀；

② 吸附态主要是氮；

③ 氢和氨的吸附覆盖度可以忽略；

④ 氮在活性表面上的覆盖度是中等的；

⑤ 气体是理想气体；

⑥ 反应距平衡不远。

由此导出的本征动力学方程如下[12]：

$$r_{NH_3} = k_1 p_{N_2}\left(\frac{p_{H_2}^3}{p_{NH_3}^2}\right)^{\alpha} - k_2\left(\frac{p_{NH_3}^2}{p_{H_2}^3}\right)^{1-\alpha} \tag{2-42}$$

式中　r_{NH_3}——氨合成反应速率，kmol/s；

p_{N_2}，p_{H_2}和p_{NH_3}——氢、氮和氨的分压，MPa；

k_1——正反应速率常数，kmol/(m^2·s·MPa$^{1+\alpha}$)；

k_2——逆反应的速率常数，kmol·MPa$^{1-\alpha}$/(m^2·s)。

α——Temkin-Pyzhev 系数。从实际应用出发，α 通常取值0.5[14]。

将 α=0.5 代入上述动力学方程中，得到

$$r_{NH_3}=\frac{dN_{NH_3}}{dS}=k_1 p_{N_2}\frac{p_{H_2}^{1.5}}{p_{NH_3}}-k_2\left(\frac{p_{NH_3}}{p_{H_2}^{1.5}}\right) \tag{2-43}$$

由于反应达到平衡时$r_{NH_3}=0$，可以得到

$$k_1/k_2=K_p^2 \tag{2-44}$$

(2) 远离平衡时的 Temkin 动力学方程[14]。上面的方程中，p_{NH_3}出现在分母，这意味着当反应远离平衡，甚至氨浓度为 0 的时候，该合成氨反应是无限快的，因此该式不再适用。为此，Temkin 在 1963 年提出远离平衡时的氨合成本征动力学方程。其推导过程中假定反应速率分为两部分，第一步为氮的活性吸附：

$$N_2 \xrightleftharpoons[]{\text{活性表面}} (N_2) \tag{2-45}$$

第二步为吸附氮的加氢过程：

$$(N_2)+H_2 \rightleftharpoons (N_2H_2) \tag{2-46}$$

$$(N_2H_2)+2H_2 \xrightleftharpoons[]{\text{活性表面}} 2NH_3 \tag{2-47}$$

同时认为整个反应速率取决于式(2-45)和式(2-46)阶段的速率。由此，推导出反应速率方程：

$$r_{NH_3}=\frac{k^* p_{H_2}^{1-\alpha}\left(1-\dfrac{p_{NH_3}^2}{K_p^2 p_{N_2} p_{H_2}^3}\right)}{\left(\dfrac{l}{p_{H_2}}+\dfrac{1}{K_p^2}\dfrac{p_{NH_3}^2}{p_{N_2}p_{H_2}^3}\right)^{\alpha}\left(\dfrac{l}{p_{H_2}}+1\right)^{1-\alpha}} \tag{2-48}$$

式中，l/p_{H_2}表示吸附态 N_2 的脱附速率和加氢速率之比。实验测得，在 450℃下，l=1.77×10^{-2}×0.101325MPa，因而 $l/p_{H_2}\ll 1$。

当系统远离平衡时，有：

$$(1/K_p^2)[p_{NH_3}^2/(p_{N_2}p_{H_2}^3)]\gg 0 \tag{2-49}$$

动力学方程可表示为：

$$r_{NH_3}=\frac{k^*}{l^a}p_{N_2}^{1-a}p_{H_2}^* \tag{2-50}$$

当系统接近平衡时，有：

$$(1/K_p^2)[p_{NH_3}^2/(p_{N_2}p_{H_2}^3)]\rightarrow 0 \tag{2-51}$$

因此，动力学方程可以表示为：

$$r_{NH_3}=k^* K_p^2 p_{N_2}\left(\frac{p_{H_2}^3}{p_{NH_3}^2}\right)^{\alpha}-\frac{k^*}{(K_p^2)^{1-\alpha}}\left(\frac{p_{NH_3}^2}{p_{H_2}^3}\right)^{1-\alpha} \tag{2-52}$$

即与 Temkin-Pyzhev 方程完全一样。

上述方程均为 Temkin 等人在常压下实验得到的结果，因此动力学以分压表示。对于高压下的方程，虽然 Temkin 在 1950 年也提出了一个校正因子进行计算，但是比较烦琐，在工业计算中，通常 Temkin-Pyzhev 方程中的分压用逸度表示即可，得到如下方程：

$$r_{NH_3}=k_{f1}f_{N_2}\frac{f_{H_2}^{1-\xi}}{f_{NH_3}}-k_{f2}\frac{f_{NH_3}}{f_{H_2}^{1-\xi}} \tag{2-53}$$

（3）其他氨合成动力学方程。Nielsen 等于 1964 年提出下列以逸度表示的氨合成本征动力学方程[15]：

$$r_{NH_3}=\frac{k_2(f_{N_2}K_f^2-f_{NH_3}^2/f_{H_2}^3)}{(1+K_2\ f_{NH_3}/f_{H_2}^3)} \tag{2-54}$$

式中，逆反应速率常数k_2及吸附平衡常数K_2仅为温度的函数，与压力无关。K_f是以逸度表示的平衡常数，Nielsen 等人在 15~30MPa 压力和 330~395℃ 温度范围内进行氨合成本征反应速率的测试，并对参数进行了预估，获得 $\omega=1.5$，$\alpha=0.65$。除非 $y_{NH_3}\ll 0.01$，一般情况下 $1\ll k_3 f_{NH_3}/f_{H_2}^{\omega}$。当 $\alpha=0.5$ 时，该式即为 Temkin-Pyzhev 方程的形式。

3）氨合成塔模型

在上述理论基础上，搭建了氨合成塔反应模型，该模型既可以根据已确定的催化剂装填量和反应条件，计算反应的具体情况，也可以根据给定的反应要求和入口合成气条件计算最为优化的各床层催化剂装填量与反应温度。

反应器设计数学模型通常采用一维均相模型，该模型认为反应气体以活塞流通过催化剂床层，不存在径向和轴向流体的返混，宏观动力学按本征动力学控制处理，将传递过程的影响以内扩散效率因子表征，将催化剂的中毒、衰老、还原等因素合并为校正系数。宏观动力学由催化剂校正系数和内扩散效率因子对本征动力学进行校正得到。对催化剂床层取一微元，其床层气体流通面积 A 对于轴向床（微元高度 dL）：

$$A=\pi(r_{out}^2-r_{in}^2) \tag{2-55}$$

对于径向床，按流动方向可分为从中间向塔壁流动（由内向外）和从塔壁向中间流动（由外向内）两种情况，通常情况都是由外向内流动，除了面积外，其他算法和轴向相同。

$$A=2\pi r_c H_c \tag{2-56}$$

式中 r_c——催化剂床层半径，m；

H_c——催化剂床层高度，m。

中国石油氨合成塔采用内部间接换热形式，氨合成塔内每个催化床都是一个绝热固定床反应器，首先应计算绝热固定床反应器反应温度与转化率的关系。一般来说，确定催化反应器为达到一定的生产任务所需的催化床体积，是反应器过程设计中的基本问题。绝热固定床反应器的基本模型是平推流反应器模型。若床层的直径与催化剂颗粒直径比大于 10，床层高与催化剂颗粒直径比大于 100，且流体在床层中流速不算太小时，平推流模型是合适的。此时：

$$V_R = V_0\tau_0 = V_0\int_{C_{A_0}}^{C_{A_f}}\frac{dC_A}{R_{A_{宏}}} = V_0 C_{A_0}\int_0^x \frac{dx_A}{R_{A_{宏}}} = N_{T_0}y_{A_0}\int_0^{x_A}\frac{dx_A}{R_{A_{宏}}} \tag{2-57}$$

式中　τ_0——标准接触时间，h；

V_0——标准状态体积流量，m^3/h；

x_A——转化率；

$R_{A_{宏}}$——宏观反应速率。

宏观反应速率可由下式算出：

$$R_{A_{宏}} = \xi R_{A_{本}} \tag{2-58}$$

$R_{A_{本}}$为按催化剂外表面处浓度和温度计的本征反应速率。如果外扩散阻力可忽略，则按气相主体的浓度与温度计算。无论是内表面利用率 ξ，还是本征反应速率 $R_{A_{本}}$都是温度 T 与转化率 x 的函数。绝热反应器是一种非等温反应器，温度与转化率间的函数可由热量衡算求得。

可逆绝热反应的单段绝热催化床操作过程在 x_A-T 图上为一直线，催化床进口与出口分别在最佳温度曲线的两侧。绝热床层的热量衡算式为：

$$N_T C_p dT_b = N_{T_0} y_{A_0}(-\Delta H_R)dx_A \tag{2-59}$$

对上式进行积分，可得：

$$\int_{T_{b_1}}^{T_{b_2}} dT_b = \int_{x_{A_1}}^{x_{A_2}} \frac{N_{T_0}(-\Delta H_R)}{N_T C_{p_b}} dx_A \tag{2-60}$$

严格说来，反应热效应$(-\Delta H_R)$、混合气体的热容 C_{p_b}、反应混合物的摩尔流量N_T与反应率 x_A及物料进出催化剂床的温度 T_b有关。在工程设计计算中可以简化，由于热焓是状态函数，过程的热焓变化只决定于过程的初始状态与最终状态，而与过程途径无关。可以将绝热反应过程简化为在进口温度 T_{b_1}下进行等温反应，反应率由 x_{A_1}增至 x_{A_2}；然后再在出口组成下升温，由 T_{b_1}升至 T_{b_2}。因此上式中的反应热$(-\Delta H_R)$取进口温度 T_{b_1}下的值，然后根据出口状态的气体组成来计算混合气体的摩尔流量 N_{T_2}。热容则取出口气体组成于温度 T_{b_1}至 T_{b_2}间的平均热容 $\overline{C}_{p_b}$。由此可得：

$$T_{b_2}-T_{b_1} = \frac{N_{T_0}y_{A_0}(-\Delta H_R)}{N_{T_2}C_{p_b}}(x_{A_2}-x_{A_1}) = \lambda(x_{A_2}-x_{A_1}) \tag{2-61}$$

式中：

$$\lambda = \frac{N_{T_0} y_{A_0}(-\Delta H_R)}{N_{T_2} \overline{C}_{p_b}} \tag{2-62}$$

λ 称为绝热温升，即绝热情况下组分 A 完全反应时混合气体升高的温度。根据绝热温升的概念，在绝热条件下，每一瞬时的反应温度下与反应率 x_A 与进口状态下温度 T_{b_1} 和反应率 x_{A_1} 之间的关系为

$$T_b - T_{b_1} = \lambda(x_A - x_{A_1}) \tag{2-63}$$

即绝热反应过程中，反应温度与转化率呈线性关系。这是一个近似关系，只有反应混合物的热容为常数时该关系式才成立。该式为绝热操作线方程，在实际生产中，关键组分的起始浓度不高，或反应过程中物料的反应量不大，假设 λ 为常数完全能满足要求。

4）氨合成塔工艺设计

对于可逆放热反应，为使反应过程接近最佳温度曲线进行，反应过程中需移走热量。中国石油大型氨合成塔为多段换热式反应器，反应分三段进行，在原料气组成、最终转化率与反应段数已决定的前提下，设计的目的是计算确定最优化的各段进出口温度及气体组成(或转化率)。在进行反应器设计时，可选定所需催化剂体积最少作为目标函数，计算各段进出口温度与气体组成的最佳分配，同时各段进出口温度与气体组成的分配应保证：

$$V_{RT} = \sum_{i=1}^{n} V_{R_i} = \sum_{i=1}^{n} V_{0,i}\tau_{0,i} \tag{2-64}$$

式中　n——催化床段数；

V_{R_i}——第 i 段催化床体积。

在进塔气量与出塔气量组成一定的情况下，催化剂用量仅为各段进出口温度与气体组成(转化率)的函数。对多段间接换热式氨合成塔，可表示为：

$$V_{RT} = f(y_{NH_3,1}, y_{NH_3,2}, \cdots, y_{NH_3,n}, y'_{NH_3,1}, y'_{NH_3,2}, \cdots, y'_{NH_3,n}, T_1, T_2, \cdots, T_n, T'_1, T'_2, \cdots, T'_n) \tag{2-65}$$

式中，$y_{NH_3,i}$、$y'_{NH_3,i}$、T_i、$T'_i(i=1, 2, \cdots, n)$ 分别为第 i 段催化床进、出口气体混合物氨的摩尔分数与温度。催化剂装填量的优化设计问题就是求出符合这一目标函数的极值。

对 m 段氨合成塔而言，共有 $4m$ 个变量。但是由于：$y_{NH_3,1}$ 和 $y'_{NH_3,n}$ 已规定，各段出口气体中氨含量等于下段进口氨含量($y'_{NH_3,i} = y_{NH_3,i+1}$)，各段绝热反应过程应符合由绝热温升联系的热量衡算式：

$$T'_i - T_i = \lambda(y'_{NH_3,i} - y_{NH_3,i}) \tag{2-66}$$

所以独立变量的个数为 $4m-2-(m-1)-1=2m-1$ 个。可选定各段进口温度 T_i 及各段(第 m 段除外)出口氨摩尔分数 $y'_{NH_3,i}$ 为独立变量，于是：

$$V_R = \sum V_{R_i} = V_0 \sum \tau_{0i} = f(y'_{NH_3,1}, y'_{NH_3,2}, \cdots, y'_{NH_3,n}, T_1, T_2, \cdots, T_n) \tag{2-67}$$

要使催化剂总量最小，即：

$$\begin{cases}\dfrac{\partial V_R}{\partial y'_{NH_3,i}}=0 & (2-68)\\[2ex] \dfrac{\partial V_R}{\partial T_i}=0 & (2-69)\end{cases}$$

展开即可得到：

$$\begin{cases}\dfrac{\partial \tau_{0i}}{\partial y'_{NH_3,i}}+\dfrac{\partial \tau_{0,i+1}}{\partial y_{NH_3,i+1}}=0 & (2-70)\\[2ex] \dfrac{\partial \tau_{0i}}{\partial T_i}=0 & (2-71)\end{cases}$$

其中式(2-70)是使催化剂床体积最小的第一类反应式，共有(n-1)个，其意义是上一段催化剂床出口处反应速率的倒数与下一段催化床进口处反应速率的倒数的绝对值相等。τ_{0i}随着$y'_{NH_3,i}$的增大而增大，因此$\dfrac{\partial \tau_{0i}}{\partial y'_{NH_3,i}}$为正值；$\tau_{0,i+1}$随着$y_{NH_3,i+1}$的增大而减小，因此$\dfrac{\partial \tau_{0,i+1}}{\partial y'_{NH_3,i+1}}$为负值。该关系可以确定塔内段间的换热过程。

式(2-71)为催化床体积最小的第二类条件式，共有n个，其意义是所选定的各段出口转化率应使各绝热段的标准接触时间对进口温度的偏导数为零，该结论适用于单段绝热反应器或多段绝热反应器中的任一段。某段进出口氨含量一定时，进口温度与催化剂用量的关系曲线呈现先减小后增大的趋势，都有一极小值，表明进口温度有最优化值；而催化剂体积越大，出口$y'_{NH_3,i}$越大，相应的最优化T_i值越低。如果反应过程中反应混合物的温度T与进口温度T_i呈线性关系，则将

$$\tau_{0,i}=\int_{y_{NH_3,i}}^{y'_{NH_3,i}}\frac{d\tau_0}{dy_{NH_3}}dy_{NH_3} \tag{2-72}$$

带入式(2-71)，得到：

$$\frac{\partial \tau_{0,i}}{\partial T_i}=\int_{y_{NH_3,i}}^{y'_{NH_3,i}}\frac{\partial\left(\dfrac{\tau_0}{dy_{NH_3}}\right)}{\partial T_i}dy_{NH_3}=0 \tag{2-73}$$

由于任一段反应床层进出口的$\dfrac{d\tau_{0i}}{dy_{NH_3,i}}$和$\dfrac{d\tau_{0i}}{dy'_{NH_3,i}}$值为一负一正，因此令$y_{NH_3,m}$为绝热操作线与最佳温度线的交点，则

当$y_{NH_3,i}<y_{NH_3}<y_{NH_3,m}$时，$\dfrac{\partial\left(\dfrac{d\tau_{0i}}{dy_{NH_3,i}}\right)}{\partial T}<0$；

$y_{NH_3}=y_{NH_3,m}$时，$\dfrac{\partial\left(\dfrac{d\tau_{0i}}{dy_{NH_3,i}}\right)}{\partial T}=0$；

$y_{NH_3,m}<y_{NH_3}<y'_{NH_3,i}$时，$\dfrac{\partial\left(\dfrac{d\tau_{0i}}{dy_{NH_3,i}}\right)}{\partial T}>0$。

以$\dfrac{\partial\left(\dfrac{d\tau_{0i}}{dy_{NH_3,i}}\right)}{\partial T}$对$y_{NH_3}$作图，前半段为负，后半段为正，当沿着$y_{NH_3}$积分面积为零时，即为符合最优化温度的$y'_{NH_3,i}$值。而$\dfrac{\partial\left(\dfrac{d\tau_{0i}}{dy_{NH_3,i}}\right)}{\partial T}$可由动力学方程式对$T$求导得到，也可以由图解法求得，即在$y_{NH_3}$一定的情况下，以$\dfrac{d\tau_{0i}}{dy_{NH_3,i}}$对$T$作图，然后在规定的$y_{NH_3}$相对应的温度处做切线，切线斜率即为所求[14]。

综上，根据上述算法进行二段换热三段催化床氨合成塔的各段进出口温度与氨摩尔分数的最佳分配，其步骤如下：

（1）根据反应气体的初始组成及催化剂动力学参数，做过程的平衡曲线与最佳温度曲线；

（2）假定第一催化剂床进口温度T_1，由式(2-69)计算第一催化剂床反应绝热线，得到第一催化剂床出口氨浓度$y'_{NH_3,1}$；

（3）由式(2-70)可计算确定T_2；

（4）重复上述过程，由式(2-70)计算第二催化剂床反应绝热线，得到第二催化剂床出口氨浓度$y'_{NH_3,2}$，再由式(2-71)可计算确定T_3；

（5）由式(2-71)计算第三催化剂床反应绝热线，得到第三催化剂床出口氨浓度$y'_{NH_3,3}$。

（6）若$y'_{NH_3,3}$的计算值与设计值相符，则各段温度、浓度均已经求出；否则，重新假定T_1重复计算即可。

在上述的计算过程中，可能出现出口温度超过催化剂耐热温度的情况，多段反应器的第一段出口容易超过耐热温度。这时上述方法要做修正。若各段出口温度均超过催化剂耐热温度T^*，则其出口温度只能等于T^*，从而独立变量减少了m个，只有$m-1$个。这时可取各段出口$y'_{NH_3,i}$为独立变量，由绝热操作线方程：

$$T^*-T_i=\lambda(y'_{NH_3,i}-y_{NH_3,i}) \tag{2-74}$$

对$y'_{NH_3,i}$求导，可得到：

$$-\frac{\partial T_i}{\partial y'_{NH_3,i}}=\lambda \tag{2-75}$$

带回反应速率参数方程中，可得到：

$$\frac{\partial V_R}{\partial y'_{NH_3,i}}=\frac{\partial(\sum V_{R_i})}{\partial y'_{NH_3,i}}+\frac{\partial(\sum V_{R_i})}{\partial T_i}\frac{\partial T_i}{\partial y'_{NH_3,i}}=0 \tag{2-76}$$

即：

$$\frac{\partial \tau_{0i}}{\partial y'_{NH_3,i}}+\frac{\partial \tau_{0,i+1}}{\partial y_{NH_3,i+1}}+\frac{\partial \tau_{0i}}{\partial T_i}(-\lambda_i)=0 \tag{2-77}$$

上式即为出口温度受到限制时各段氨浓度的最佳分配条件式。

第三节 工艺流程模拟及计算流体力学分析

化工过程模拟不仅可以用来进行新工艺流程的开发研究、新装置的设计、旧装置的改造、生产调优以及故障诊断，同时过程模拟还可以为企业装置的生产管理提供详细、准确、便捷、可靠的理论依据，是企业生产管理从经验型走向智能型的有力工具[16]。

随着合成氨装置规模日趋大型化，对实现最优设计、最优控制和最优管理的要求越来越高，以达到节省装置投资、降低生产操作费用和成本费用以及符合环保要求的目的。工艺流程模拟和计算流体力学分析在合成氨技术的研发、设计、生产控制与优化、操作培训及老厂技术改造中发挥着不可或缺的作用。

一、合成氨工艺全流程稳态模拟

模拟计算主要包括三个层次的内容：建立切实可行、准确可靠的流程模拟系统；完成系统物料和热量平衡的计算工作；进行工艺分析，探讨优化设计和操作的可行性。而建立切实可行、准确可靠的流程模拟系统，主要取决于两个关键环节：基础数据计算的准确性；计算模块搭建的合理性。在化学加工过程中，反应器是关键设备，其数学模拟也比较复杂，难度较大。因此需要重点解决反应过程的数学模拟问题。在此基础上，继续解决其他设备的模拟问题，并按照一定的方法，将所有设备和工艺单元的模拟计算集成到一起，就可以完成整个化工装置的模拟任务。

为安全、可靠地进行大型合成氨装置的工艺设计，必须对相关重要设备、单元进行流程模拟计算。本节将采用 PRO/II 软件，以中国石油天然气蒸汽转化制合成氨技术为例，进行合成氨工艺的流程模拟说明分析。

基于本模拟技术设计的宁夏石化 45×10^4t/a 合成氨装置在投产运行后，模拟数据与现场操作数据吻合度良好，特别是各段反应转化率与温度分布、MDEA 脱碳后 CO_2 残留浓度、能量综合利用效果等均与模拟值相符。装置开工过程和生产阶段，在原料天然气组成变化、部分仪表故障或操作负荷调整等情况下，应用流程模拟进行预判性计算，为工厂操作提供了可靠的开车指导和参考数据。

1. 组分和物性

已经定义组分的性质可以从在线数据库中检索，或从分子结构等其他数据来估计，或由用户作为“非库”组分直接输入等。通用模拟软件内置数据库中预先定义了上千种组分的物性数据，在模拟过程中使用的大多数物性在模拟输入时都可以检索到，在数据库中不显示与温度相关性质的校正系数。物性数据主要来源于国际物理实验室、国际工程师实验室和在英国化学工程师协会联合主办的 PPDS 数据库，以及美国化学工程师协会、物性数据设计协会主办的 DIPPR 数据库。

物性数据库包括两部分：物性数据和计算物性的子程序。常规的物性数据包括分子量、临界温度、临界压力、临界分子体积、临界压缩因子、偏心因子、溶解度参数、偶极矩、标准生成焓和标准生成自由焓、标准沸点、标准沸点下汽化热、零焓系数以及物性子程序所需要的各种系数，如安妥因常数、亨利常数、二元交互作用系数等。物性子程序用于估算单元模块计算和物流输出时所需的热力学性质和传递性质，如速度、活度、气液平衡常数、焓、熵、密度、黏度、导热系数、扩散系数、表面张力等[17]。

尽管与温度相关性质是拟合推算出来的，并且在饱和、亚临界状态相对准确，但用于过热或超临界范围及以外时应该谨慎采用。

2. 热力学模型

流程模拟计算所需要的基础数据包括热力学性质(气液平衡、热性质)和化学反应数据(化学反应平衡)。根据实际物系的热力学表现，选择适当合理的性质预测方法。合成氨工艺涉及物系中既有极性物质(H_2O、CO、H_2S、SO_2、NH_3等)，也有非极性物质(CO_2、CH_4、H_2、O_2、N_2等)，还有一些惰性组分(Ar、N_2等)和酸性气体(CO_2、H_2S、SO_2等)。将通用状态方程法(EOS)和活度系数法(Lact)结合起来使用，比如以 NRTL 方法计算气液平衡，以 SRK 状态方程改进型 SRKM 计算气相热力学性质，以 IDEAL 方法计算液相热力学性质，辅以 Henry 定律来预测不凝气在液相中的溶解度，蒸汽平衡系统选用 Steam Tables 模型等，可取得良好的吻合结果。采用模拟软件中缺省的热力学模型集，无须输入任何模型参数，就可以进行流程模拟计算，取得工程设计所需的物料平衡数据及能量平衡数据。软件中也提供了能处理极性和(或)极性与非极性物系的专用数据包(酸水包、醇包、胺包等)，处理这些物系时也不用输入更多的数学模型参数。对于处理除了上述专用数据包之外的极性和(或)极性与非极性物系的场合，比如 MDEA 脱碳单元及氨合成单元等，模拟软件中也提供了部分或大部分的数学模型参数，可以直接通过用户界面输入部分或少部分的数学模型参数。合成氨工艺中涉及的化学反应包括脱硫、烃类蒸汽转化、CO 变换、甲烷化、氨合成等，可根据国内外实际生产装置操作数据及设计值，整理回归其化学平衡常数计算式，通过平衡温距、转化率等数据，来描述和预测反应的不平衡程度。

对于许多热力学方法，数据库中都包含通过拟合公开发布的商业化实验数据或生产装置数据而获得的可调整的二元交互作用参数(K_{ij})。所选择的热力学方法最好只在参数被回归拟合的温度、压力范围内使用。理想情况下，对每一个模拟子系统都应该回归实际的实验数据或生产装置数据，以便为应用获得最好的交互作用参数，对氨合成子系统、MDEA 脱碳子系统都需做专门的数据校正和 K_{ij} 回归。由于通常的混合规则仅使用一个可能是温度关联的二元交互作用参数，来描述非极性和(或)弱极性物系的气液相平衡，这里将回归的 K_{ij} 引入混合规则中来校正常用的三次状态方程参数 α 的几何平均规则，大大提高了用三次状态方程关联气液平衡数据的准确性。

对于转化气净化子系统中冷凝液，将冷凝液作为一个纯相来处理。对于包含少量酸性气体以及其他极性组分的天然气物系，SRK、PR等三次状态方程能提供较好的物性预测，其中关联式可以估计这些低分子量分子和其他组分间的二元交互作用参数。在氨合成子系统中，各轻组分（CH_4、H_2、N_2、Ar）在液氨中的溶解度是关键数据，除了采用SRK状态方程来预测物系的热力学行为，通过用户输入K_{ij}数据后的模拟结果能满足工程设计需要。

采用COSTALD方法来预测液体密度，其准确度可以吻合实际值。

对于蒸汽子系统和冰机子系统，由于物系单一，可以采用理想状态（IDEAL）处理液相中近于理想特性的物系。

3. 传递性质计算

对于传统的由天然气制备合成气、合成气净化、氨合成物系来说，只要具备基本的相平衡数据及处理这些数据的能力，已经可以满足工程计算的要求。对于工程设计所需要的关键传递性质数据（黏度、密度、导热系数、表面张力等），无论是采用国际通用的流程模拟软件，还是辅之以专用曲线图表，都可以取得能满足设计需要的传递数据。尤其目前以国际著名DIPPR及PPDS数据库为主的各种模拟软件，都进行了深度开发完善，不断扩充、修正其庞大的化学组分数据库和多种热力学预测模型，使其功能化和准确性更加贴近工程设计的需求。

4. 搭建单元操作模块

1）蒸汽转化单元

各类气态烃中主要成分是甲烷，通常还有少量C_2H_6、C_3H_8、C_4H_{10}等烷烃和CO、CO_2、H_2、N_2等组分。一些海上气田还有大量CO_2、N_2组分。甲烷蒸汽转化反应是强吸热的，变换反应是中等放热的，总的反应仍是强吸热反应。对于天然气为原料的合成氨装置，一般都采用两段转化工艺。

一段转化的目的是把大量的烃类原料（碳氢化合物）通过与蒸汽反应转化成氢气和一氧化碳，这样，反应的剩余部分能够在二段转化炉中与引入的空气燃烧获得的热量进行反应，这些空气能使部分气体燃烧，并提供氨合成所需要的氮。实质上是甲烷转化，强吸热反应，当加入氧气时，甲烷可以自热转化。高碳烃可以转化成氢气、一氧化碳，也可以加氢分解成甲烷。实际上反应并没有达到平衡，温度必须控制得更高一些，为了描述实际进行的转化反应离反应平衡的远近，提出了“平衡温距”的概念。

二段转化炉用于继续完成甲烷的转化，以生成氢、一氧化碳和二氧化碳，并提供氨合成所需要的氮。通过加入空气的方法，使氨合成的合成气中氮：氢（原子比）为1：3。空气中的氧使得部分转化气体中的一部分易燃气体（氢、一氧化碳和甲烷）燃烧，从而提高温度使转化反应迅速地完成。

根据烃类转化反应高温、高压的特点，将一、二段转化炉用两个最小吉布斯自由能反应器模块串联进行计算，可以取得较为满意的效果。与转化反应器、平衡反应器相同，吉布斯自由能反应器也属于平衡转化类反应器，不能运用反应动力学来计算反应器中催化剂的体积，只能计算反应的热效应、出口温度和平衡组成等，尤其是那些期望处于相平衡或化学平衡的产品与反应物的分布。由于转化反应是气相催化反应，所以这里只涉及化学平衡。

反应器既可以处于恒温状态，也可以处于绝热状态，由于一段蒸汽转化炉管内吸热反应所需热量由管外辐射段炉膛内燃烧器提供，管内反应的停留时间很短，可以假设为恒温反应器。经过一段烃类蒸转化反应后，未全部转化的甲烷随转化后的合成气(H_2、CO、CO_2、H_2O 等)进入二段转化炉继续进行烃类的催化蒸汽转化反应。这时反应所需的反应热是由物料自身氧化反应产生的热提供，可以假设为绝热反应器。首先是部分烃类与氧气进行完全燃烧反应，生成 CO_2、H_2O 并伴有大量的热产生，然后是剩余的烃类与 CO_2、H_2O 进行转化反应，生成 CO、H_2。

吉布斯自由能反应器模块无须规定每一个反应的化学计量系数，可以用反应及产品规定来对化学平衡施加限制，通常设定反应平衡温距。转化气的组成受水碳比以及反应压力、反应温度的影响，实际上反应没有达到平衡，温度必须控制得更高一些。对于绝热、平衡反应模型，先假设一个反应器出口温度，即反应温度；在此假设温度上加上平衡温距作为平衡温度；按照析炭、高碳烃转化、甲烷蒸汽转化及一氧化碳变换等综合反应的反应平衡常数和物料平衡方程来计算产品组成；计算反应产物的焓值，按绝热过程确定出口温度；判断是否与假设值一致，调整新的假设温度值，反复迭代，直至收敛为止。收敛条件是每一次迭代搜索的方向按吉布斯自由能最小考虑。

为保证转化炉炉管内析炭反应的最小化，保证一定的转化率，需根据催化剂特性及生产企业的实际经验，在节能减排的原则下，经过反复验算分析确定适合的水碳比。

如果原料中 CO_2 含量很低，在满足送尿素装置所需 CO_2 及氨合成所需氢量的前提下，须将甲烷化工序之前的负荷提升，多余的合成气返回一段蒸汽转化炉做燃料。

如果原料中 CO_2 含量很高，则在满足送尿素装置所需 CO_2 及氨合成所需氢量的前提下，须将脱碳后的 CO_2 放空。在一段蒸汽转化炉内，过量的 CO_2 对炉管内的反应是有影响的，除了可以促进变换反应逆向进行外，还可发生有利于转化气生成的 $CO_2+CH_4 \equiv 2CO+2H_2$ 反应，增加了转化气中 CO 的含量。不足之处是转化炉管的尺寸要稍大些，因 CO_2 本身具有氧化性，在低水碳比下可避免在催化剂上的析炭。

2）CO 变换单元

CO 变换的目的是减少合成气中的 CO，产生更多的氢气。且 CO 对氨合成催化剂有毒性，在进入氨合成工序以前必须脱除。

从二段转化炉来的气体被冷却(产生蒸汽)到约 375℃进入变换单元。变换反应是放热反应，通常分两个阶段进行。在高温下反应的速度较快，但是低温更有利于平衡。因此，第一阶段的操作温度比第二阶段高。所以，大部分一氧化碳在第一阶段被转化，而在第二阶段，一氧化碳减少到小于 1%。控制床层内的绝热温升必须在催化剂工作范围内。通常把变换反应器设计成出口气体温度接近于平衡温度，还要确保操作温度超过露点 20~30℃，以免水蒸气冷凝。

CO 变换反应采用专用的转化反应器模块来模拟一氧化碳和蒸汽变换转化为二氧化碳及氢气的过程。这是一个固化反应计量的转化反应器模型，PRO/Ⅱ软件中已经内装了反应平衡常数数据，可采用反馈控制器规定变换炉出口 CO 浓度，按绝热反应计算出口温度。

3）脱碳单元

由变换单元来的气体含有 18%或更多二氧化碳，视原料的组成而定。脱除二氧化碳的方法较多，要根据工艺生产的实际情况进行合理选择，以达到投资省、消耗低、效益高的目的。20 世纪 80 年代，活化胺类脱碳法研究取得了很大成功，典型的是巴斯夫(BASF)的 aMDEA 法，具有无毒、无腐蚀，能耗低，净化度高等优点。

MDEA 是一种叔胺，溶液稳定性好，不易降解，挥发性小，对碳钢设备腐蚀性小，对烃溶解度低。活化剂在表面吸收 CO_2反应生成羟酸基，迅速向液相传递 CO_2，生成稳定的碳酸氢盐。MDEA 兼有化学吸收剂和物理溶剂的特点，高压吸收、低压解吸，利用 CO_2分压的差值，可以将大部分 CO_2脱除。

胺类吸收剂吸收 H_2S 和 CO_2等酸性气体的过程为强非理想过程[18]。MDEA 脱碳流程模拟的关键问题是气体吸收平衡的计算。该体系既是电解质溶液，又是混合溶剂体系，既有化学吸收溶解，又有物理吸收溶解，CO_2体积含量从百万分之一量级到百分之十几量级，变化很大。一般的软件和热力学方法对该过程的模拟结果欠佳。需对二元相互作用参数进行修正，包括亨利系数、电解质 NRTL 离子对相互作用参数等。中国石油通过自主开发，采用 Chen-NRTL 方程，并结合实验结果对 MDEA 脱碳工艺进行流程模拟。

4）甲烷化单元

从脱碳单元出来的气体仍含有约 0.3%的一氧化碳和 0.2%或更少的二氧化碳。这些氧化物必须在氨合成单元之前去除，因为它们会降低氨合成催化剂的活性，并引起合成系统中氨基甲酸氨的沉积堵塞。

甲烷化反应是转化的逆反应，采用一种类似于镍基的催化剂。此反应是在远离平衡状态下进行的，不会受热力学平衡限制。

甲烷化反应可采用专用的转化反应器模块来模拟，将过剩的一氧化碳转化为甲烷，同时发生变换反应的逆反应，将二氧化碳全部转化的过程。这是一个固化反应计量的转化反应器模型，PRO/Ⅱ软件中也已经内装了反应平衡常数数据，可按绝热反应计算出口温度。

5）氨合成单元

氨合成回路的具体流程是由合成新鲜气的组成、氨合成压力、反应器形式、催化剂组成等多方面的内容决定的。各个专利商的工艺不同，但是计算的基本原理是一样的。不同的氨合成流程均由氢气和氮气的反应、合成气中气氨的冷凝分离、适量合成气的放空、原料气的压缩、新鲜气的补充和合成气的循环使用等步骤组成回路系统。根据系统操作压力的不同，气氨的冷凝分离分为一级、二级或三级氨冷，由此成为不同氨合成流程的主要特征之一。冷凝点的位置是在合成前还是在合成后，基本上决定了流程的走向和布局[18]。

氨合成回路是整个合成氨工艺的核心，氨合成反应是体积缩小的可逆放热反应，反应温度、压力、氢氮比、惰性气体含量、空速都影响反应的进行。选择合适的操作条件，使平衡向着氨合成的方向进行，是氨合成的关键。

氨合成反应可采用转化反应器模块来模拟氢气和氮气合成为氨的过程，这是一个规定反应计量的转化反应器模型，采用反馈控制器规定合成塔出口氨浓度，按绝热反应计算出口温度。

氨合成塔内热量衡算是根据催化剂制造商提供的催化剂性能，分段计算各床层的温升及转化率，考虑热损失后得出塔内温度分布。

6）转化炉余热回收系统

转化炉余热回收系统计算包括一个燃烧计算和一系列换热计算。采用前馈控制器计算燃料气燃烧所需空气量，在吉布斯自由能反应器模块中进行完全氧化放热反应，根据放热量是否契合一段蒸汽转化炉所需吸热量，继续调整燃烧燃料气量。

5. 流程收敛

合成氨工艺全流程模拟的策略采用“序贯模块法”建立模拟系统。序贯模块法对于流程中的所有单元过程依照一定的计算顺序逐一求解，直至流程结束。如果流程存在返回物流，即存在从流程下游流向上游的物流，则需在包含返回物流的流程段反复迭代计算，直至流程计算收敛；若无返回物流，则仅需要一次流程计算即可，不存在流程收敛问题，而仅有单元模块收敛问题[16]。

合成氨工艺全流程模拟系统包括一段转化、二段转化，合成气净化，氨合成回路，氨冷冻系统，蒸汽平衡，对流段热回收，氨反应器等子系统。各子系统之间有流股数据的传送，且各自组分排序不同，为保证无缝隙准确传输数据，采用“Define Stream Data Link”方式，有效快捷。

水碳比的设定采用一个前馈控制器来完成，根据天然气中碳数总和计算出所需水量，在混合器之前设定加入水蒸气量。

为满足二段转化炉出口转化气的指标，设置反馈控制器，控制氢氮比及甲烷含量，调节变量为一段蒸汽转化炉出口温度。

图 2-15 为一段转化、二段转化子系统流程模拟示意图。

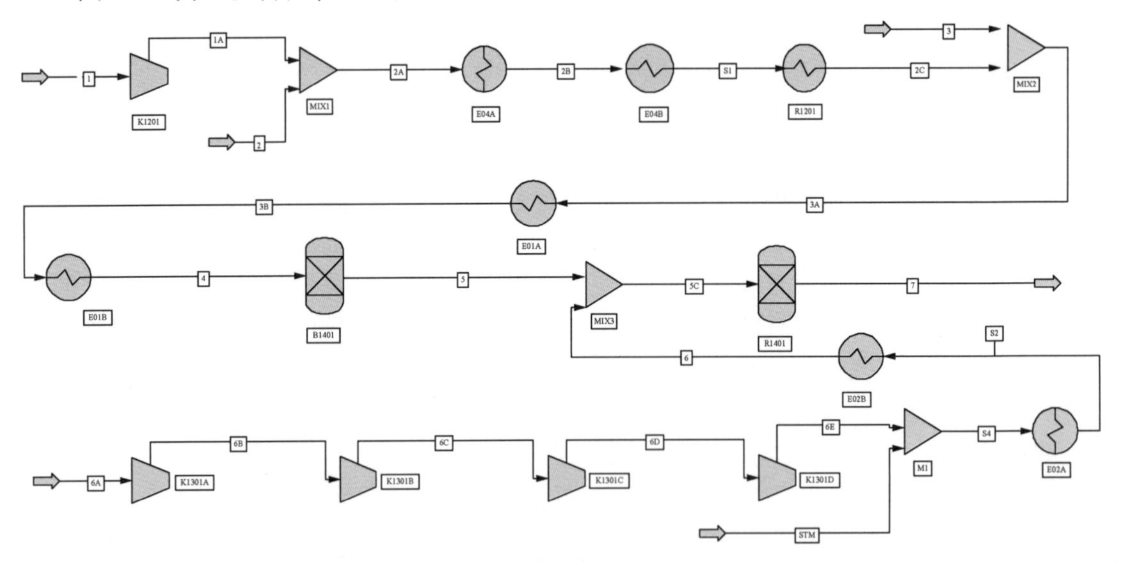

图 2-15　一段转化、二段转化子系统流程模拟示意图

图 2-16 为合成气净化子系统流程模拟示意图。

合成回路的切割流股要预先给定初值，氢氮比的初值可能会影响回路中的收敛值，只要多计算几次就可以达到收敛的精度。将氢回收模块计算结果与返回流股切断，待系统收敛后再人工赋值，两三次即可契合，也能控制发散的趋势。图 2-17 为氨合成回路子系统流程模拟示意图。

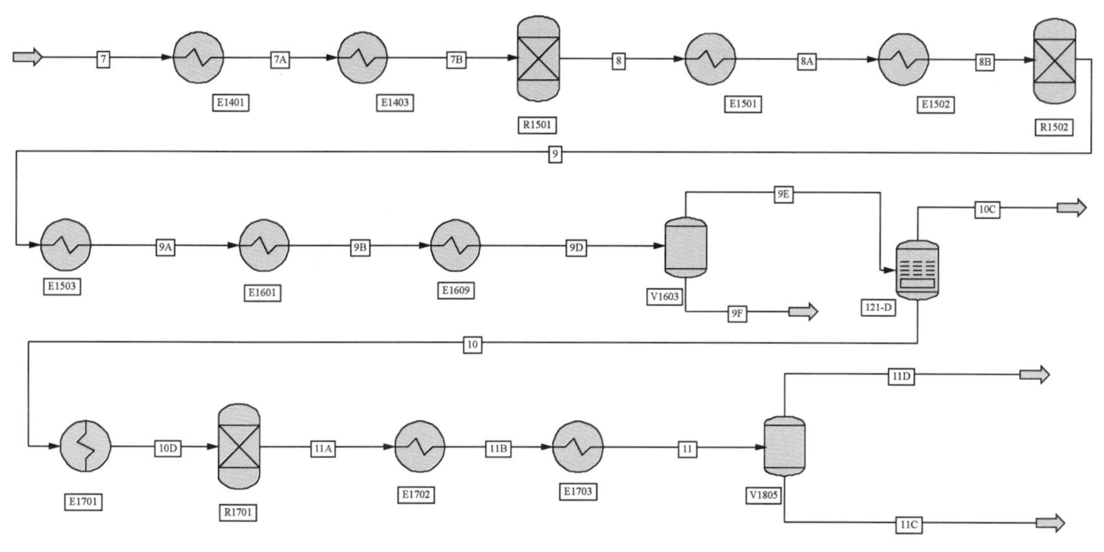

图 2-16　合成气净化子系统流程模拟示意图

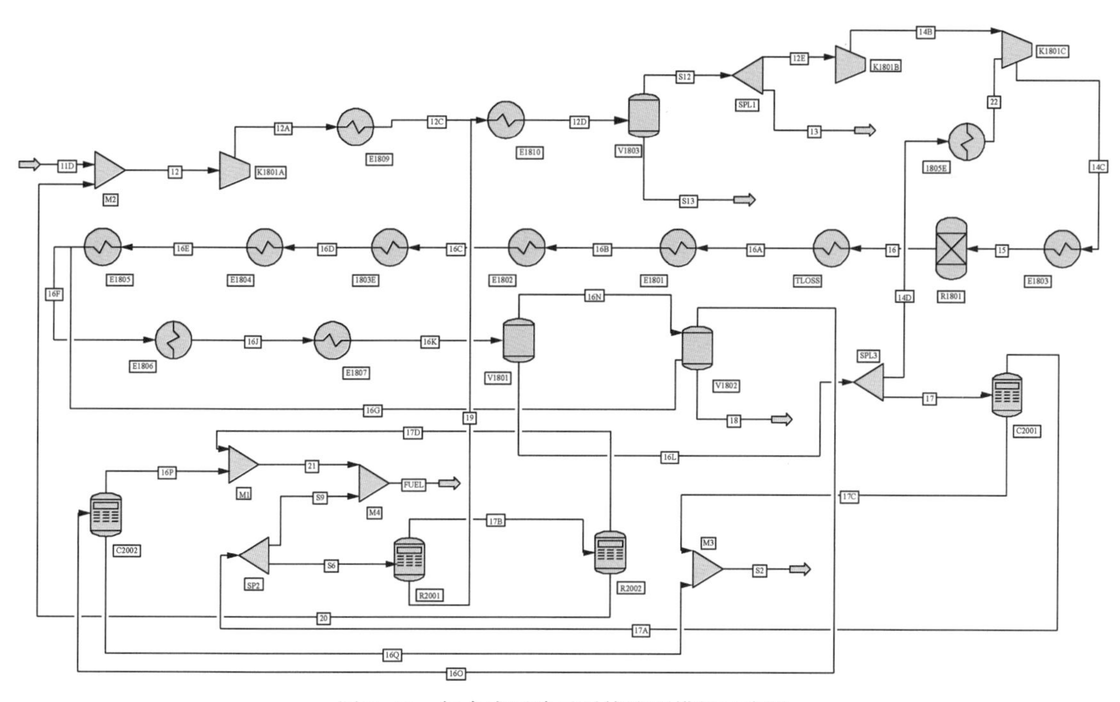

图 2-17　氨合成回路子系统流程模拟示意图

根据比合成气冷却温度低 5℃来确定液氨蒸发温度，反算液氨的蒸发压力，设置减压阀后压力及蒸发器压力。图 2-18 为冷冻子系统流程模拟示意图。

计算副产蒸汽时，首先规定合成回路废热锅炉的热负荷、一段蒸汽转化炉后废热锅炉、高温变换炉后废热锅炉及各处 BFW 预热器的热负荷。根据总的蒸汽产量，反算 BFW 量。

图 2-19 为蒸汽平衡子系统流程模拟示意图。

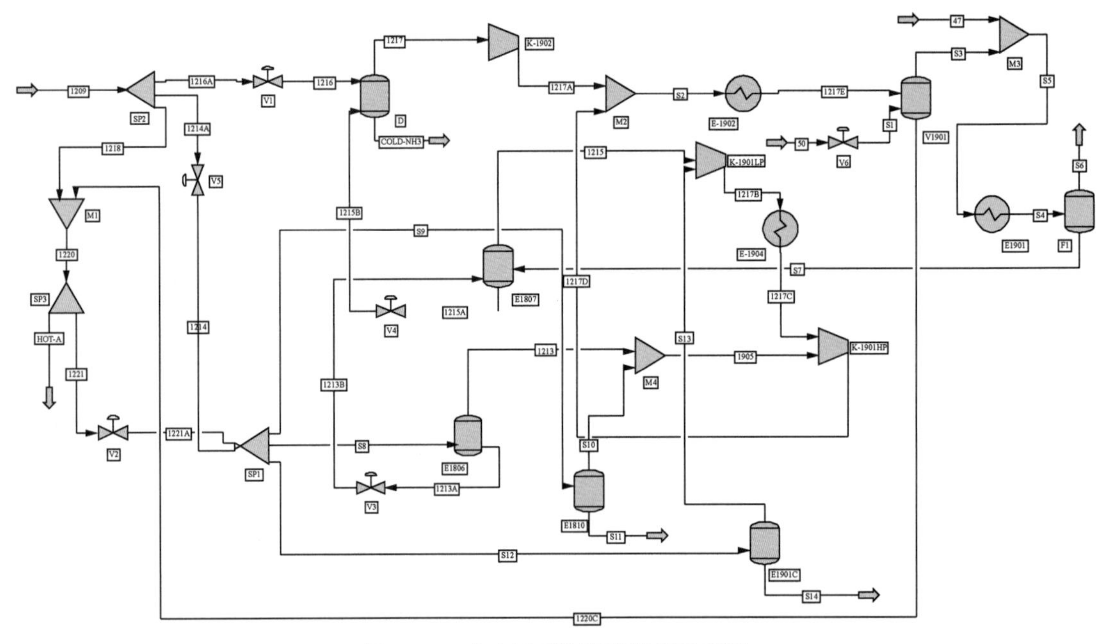

图 2-18　冷冻子系统流程模拟示意图

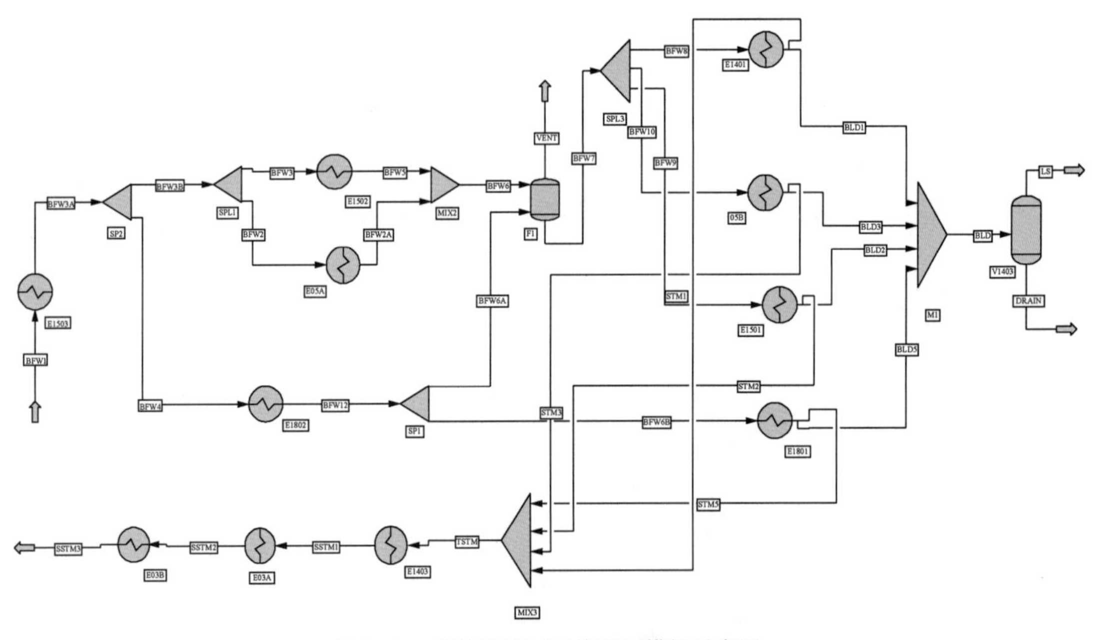

图 2-19　蒸汽平衡子系统流程模拟示意图

对于转化炉对流段热回收子系统，预先将来自合成回路的燃烧弛放气通过定义流股传送过来，设定燃烧过剩系数，将各换热盘管所需热负荷直接输入，并设置辐射段和对流段热损失。

图 2-20 为对流段热回收子系统流程模拟示意图。

三床层固体催化剂分别采用三个转化反应器模块，采用反馈控制器规定出口组成，调整反应器的转化率初值，按绝热过程计算出口温度。

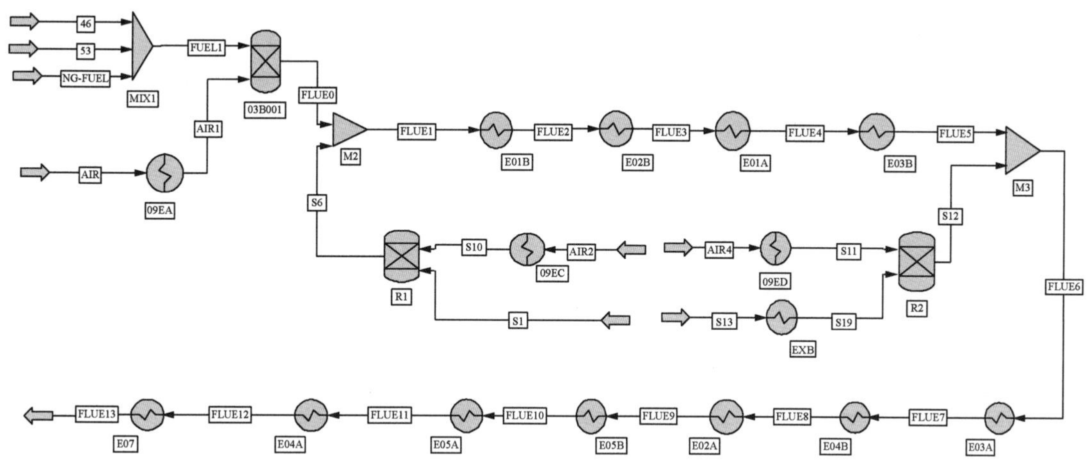

图 2-20　对流段热回收子系统流程模拟示意图

图 2-21 为氨合成塔子系统流程模拟示意图。

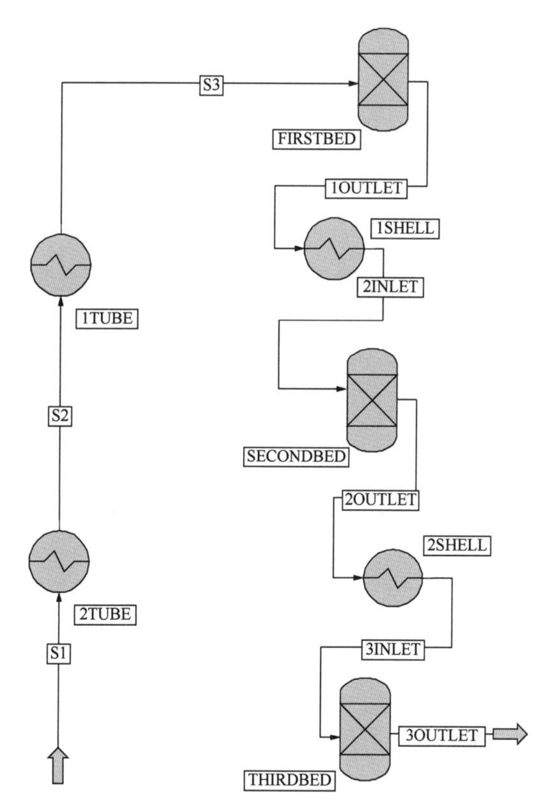

图 2-21　氨合成塔子系统流程模拟示意图

二、流程模拟在合成氨生产中的应用

流程模拟不仅可以有效应用在工程设计中，在生产中也可发挥重要的作用，例如人员培训、优化生产、指导技术改进、先进控制方案的实施等。

1. 装置仿真模型

依托中国石油能量优化重大专项，某公司合成氨装置建立了仿真模型。其以各生产装置的P&ID图为基础，按照工艺、设备、DCS、SIS、质量平衡、能量平衡、化工过程原理、机械设备工作原理等对装置进行了全流程的仿真模拟，并根据装置实际情况，设置了相应的事故案例，能实现如下功能：

（1）具有高仿真精度、全流程范围、机理模型，能系统、真实地模拟各装置的开车、停车、正常调整操作和各类故障处理(包括特定事故、设备事故、仪表事故)的现象和操作，满足操作人员对工艺装置的开车、停车等操作技能培训，探讨合理的开停车方案，熟悉开、停车的步骤和过程。

（2）模拟各装置生产操作异常情况，紧急停车，设备故障等，培训操作人员现场故障处理和故障诊断的能力。

（3）实现对操作人员的操作技能的考核功能，实现技能操作能力量化评价，促进操作人员的操作技能水平的提高。

（4）实现事故案例的设置并可以与任意工况(开车、停车、正常运行等)进行组合，进而可以实现无限制的“事故案例”仿真和相应的培训考核项目组合。

（5）能实现并满足工程技术人员、技术专家等进行工艺优化、参数调整、方案预测等功能，能够进行工艺方案研究测试，对不同的操作方案进行比较，实现工艺过程的动态技术研究，优化生产方案，指导生产操作。

（6）对各装置中未经实际检验过的控制系统、联锁逻辑系统部分进行确认和检查，检查控制逻辑的正确性和合理性。

装置仿真模型系统画面和生产操作界面相同，仿真数据取自现场实际的DCS数据，操作人员可以在工艺流程图上操作设备、仪表，阀门，模拟其开停车、正常运行及各种事故状态等现象，获得操作后装置各参数变化趋势，包括液位、温度、压力、流量、泵运行状态等。解决了新员工实际操作能力弱、老装置长周期正常运行导致员工技能进步缓慢、生产过程不允许进行实验性操作等问题。有效地提升了操作人员对装置的熟悉程度及操作水平。通过培训及考核，加深了操作人员对装置工艺过程的理解，进一步提高了操作人员的操作技能水平，在实际生产过程中，可减少或避免由于人为因素导致的事故或损失，缩短开停车实际需要的时间。

2. 先进控制系统

随着工业生产过程规模的扩大和复杂性的增加，对关键产品质量和过程被控变量的波动范围要求越来越严格，常规的PID控制系统已远远不能适应工业生产的要求。先进控制(APC)技术采用先进的控制理论和控制方法，以工艺过程分析和数学模型计算为核心，以工厂控制网络和管理网络为信息载体，使生产过程控制由原来的常规PID控制过渡到多变量模型预测控制，可增强装置运行的平稳性，提高装置经济效益。通过对复杂控制单元实施APC先进控制系统，可提升合成氨装置自动化水平，改善主要过程参数(如温度、压力)的控制品质，提高装置的运行平稳性，减少能源和设备损耗，节约生产运行成本，最大限度地发挥装置的生产能力，提高产品质量，创造更多的经济效益，实现装置“安全、稳定、连续、自动、优化”运行。

中国石油已成功开发了合成氨装置先进控制系统并应用于所属合成氨装置中，具体实施方式如下：

(1) 通过优化控制水碳比、氢氮比、氨碳比、合成塔触媒层温度和一段蒸汽转化炉出口温度等关键工艺指标的控制精度，提高装置的综合自动化水平，稳定生产工况，提高主要工艺参数的平稳性，在常规控制的基础上，降低装置重要工艺参数(压力、温度、液位等)的标准偏差(波动幅度)30%；使装置实现重点工艺指标合格率均在99%以上。

(2) 基于装置的平稳操作，在保证产品质量指标和总产量的前提下，根据装置特点和生产经验优化主要设备的生产负荷、挖掘装置潜力，在上下游相关工序运行正常且物料达标稳定的条件下，使产品产量与质量达到装置最优状态，从而降低装置综合能耗。

(3) 确保先进控制系统关键回路的投运率达到90%以上，月累计运行时间不低于95%，以保持生产操作的一致性，减少人为干扰，降低劳动强度。

(4) 基于装置的平稳操作和先进控制系统的投用，提升装置的综合自动化水平，提高劳动生产率。

(5) 独立完成与DCS系统之间的数据通信，具备良好的病毒隔离性能，保证DCS系统的正常运行，同时实现DCS系统与先进控制系统的无扰动切换功能，确保装置的运行安全。

三、计算流体力学模拟分析

计算流体力学(CFD)是20世纪60年代起伴随着计算机技术迅速崛起的学科，如今其应用范围也早已超越了传统的流体力学和流体工程的范畴，从航空航天、水利动力等，扩展到石油化工、核能冶金、建筑环保等许多领域[19]。在中国石油合成氨技术开发的过程中，也大量采用了CFD模拟技术，将流体力学、燃烧学计算方法与数值计算方法结合，进行微观模拟分析，找出设计瓶颈，指导设备尺寸确定。

CFD在中国石油合成氨技术中的具体应用将在后续合成氨关键设备章节中做详细的介绍。

第四节　合成氨关键设备

大型氮肥工业化成套技术的自主化对工程技术的开发和整个工业水平要求很高，对国家科学技术的发展有重大影响。合成氨装置设备在设计中面临高温、高压、临氢、腐蚀等非常苛刻的设计条件，技术难度大，即使是21世纪以来我国建设的多套气头45×10^4t/a合成氨装置，关键设备均为引进。中国石油经过多年的自主开发，首次实现了一段蒸汽转化炉、氨合成塔、合成气余热回收器(合成废热锅炉)等设备的国产化设计与制造，同时与国内技术领先的压缩机厂商合作，实现了所有压缩机组的国产化，并在宁夏石化45×10^4t/a合成氨生产装置中成功应用。而且很多国产化设备在国内已逐渐推广应用，降低了项目投资，改变了我国同类设备长期依赖进口的局面，提升了国内装备制造商的制造和研发能力，推动了国内制造业的转型升级和“中国制造”的品牌形象提升。

一、一段蒸汽转化炉

一段蒸汽转化炉是烃类蒸汽转化法制合成氨的关键设备，它包括许多根耐热合金钢管（炉管），管内填充转化催化剂。烃类蒸汽转化反应在催化剂床层上进行，所需的反应热由管外烧嘴提供。管外用于加热的空间称为辐射段。烟气的热量在对流段回收，然后由引风机引至烟囱排放。由于转化炉管处于高温和高压下，因此采用耐热合金钢材料，费用昂贵。一段蒸汽转化炉的投资占全厂总投资的25%~30%，而炉管的投资约占一段蒸汽转化炉的一半。

在过去40余年，国内大型合成氨装置一段蒸汽转化炉的设计均采用引进技术，中国石油经过多年的技术积累，自主研制设计了一段蒸汽转化炉 HQRF®（Huan Qiu Primary Reformer），并已在 45×10^4t/a 合成氨装置中成功应用，达到国内领先水平。

1. 主要结构

一段蒸汽转化炉一般为箱式、直接火焰、管式炉结构，按加热方式分为顶部烧嘴炉、侧壁烧嘴炉、梯台式烧嘴炉、底部烧嘴炉等。不同的烧嘴安置方式，实质上造成了加热介质与反应介质间不同的相对流动形态。例如，顶部烧嘴炉为并流加热，侧壁烧嘴炉为错流加热，梯台式烧嘴炉为改进的错流加热，底部烧嘴炉为逆流加热。目前，梯台式烧嘴炉和底部烧嘴炉在工业中已较少采用。图2-22是顶部烧嘴炉、侧壁烧嘴炉、梯台式烧嘴炉示意图。

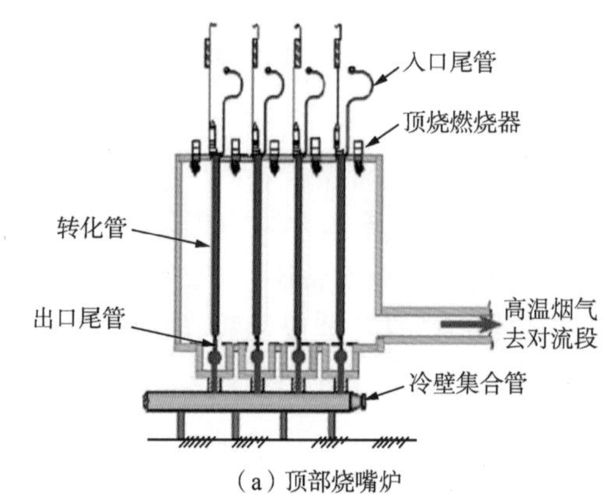

（a）顶部烧嘴炉

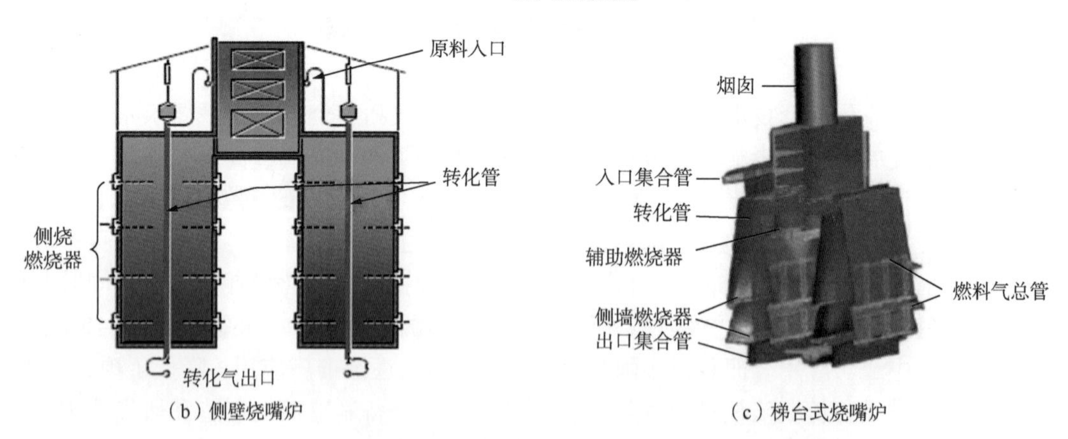

（b）侧壁烧嘴炉

（c）梯台式烧嘴炉

图2-22　顶部烧嘴炉、侧壁烧嘴炉、梯台式烧嘴炉示意图

HQRF® 为顶部烧嘴炉型式，是立式箱型炉的一种，其辐射段和对流段连成一体，在辐射段内排布转化管和顶部烧嘴。顶部烧嘴转化炉结构示意图如图 2-23 所示。炉顶有原料、燃料气总管等，转化管用底部支架支撑，向上膨胀。每排转化管两侧有一排烧嘴。烟道气从下烟道排出。由于烧嘴火焰与转化管平行，即使用液体燃料火焰较长时，也不会发生火焰冲击炉管的现象。此外，炉管与烧嘴相间排列，沿炉管周围温度也比较均匀。烧嘴设置在炉管进口一端，燃烧放出热量最大部位是炉管内需要热量最多的区域，可使混合气很快达到较高的转化温度；在炉底转化缓慢，所需热量相对较少，此时，并流给热方式提供的较小的推动力与以上要求相适应。顶烧炉的辐射段结构较为紧凑，炉子宽度不受产量的限制，适宜大型化。

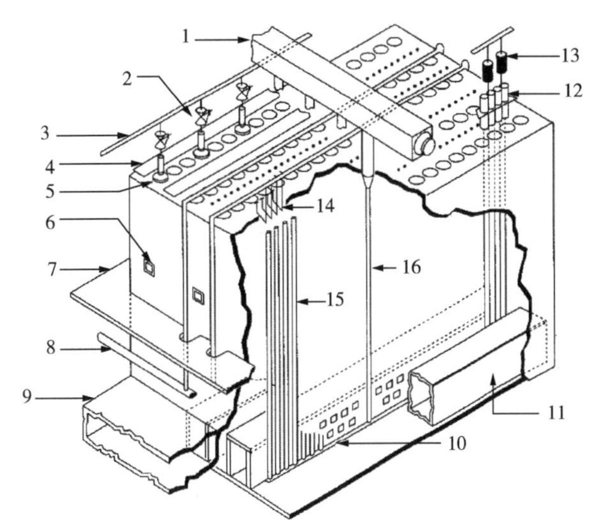

图 2-23 顶部烧嘴转化炉结构示意图[20]

1—输气总管；2—阀门；3—燃烧器分总管；4—走台；5—烧嘴；6—视火孔；7—平台；8—混合原料气总管；9—烟道气去对流段；10—出口气分总管；11—烟道；12—转化管上法兰；13—弹簧吊架；14—上猪尾管；15—转化管；16—上升管

采用中国石油合成氨技术建设的 45×10^4t/a 合成氨装置所用的 HQRF® 一段蒸汽转化炉辐射段共 6 排炉管，每排 46 根，炉管内直径为 114.3mm，炉管有效加热长度为 12.5m。炉管系统由转化管，上、下猪尾管，冷、热集合管组成。炉管重量完全由上端弹簧吊架吊挂，炉管向上膨胀，炉管与进气上集合管之间的膨胀差由上猪尾管吸收，下猪尾管只需要吸收其自身的膨胀以及热壁集合管长度方向的膨胀。炉管选用具有较高蠕变断裂强度的高合金离心铸造材料 Cr25Ni35Nb+Ti(或微合金)，入口猪尾管为轧制管 SA312 TP304H，出口猪尾管为轧制管 SB407 N08811，热壁集合管采用高合金离心铸造材料 Cr20Ni32-Nb，冷壁集合管内衬双层耐火浇筑料，外壁涂耐高温热敏漆。对流段为“Π”式结构，以模块形式进行设计、制造。为满足对流段各组换热盘管热负荷的要求，提高蒸汽过热温度，在高压蒸汽过热盘管低温段前的烟道处，设置过热烧嘴以提高烟气温度。一段蒸汽转化炉的所有烧嘴均选用低 NO_x 烧嘴，烟气 NO_x 排放控制在 100mg/m^{3}以下。通过 CFD 模拟，对辐射段主烧嘴和对流段过热烧嘴的燃烧状况及炉膛内的气体流动、传热状况等进行了模拟计算，从而优化一段蒸汽转化炉结构设计。

2. 辐射段

1）炉管

一段蒸汽转化炉炉管是由离心浇注方式生产的，含有铬、镍的耐高温合金，其发展主要经历了三个阶段，从 20 世纪 70 年代的 HK40（Cr25Ni20），经历 80 年代的 HP40Nb（Cr25Ni35Nb），到目前的微合金（MicroAlloy：Cr25Ni35Nb+Ti+Zr），其抗高温蠕变性能增强，这就可以使转化管的壁厚显著下降。对于典型的合成氨装置转化炉，其壁厚经历了从 30mm（HK40）下降到 17mm（HP40Nb），到目前的 11mm（MicroAlloy）。在目前镍价长期看涨的情形下，如果其壁厚下降一半，对于降低昂贵的转化管投资意义重大。转化管的材料改进，使其吸热强度从 20 世纪 60 年代的 $60kW/m^2$ 提高到目前的 $90kW/m^2$，热强度的提高不但可以减少转化管数量，降低投资，还可以有效地减少庞大的转化炉体积，对装置的大型化发展十分有利。除转化炉管外，猪尾管的材料选择也很重要，会影响到转化炉是否能够长周期高效运行[21]。

HQRF® 中的炉管采用25Cr-35Ni Mod 离心铸造炉管，此材料具有较高的常温及高温机械性能，最高使用温度可达 1100℃。炉管通过下部连接管与热集气管相连，组成管排，热集气管通过下部三通与内衬耐火材料的冷集气管相连，热集气管采用高温综合机械性能较好的高合金离心铸造管材 20Cr-32Ni-Nb。冷集气管为双层衬里结构，向火面为耐高温、高强度耐火浇注料，外层为隔热耐火浇注料，承压件采用低合金钢材料，冷集气管外表面涂热敏漆，以便操作过程中及时检查衬里质量。HQRF® 辐射段炉体结构和管道布置示意图如图 2-24 所示。

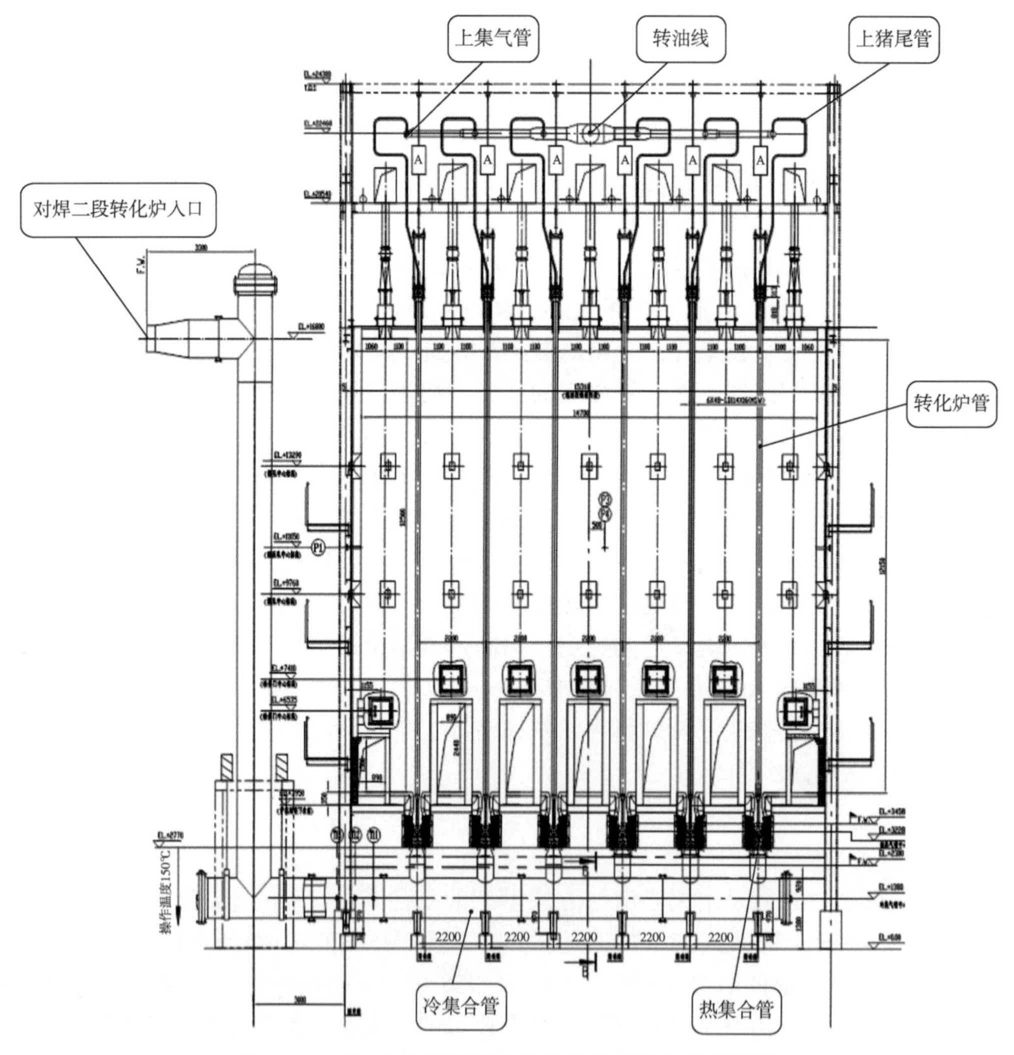

图 2-24　HQRF® 辐射段炉体结构和管道布置示意图

转化炉炉管由于在操作中温度近 1000℃，热膨胀量大，炉管系统的设计对一段蒸汽转化炉稳定运行至关重要。HQRF ® 的炉管系统采用上、下猪尾管结构，其优点在于当某根炉管或上、下猪尾管失效时，装置可以在低负荷下操作，即装置不停车的条件下，采取临时措施封堵上、下猪尾管，使介质不能通过损坏的炉管(但对于下猪尾管设置在保温箱中的结构，无法实现封堵措施)，待装置大修时更换炉管，从而减少由于停车检修造成不必要的经济损失。另外，上、下猪尾管结构，每根炉管相对独立，每根转化管竖直方向的操作条件相同，因此竖直方向的膨胀量也基本相同，即炉管除自身竖直方向的热膨胀外，不受其他方向的管系膨胀影响，因此单排管子的根数可以适当增加，当然还应充分考虑热集合管自身膨胀量不能过大，即热集合管不能过长。炉管为上、下共同支撑(上部为弹簧吊架支撑、下部为钢梁支撑)，向上膨胀，在高温下既不会由于蠕变方向与膨胀方向相同，造成炉管过度膨胀，也不会由于完全下部支撑造成的蠕变方向与膨胀方向相反，再加上受炉管周向温度不均匀影响，导致炉管受压变弯曲。炉管的高温周向热膨胀由温度较低的入口猪尾管吸收，使得操作平稳。因此，这种结构可以适当加长炉管有效管长；炉管加长，转化气出口温度相同时，炉管最大表面热强度降低，管壁设计温度降低，机械性能提高，由此可适当弥补由于增加炉管内径导致炉管壁厚增加的问题，炉管操作条件趋于缓和，对于延长炉管的使用寿命更加有利。同时，由于出口猪尾管直径较小，其与热集合管的连接接头较小，炉管间距不受结构限制，在满足辐射传热的条件下，可尽量减小管间距，炉膛尺寸更加紧凑。

2）燃烧器

燃烧器对炉膛分布均匀性的影响很大。一段蒸汽转化炉正常操作时主要燃料为天然气和弛放气。燃烧器在转化炉中所起的作用不仅是提供热量，其燃烧速率、燃烧强度及火焰形态对速度场会有影响。因此在大型一段蒸汽转化炉设计的时候，燃烧器的选择极其重要，对于燃烧器的要求除了应保证发热量之外，对火焰的形状有明确的要求，并且均要通过试烧来验证。辐射段炉顶燃烧器为强制通风、低 NO_x 型燃烧器。炉顶燃烧器共 7 排，考虑到热量分配，外侧与内侧负荷有所不同，以满足炉膛温度均匀。

3）CFD 模拟计算

大型一段蒸汽转化炉由于体积庞大，导致物料及燃料分配、炉膛内部的流动场不均匀性增加，因此研究炉膛内部的烟气温度、流速分布对工程设计具有重要的意义。例如，研究燃烧器的负荷分配和位置参数，以及炉底烟道开孔的分布对炉内烟气的温度场、流场和分布的影响等问题，有助于转化管受热均匀，避免燃烧器脱火造成二次燃烧现象，达到延长炉管寿命和转化炉操作稳定的目的。

一段蒸汽转化炉 CFD 几何模型示意图如图 2-25 所示。从几何结构对称的角度来说，半个炉膛的转化炉模型就能反映全炉膛尺寸下流动对计算结果的影响。另外，辐射段炉底炉墙小孔分布方式也在模拟范围内，所有小孔采用的是非均匀分布，靠近辐射段出口侧的小孔数量较少，远离辐射段出口处的小孔数量较多，以保证烟气流动尽量垂直向下，避免烟气短路、偏流。

采用 CFD 模拟方法，可将转化炉内部流动过程的细节呈现出来，进而对炉内复杂湍流燃烧过程进行详细而定量的研究与分析，优化转化炉的设计和运行。对一段蒸汽转化炉内的流动、燃烧和传热过程进行详细的数值分析研究后，可得到不同操作条件下一段蒸汽转化炉辐射段和对流段内的速度、温度分布和流动阻力情况，从而分析确定结构尺寸的设计。图 2-26 为炉膛温度分布模拟结果示意图，图 2-27 为炉管表面温度分布模拟结果示意图。

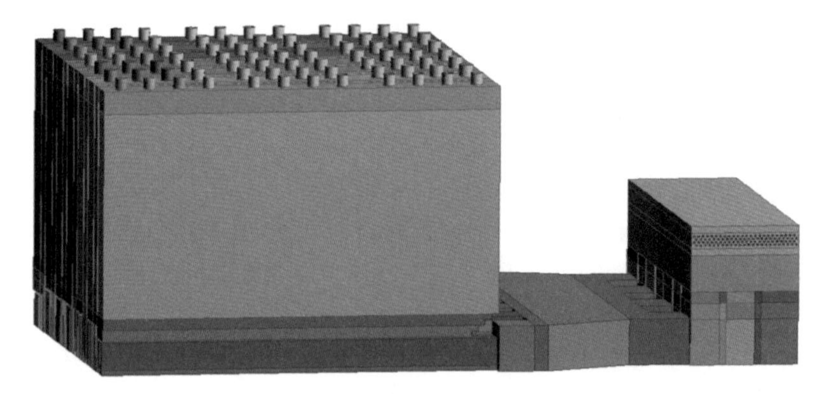

图 2-25　一段蒸汽转化炉 CFD 几何模型示意图

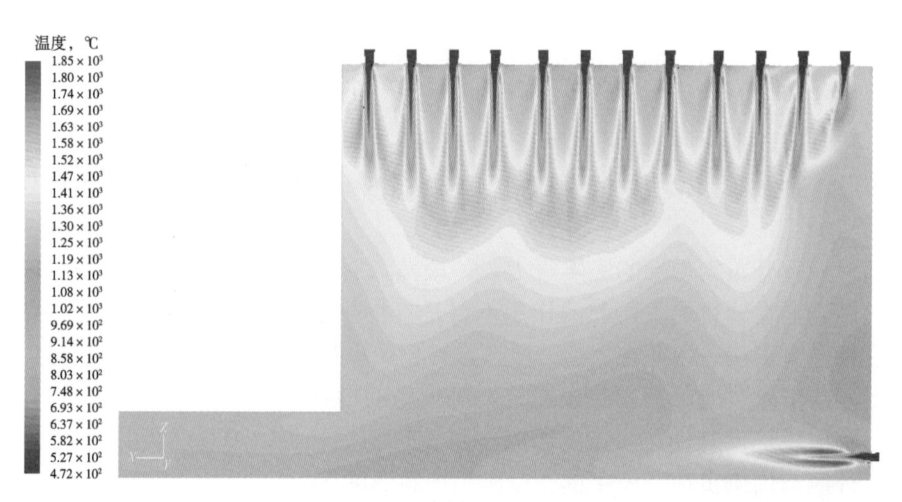

图 2-26　转化炉膛温度分布示意图

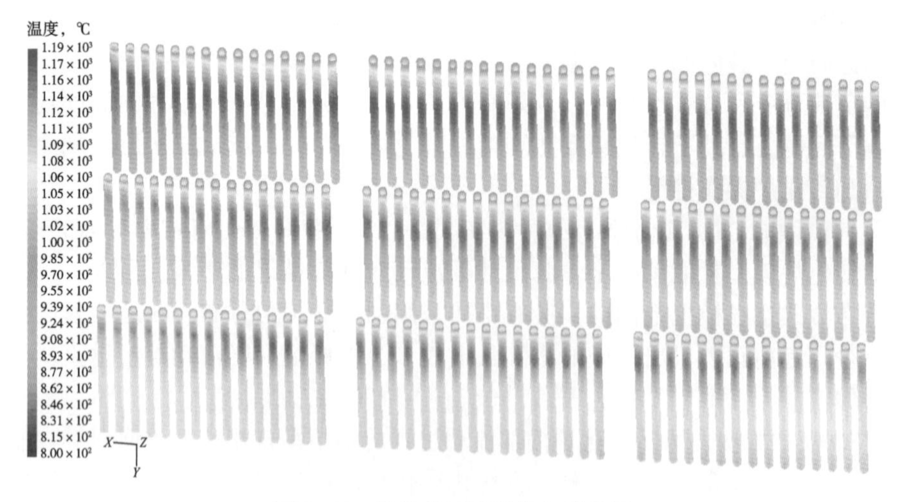

图 2-27　炉管表面温度分布示意图

由于转化炉整体结构复杂，因此内部烟气流动也较为复杂。CFD 模拟可以计算炉膛内的流动情况，考察燃烧情况是否合理，烟气进入烟风道的流动是否均匀。在炉膛顶部，烟气流场主要受燃烧器出口射流主导，速度较大；沿着烟气下行方向，随着燃烧器出口烟气射流扩展，烟气速度减小，速度分布趋于均匀。

图 2-28 为 *Y* 方向速度分布示意图，从图中可以看出，整个火焰均向下流动，并未出现偏向一段蒸汽转化炉辐射段出口方向的情况，这表明炉底的砖孔开孔设计合理。

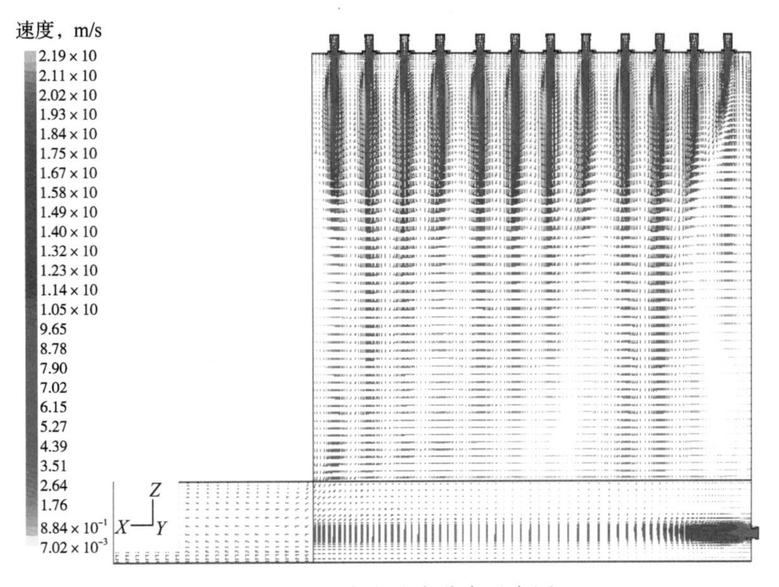

图 2-28 *Y* 方向速度分布示意图

图 2-29 为 *Z* 方向速度分布示意图，可以看出，燃烧器的流动情况良好，均向下流动，并未出现火焰舔舐炉管现象。

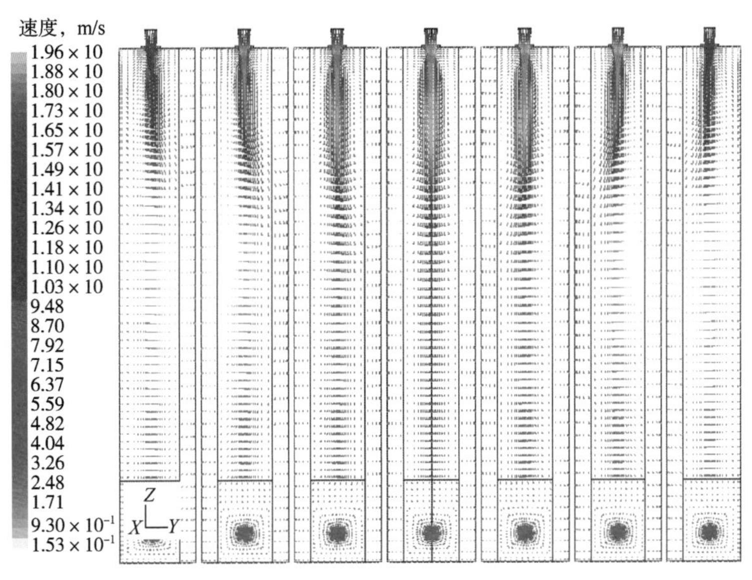

图 2-29 *Z* 方向速度分布示意图

通过运用 CFD 技术对一段蒸汽转化炉进行全尺寸模拟计算，可以了解到一段蒸汽转化炉炉膛内烟气流动受边壁作用影响较大，炉膛长度方向两侧的燃烧器出口射流容易向炉膛中间偏流，随着燃烧器出口射流的扩展，沿着烟气下行方向速度分布较为均匀，形成平推流，在炉膛宽度方向上也存在类似现象。其原因是转化炉用的燃烧器为低 NO_x 燃烧器，单个燃烧器的发热量大，火焰形状粗大，燃烧速度快；炉内高温区域主要集中在炉顶燃烧器对应区域，占炉膛高度的 1/4，沿着烟气下行方向，烟气温度下降，分布也趋于均匀。

根据 CFD 计算得到的结果，对 HQRF ® 一段蒸汽转化炉进行不断优化，炉膛尺寸设计充分考虑了边壁作用的影响，选取合适的长宽比，对于两侧端头的燃烧器通过选择具有较高喷射速度的开孔形式以减少对边壁的作用，在进行传热计算以及炉衬设计时充分考虑了炉膛内温度的差异性分布，并且充分考虑燃烧器对炉膛分布均匀性的影响。

3. 对流段

1）结构

一段蒸汽转化炉的对流段一般采用箱形，截面为长方形。确定对流段截面积的主要参数是烟气流速，烟气流速与对流传热系统成指数关系，与烟气压降成平方关系。烟气流速低，对流传热效果差，但压降也小。为了减少投资，烟气流速应选较高值才有利，但对流段截面尺寸的确定往往还受结构设计的限制。对流段长度(即盘管的长度)增加，意味着弯头数量减少，管内介质的压降减小。但对流段长度增加后，可能需增设中间管板，增加投资。对流段截面的长宽比例也应选择得当。

一段蒸汽转化炉对流段的布置通常有 3 种类型：(1)放置在辐射段上部，从占地面积上看，放在辐射段上方的结构最为紧凑，而且还可降低引风机能耗，但钢结构复杂，特别是对流段在烟囱与辐射段之间，对施工安装和检修、现场巡检工作造成不便。(2)放在辐射段旁边的"Π"型结构，占地面积较小，对流段施工安装和检修较为方便。(3)采用对流段卧式"一"字形排列结构，施工安装和检修最为方便，钢结构最简单，但占地面积最大[7,22]。各种对流段形式各有利弊，HQRF ® 同时兼顾施工、检修难度与占地面积因素，选用综合性能最好的"Π"型结构。

一段蒸汽转化炉对流段的主要目的是回收辐射段经过换热过后的高温烟气能量，随着换热的进行，对流段烟气温度差别很大。对流段按照设备结构与运输极限进行模块化设计，即对流段盘管、耐火衬里、钢壳体在制造厂完成制造并组装成模块，到现场后只需要将模块吊装就位即可，以提高设备制造精度、缩短现场施工安装周期，同时也便于将来对流段管束的检修及维护。

为了强化传热，对流段盘管分为光管和翅片管两种。在烟气入口端，由于烟气温度很高，以辐射传热为主，所以采用光管。在对流传热占主要部分的加热盘管，则广泛采用翅片管。对流段管组末端设置燃烧空气预热器，使排烟温度降至 120℃左右，炉子热效率可达 92%以上。

2）CFD 模拟计算

对流段 CFD 主要研究转角的烟气流动情况及烟气在转角后的速度分布是否均匀，以此为依据优化转角处过热烧嘴和炉膛结构设计。一段蒸汽转化炉对流段 CFD 模型示意图如图 2-30 所示。通过 CFD 模拟计算，可以建立完整的一段蒸汽转化炉对流段模型，考察对流段的关键结构对对流段工艺数据的影响情况。

(1) 对流段转角处结构优化。对流段入口转角与第一组盘管处烟气温度最高，而且第一组对流段盘管为混合进料预热盘管，因此烟气与第一组对流段盘管的换热非常重要，如果设计不当、气流不均匀，就容易导致盘管超温。

在对流段底部设置挡墙，并对挡墙位置、尺寸进行精确优化，使得烟气流动较为均匀。优化后的对流段底部速度流线示意图如图 2-31 所示。使用挡墙后，第一排和第二排挡墙能够有效地挡住一部分烟气，从而使得第一组对流段盘管前的烟气流动更均匀。

图 2-30　一段蒸汽转化炉对流段 CFD 模型示意图

图 2-31　对流段底部速度流线示意图

(2) 对流段烧嘴优化。对流段过热烧嘴可为后续盘管补充热量，但是如果烧嘴或对流段尺寸设计不当，容易造成对流段炉顶处局部超温，影响设备寿命。经过优化，过热烧嘴处速度分布示意图如图 2-32 所示，有效地保护炉顶衬里避免其受到火焰的直接冲击。

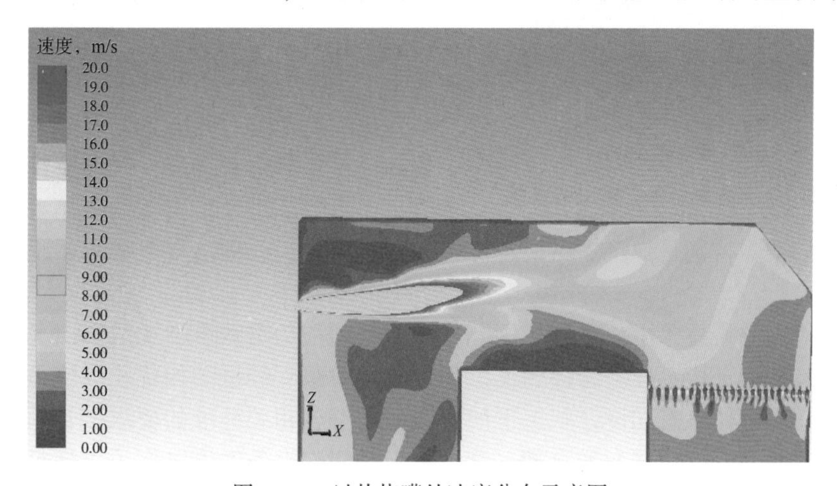

图 2-32　过热烧嘴处速度分布示意图

(3) 对流段角钢结构分析。对流段炉顶处设置有两组角钢，第一组角钢的作用是为了遮挡过热烧嘴处的辐射热，避免对流段盘管直接受到过热烧嘴处的辐射热。第二组角钢的作用为进一步遮挡辐射热，同时使得下一组对流段盘管前的流速分布均匀，保证对流段盘管受热均匀。

通过CFD模拟与结构优化，第二组角钢采用了非对称设计，避免了因对流段转角处的烟气流动而引起的速度不均匀现象，优化后的对流段第二组角钢处速度分布示意图如图2-33所示。

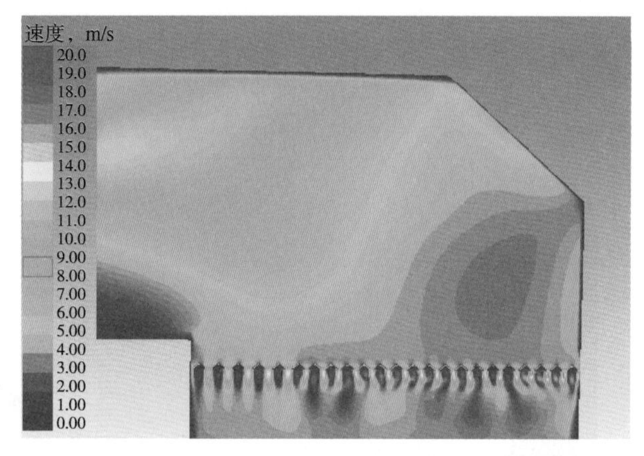

图2-33　对流段第二组角钢处速度分布示意图

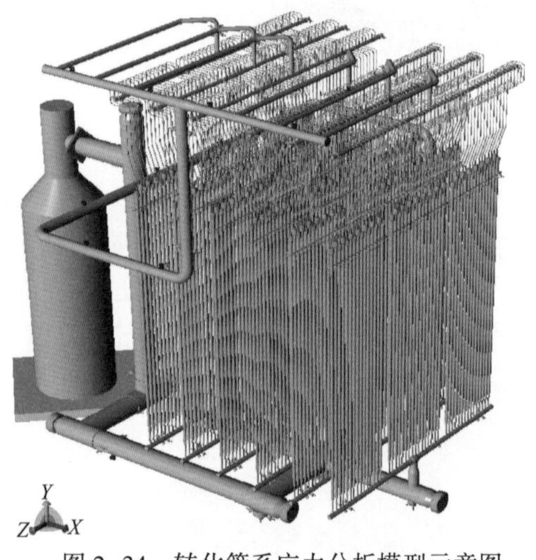

图2-34　转化管系应力分析模型示意图

4. 转化炉炉管系统应力分析技术

一段蒸汽转化炉操作条件极为苛刻，炉膛温度达到1000℃以上，转化炉炉管金属壁温达到900℃以上，处于高温蠕变状态，对转化炉的设计、施工及操作均有很高的要求。设计中需要准确地分析一段蒸汽转化炉管系的应力状态，并综合考虑上集气管、上猪尾管、转化炉管、下猪尾管和热、冷集合管至二段转化炉的所有管系。转化管系应力分析模型示意图如图2-34所示。

转化炉炉管应力分析主要研究危险区域热集合管的位移变形是否合理、管道系统对相连设备的管口作用力是否满足设备的许用要求，确定合理的管道支吊架，特别是弹簧支吊架的位置和设定荷载，分析出整个管道系统的应力分布状态。

在炉管应力分析技术中，采用了国际通用的管道应力分析软件CAESAR Ⅱ对转化炉管系进行应力计算和评定，确定合理的支吊架位置和荷载。经过结构优化，使得整个管道系统在安装状态、操作状态和设计状态下的应力值均符合相关标准的要求，管系的位移特别是危险区域热集合管的位移变形合理，管道系统对相连设备的管口作用力满足设备的许用要求。通过分析确定合理的管道支吊架，特别是弹簧支吊架的位置和设定荷载，为进一步对危险的薄弱连接部位进行详细的有限元分析提供了计算基础。

转化炉管系的有限元分析采用专业的有限元分析软件ANSYS进行验证模拟计算，对管系结构在高温条件下的蠕变行为建立了一套合理高效的分析方法，对转化炉管系结构进行了安全性和安定性评定，得到转化炉管系结构危险部位的应力分布及蠕变行为特征，对一段蒸汽转化炉管系在疲劳和金属蠕变情况下的持久寿命进行了验证。

二、氨合成塔

氨合成塔是合成氨工厂的关键设备。氨合成塔的设计需要保证氨合成反应在最佳温度下进行，以获得较大的生产能力和较高的反应转化率。合成塔的设计应尽量降低阻力降，以减少循环气体压缩的动力消耗。合成塔在结构设计上力求简单、可靠，并满足高温和高压的要求[23]。

寰球工程公司在“十五”期间率先开发大型氨合成塔，并成功应用于华鲁恒升 30×10^4t/a 合成氨装置，实现国内首套大型氨合成塔国产化。该装置操作稳定、可靠，为“十五”国家重大技术装备研制项目，达到国际先进水平。

进入“十一五”，中国石油根据国际合成氨装置发展趋势和技术进步，进一步研发大型合成氨装置设计制造技术，自主开发的 45×10^4t/a 合成氨装置的氨合成塔现已成功应用，示意图如图 2-35 所示。

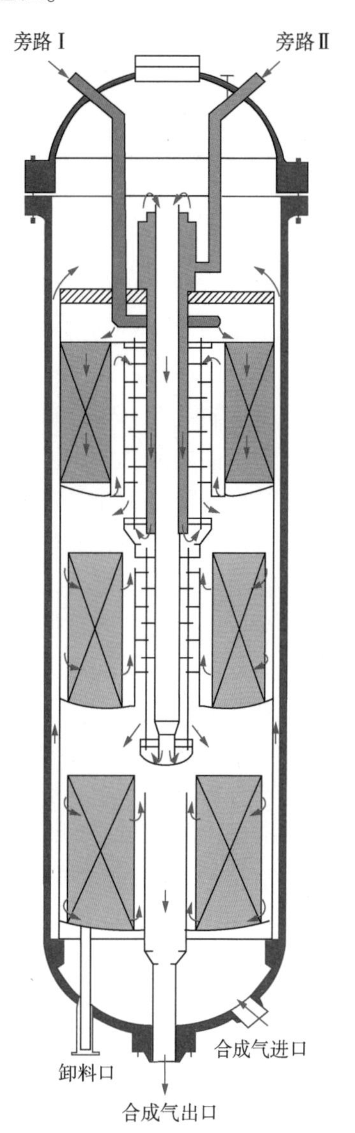

图 2-35　中国石油大型氨合成塔示意图

1. 氨合成塔外壳设计

大型氨合成塔采用立式反应器结构，由高压外壳和低压内件构成，内件包括三个催化剂床层(“一轴两径”床层)和两台内部换热器。该塔典型的操作压力为 11～15MPa，合成气进气温度一般在 185～230℃范围内，具有较高的氨净值，合成塔高度约 27m，为裙座结构。该塔具有下列四个主要特点：

(1) 采用“一轴两径”三个催化剂床层。第一催化剂床为轴向流动，气体分布均匀，减轻有害物危害，有效利用催化剂。第二、第三催化剂床催化剂量大，为减少气体压力降，降低压缩机功耗，采用径向流动床。

(2) 第二、第三催化剂床层采用 1.5～3mm 小颗粒催化剂，保证了较高的氨净值。

(3) 塔内有两台换热器，用于控制床层进气温度，与冷激式的调温相比，氨净值高，塔出口的氨浓度可达到 18%以上，实现了高效、节能。

(4) 三床反应后高温气体不经冷却出塔，出塔气体温度 426℃，高温热能的利用率较高，可副产高压饱和蒸汽(约 12MPa)。

氨合成塔高压外壳处于高温、高压、临氢环境，以往的高压外壳采用多层包扎与大型锻件相结合的制造工艺，即筒体采用耐高温、抗氢腐蚀的铬钼钢内筒，外包扎多层高强度钢板，上、下球形封头与筒节间采用大型锻件连接。随着国内冶炼水平的提高、制造业的发展及装备的提升，中国石油 45×10^4t/a 合成氨装置所用大型氨合成塔外壳首次采用无纵焊缝的锻焊结构，主材采用 1.25Cr0.5Mo 的材料，合成塔大盖密封采用可拆的双锥密封结构，便于操作、检维修。中国石油大型合成塔外壳主要技术参数见表 2-3。

表 2-3　中国石油大型氨合成塔外壳技术参数表

性能名称	参数	性能名称	参数
介质	合成气(H_2，N_2，NH_3)	腐蚀裕量，mm	1.5
介质特性及分组	中度毒性，易燃，易爆	主要受压元件材料	容器：SA387Gr22CL2，SA336F11CL3IV
设计温度，℃	300	设备主要外形尺寸	外壳直径 3.2m，总高约 27m
设计压力，MPa	17	外壳总质量，t	450

2. 氨合成塔内件设计

氨合成塔低压内件包括三个催化剂床层，质量约为 130t。装有铁系催化剂。第一催化剂床为轴向流动，气体分布较为均匀，对有害物(如少量压缩机带油)可尽量减轻其危害，有效利用催化剂。第二、第三催化剂床催化剂量大，为减少气体压力降，采用径向流动床，因此全塔压降小，循环气压缩机的功耗低；第一、第二催化剂床出口均设置内部换热器，实现塔内间接换热，氨净值高。内件的主要材料为 S32168 不锈钢。

氨合成塔内件复杂，设计中对各床层催化剂装填量、内部换热器和塔内件的设计都进行了充分优化，并通过使用计算流体力学技术(CFD)建模计算，对氨合成塔催化剂床层入口气体分布器及其气流分布进行研究，计算外网筒上的开孔分布情况、开孔数量、开孔大小、开孔率、孔中心距等，根据气流沿筒壁轴向与径向所呈现出的变化情况、上下床外网筒的内壁金属线网的分布情况，分气集气筒分段分室的布置情况以及相同内网筒的相关情况进行分析，从而指导压力容器内件尺寸的精准设计，改进关键部件结构，保证合成气在催化剂床内的稳定、均匀分布，使得该塔具有生产能力大、全塔压降小的特点，实现高氨净值、副产高压蒸汽的节能效果。

1）内件结构设计

氨合成回路中，任何阻力的损失都需要通过合成气压缩机循环段加压来弥补，减少阻力损失就意味着降低能耗。氨合成塔是氨合成回路中阻力降最大的位置点，控制氨合成塔内阻力损失是合成塔设计中必须考虑的问题。氨合成塔内部结构复杂，其各个部件的尺寸设计受到反应、换热、阻力降、机械强度、应力计算等多种因素的影响，具体结构可拆分成入口管、环隙、中心管、各换热器、各床层、出口管等约 30 个部分分别计算。

为了满足氨合成塔机械设计要求，包括管口载荷施加方案、裙座转化环的结构优化、氨合成塔内气体分布器优化设计等结构优化工作都至关重要，每一处关键尺寸都进行了多方案比选和计算。

经过结构优化，中国石油大型氨合成塔计算总阻力降为 0.25MPa，该阻力降与当今世界上各大合成氨专利商先进的氨合成塔基本一致。

2）气体分布器设计

氨合成塔第一催化剂床设有气体分布器，用于控制第一催化剂床温度的冷合成气旁路，通过此气体分布器与第一催化剂床入口高温气体混合后进入催化剂床层。由于氨合成塔内空间限制，此处气体混合容易发生不均匀的情况，使得在反应过程中出现沿圆周方向温度不均匀的情况，影响反应效率。

经过 CFD 模拟并结合实际工程经验，通过设置挡板、优化开孔位置与尺寸等方式对气体分布器结构进行了优化。从温度分布、速度分布与压力分布三个方面对优化后的气体分布器结构进行了评价，氨合成塔气体分布器 CFD 模型示意图如图 2-36 所示。

图 2-36　氨合成塔气体分布器 CFD 模型示意图

（1）温度分布。图 2-37 为气体分布器计算区域温度分布示意图，图 2-38 为出口截面温度分布示意图。通过对气体分布器的结构优化，保证了进入催化剂床层的气体混合温度均匀。

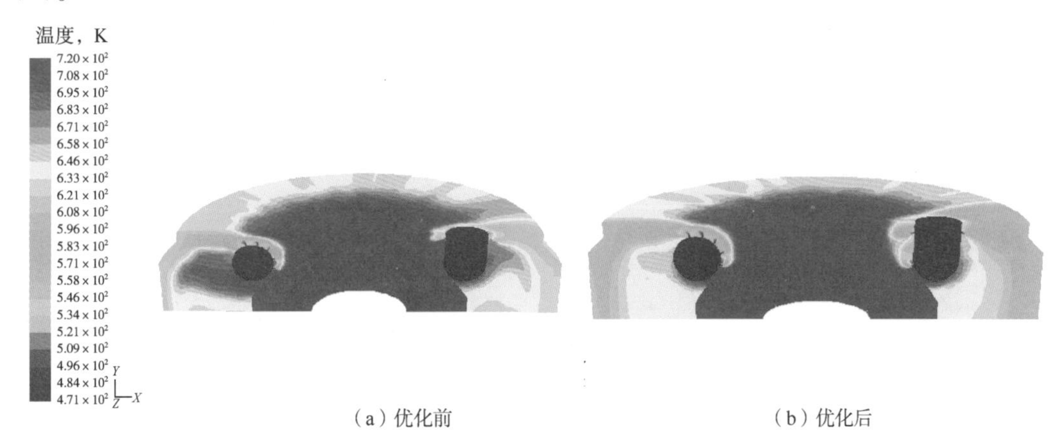

（a）优化前　　（b）优化后

图 2-37　气体分布器计算区域温度分布示意图

（2）速度分布。图 2-39 是出口截面速度分布示意图。优化后出口截面气流最高速度由 2.70m/s 降低到 2.23m/s，流动速度较高的区域向内侧移动，改变了原来出口截面最外围流速状态，分布比较均匀，优化效果明显。

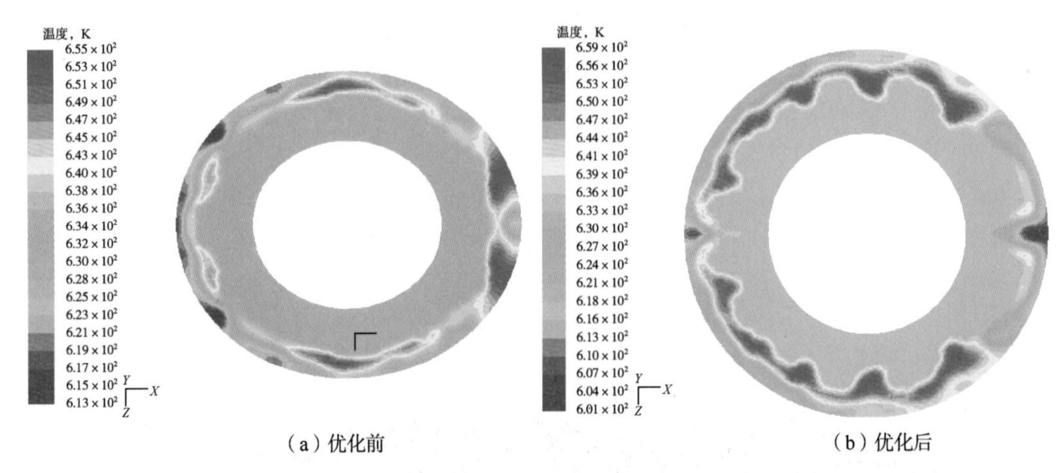

（a）优化前　　（b）优化后

图 2-38　出口截面温度分布示意图

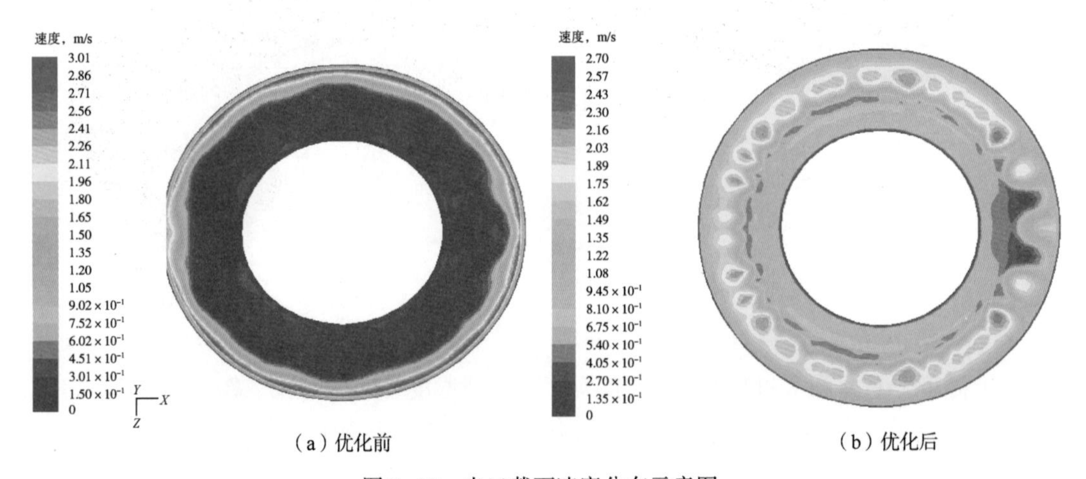

（a）优化前　　（b）优化后

图 2-39　出口截面速度分布示意图

（3）压力分布。图 2-40 为气体分布器计算区域压力分布示意图。优化后，分布器内外压差减小，有利于混合气体的均匀分布。

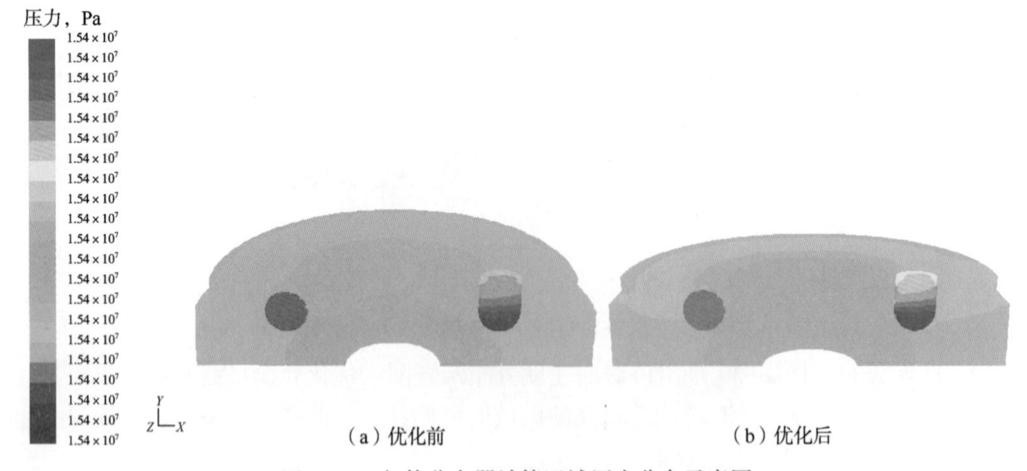

（a）优化前　　（b）优化后

图 2-40　气体分布器计算区域压力分布示意图

3）催化剂床 CFD 模拟

（1）轴向床 CFD 模拟。

目前已应用的中国石油大型氨合成塔第一催化剂床采用轴向床形式。如图 2-41 和图 2-42 所示，通过对第一催化剂床层轴向气流分布进行 CFD 模拟计算，可以较为准确地预测第一催化剂床阻力降，并结合氨合成塔动力学计算得到床层内随着反应进行的温度、氨浓度变化，从而为床层机械设计、热电偶布置位置等提供条件。

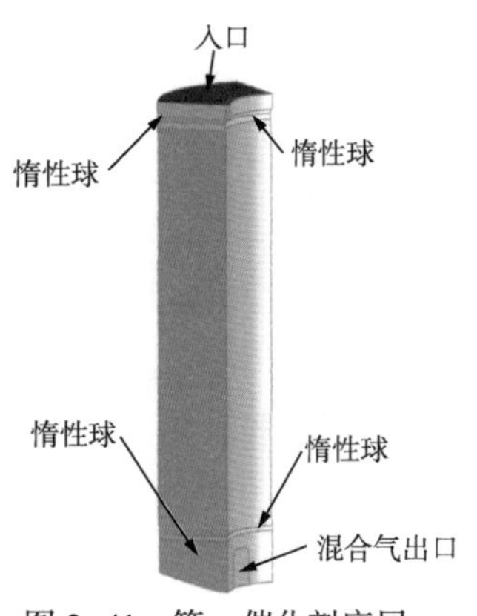

图 2-41　第一催化剂床层 CFD 模型示意图

（2）径向床 CFD 模拟。

氨合成塔第二催化剂床和第三催化剂床为径向床，设计结构需保证气体分布均匀，以充分发挥催化剂效能，如图 2-43 所示。

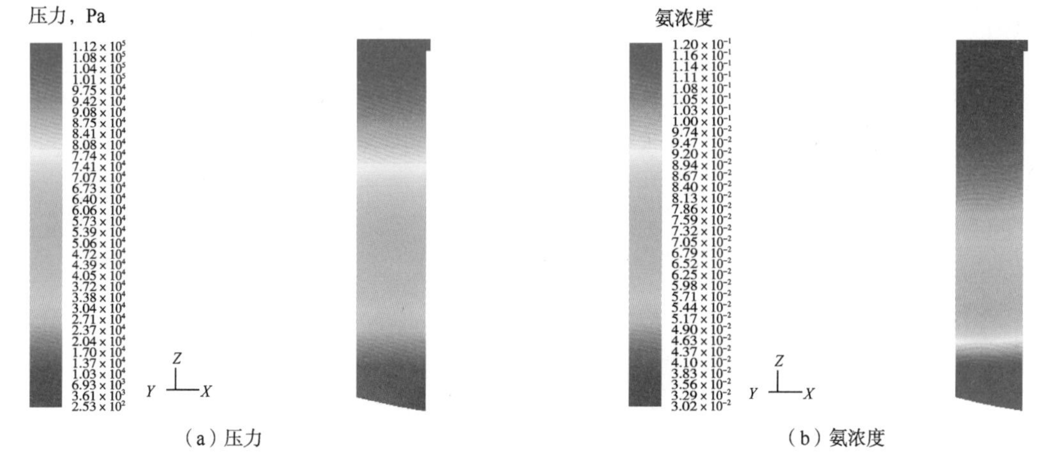

（a）压力　　（b）氨浓度

图 2-42　第一催化剂床 CFD 模拟压力分布与氨浓度分布示意图

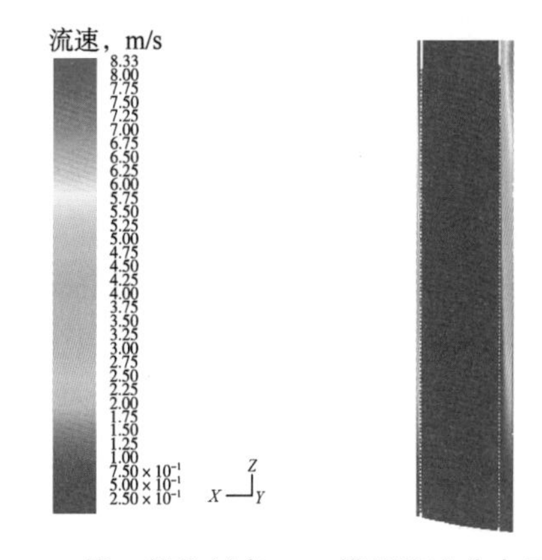

图 2-43　第二催化剂床 CFD 模拟流速分布示意图

三、合成气废热锅炉

大型合成氨装置中合成气废热锅炉是高压系统的关键设备之一，它利用反应热副产高压蒸汽，从而使热能被有效地利用与回收。目前，传统的合成氨工艺流程可提升的空间基本集中在节能、环保和降低设备造价上。随着节能环保要求的不断提升，利用高压合成气废热锅炉回收高位能热，提高装置的热能利用率，从而提高经济效益，已成为大型合成氨装置的重要措施和显著标志。因此，合成气废热锅炉在整个合成氨装置中的地位发生了变化，不仅是装置的关键设备，也是装置高效运行的重要保障。

由于合成气(氢、氮、氨)具有高压、高温、大流量及腐蚀等问题，各国研究者都根据废热锅炉的苛刻工作条件对其结构、强度、耐腐蚀及如何保证安全、可靠操作等问题做了大量研发工作，促进废热锅炉向大型化、蒸汽高压化、结构合理化和操作自动化方向发展。

中国石油自主研发的合成气废热锅炉是国内首台自主设计、制造、生产高压蒸汽的合成气废热锅炉，打破了我国多年来引进大型合成氨装置高压合成气废热锅炉关键设备的格局，其设计技术达到国际先进水平。

合成气废热锅炉可以按气、水流经管内或管外分为水管式或火管式锅炉。水管式锅炉高温工艺气流经管外，锅炉给水流经管内而沸腾气化。火管式锅炉高温工艺气流经管内，锅炉给水流经管外而沸腾气化。合成气废热锅炉属火管式废热锅炉，为卧式换热器，合成气废热锅炉结构示意图如图 2-44 所示。管程走高温、高压的合成气，壳程为高压水及蒸汽。管外的水吸收热量后形成的汽水混合物沿上升管而进入汽包，而汽包中汽和水经过分离后，炉水则沿下降管重新进入废热锅炉的壳程，形成循环。这种循环是靠汽水混合物与炉水的密度差实现的[24]。

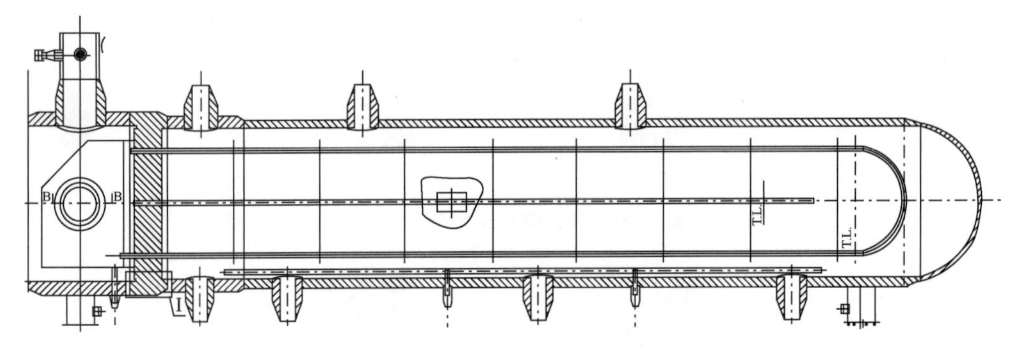

图 2-44　合成气废热锅炉结构示意图

合成气废热锅炉由于处于高温、高压、氢、氮、氨腐蚀环境，对于使用的材料有很高的要求。其中管程采用铬—钼钢及不锈钢材料；壳程采用碳钢材料；局部结构采用了镍铬合金材料及堆焊镍基合金的材料；换热管高温部分，采用耐高温、高压、耐合成气腐蚀、隔热性能优良的隔热材料。

合成气废热锅炉主要设计参数见表 2-4。

表 2-4　合成气废热锅炉主要设计参数

参数	壳程	管程	参数	壳程	管程
介质	锅炉给水+蒸汽	合成反应气	设计温度，℃	346	370/465
介质特性	—	易燃、易爆、中度毒性	设计压力，MPa	13.7	17

中国石油从2000年起就开始了废热锅炉的自主研发工作。在此之前，国内40多套年产30×10^4t及以上大型合成氨装置中，半数以上设有合成气废热锅炉，均为随装置成套引进。

2003年，寰球工程公司为国内某30×10^4t/a合成氨装置完成了首台自主设计、国内制造的合成气—中压蒸汽废热锅炉，采用固定管板换热器，通过上升管和下降管与汽包相连，并于2004年顺利开车，投入运行，实现了合成气废热锅炉国产化。

此后，中国石油继续开展合成气废热锅炉的研究工作，并于2011年完成了国内某30×10^4t/a合成氨装置合成气废热锅炉系统的改造。该合成氨装置引进德国专利技术和进口合成气废热锅炉专利设备，是一台德国专利商立式U形管合成气—高压蒸汽废热锅炉，结构复杂，自投产以来，其副产高压蒸汽量一直未达到设计能力，严重影响了装置的正常操作。虽然专利商赔偿了一台同样设备，仍然存在产汽量不足、能耗高、达不到设计能力的现象。中国石油通过调研国内外合成气废热锅炉的先进技术，经过自主创新，研发出国产化合成气—高压蒸汽废热锅炉，整体改造工程以合成气废热锅炉为中心，主要包括工艺设计的改进、设备结构的创新设计、主体材料的国产化等，有效地降低能耗、成本，进一步回收热量，解决了废热锅炉内漏问题，确保了传热效率。对于整个设备的制造，中国石油在设计中提出了一系列完善、严格的设备制造要求，以确保设备运行安全、可靠。经过改造后，该设备由原来的立式改为卧式，便于检查和检修。替代原有进口设备后，提高了整套合成氨装置的热能利用率，降低了运行成本，达到了节能减排的目的，并且已稳定运行了近10年，各项运行指标均达到设计要求。节能效果比原设备至少提高15%以上，经济效益显著。

合成气废热锅炉主要技术创新点包括：

（1）采用全新的换热器布管形式，换热管采用倾斜及垂直交叉，冷、热交替布置，大大降低了高压特厚管板的温差应力，使得管板温度分布均匀，最大限度地保证了管板的安全性。

（2）合成气进口管创新结构设计，合成气高温进口，采用耐高温、高压，抗氢、氮、氨腐蚀的隔热填料函结构，不仅解决了进口管与管箱壳体之间的温差应力，也避免了使用膨胀节结构，降低材料成本，制造、维修方便。

（3）调整高压管箱形式，采用带分气盒结构。高压管箱的分气盒结构将高温气体和换热后的冷气体分开，使得高压管箱壳体及换热管采用普通的铬钼钢材料，仅分气盒采用镍铬合金材料及不锈钢材料，整体减少了镍铬合金材料用量，大幅降低了成本，同时也确保了设备的安全使用。

（4）高温热套管及分气盒采用可拆卸结构，便于设备维修及安装。

（5）废热锅炉的管程采用焊接垫片密封，密封性能好。

四、气体的压缩

合成氨装置中共有四台大型压缩机组，分别为天然气压缩机组、工艺空气压缩机组、合成气压缩机组和氨压缩机组。随着合成氨生产规模的大型化发展，活塞式压缩机由于排气量的限制，通常不能满足需要，而且必须采用多台并联操作，导致投资高、占地面积大、操作维修不便。随着离心式压缩机设计和制造水平的提高，当前世界上大型合成氨厂的气体压缩均采用离心式压缩机。

为了降低能耗，合成氨装置大型化后离心式压缩机多采用汽轮机驱动，根据全厂蒸汽平衡可采用不同形式的汽轮机，例如凝汽式、抽汽凝汽式、背压式汽轮机。

大型离心式压缩机组结构复杂，存在高转速、变工况、长期连续运转等实际要求，长期依赖进口。其中天然气压缩机和氨压缩机规模相对小，在国产化方面已具备一定基础。而空气压缩机和合成气压缩机规模较大，功率均在13000kW以上，且由于气量大、压缩比高等原因，设计制造难度很大。中国石油与国内技术领先的压缩机厂商合作，实现了45×10^4t/a合成氨装置所有压缩机组的国产化，大幅降低了设备投资，与自主化合成氨技术配套使用，实现了从工艺技术到工程设备的全面国产化。

1. 工艺空气压缩机组

在大型合成氨装置中，工艺空气压缩机气量大，压缩比高，通常选用离心式压缩机，机组为两缸，高压缸配置增速齿轮箱，多选用汽轮机驱动。机组共四部分，串联连接，轴向尺寸较长，工艺空气压缩机典型布置示意图如图2-45所示。

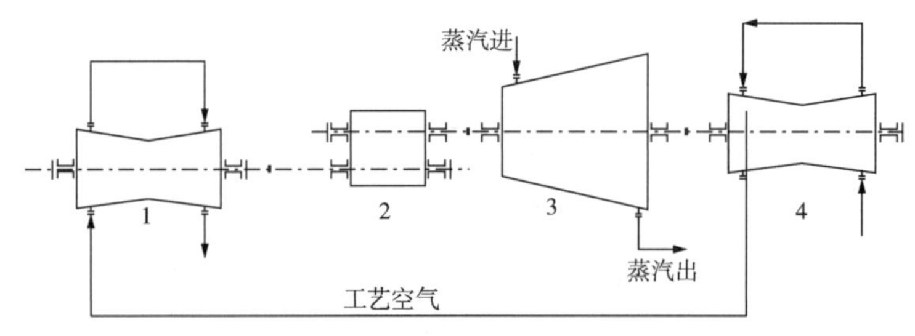

图2-45　工艺空气压缩机组典型布置示意图

1—高压缸；2—齿轮箱；3—汽轮机；4—低压缸

中国石油自主建设的45×10^4t/a合成氨装置中，工艺空气压缩机采用了国产压缩机组，压缩机为低压缸、齿轮箱和高压缸配置，低压缸为水平剖分壳体，首级轴承箱体与下壳体为一体，进出口风筒与压缩机壳体焊接连接；高压缸选用径向剖分的筒式缸体，内壳体选用水平剖分；高/低压缸均为背靠背布置，以平衡轴向力；隔板为水平剖分；径向轴承选用可倾瓦轴承，推力轴承选用金斯伯雷式轴承，高/低压缸轴端与级间密封均选用迷宫密封；驱动机选用汽轮机。

通过压缩机排气蜗壳气动优化，应用C系列模型级为空气压缩机高压缸开发的大流量系数、高效基本级，使得机组各段的设计效率达到了83.5%、83.5%、83.6%、74%，其现场运行情况波动范围也在标准允差内，基本达到了同规模装置中进口产品的技术水平。开展了大型离心压缩机转子可靠性研究，通过对定期强迫振动现象(激振)的所有潜在源，如转子系统的不平衡，油膜的不稳定性(涡动)，内摩擦，叶片、导叶、喷嘴以及扩压器的传递频率，联轴器不对中，转子系统零件松动等进行定量分析，解决了单轴双支型空气压缩机组易发生的气流激振现象。另外，还通过横向临界转速分析、轴系扭振分析、大型压缩机叶轮可靠性分析，保证其转子力学性能，通过机组的动力学分析以及主要部件的强度设计校核，机组其他工艺和机械性能(振动/温升)的运行情况也得到了验证。在此类规模的合成氨装置中，国内供货商已经可以和进口产品同台竞技，为大型氮肥工业的生产提供强有力的支持和保障。

2. 合成气压缩机组

在合成氨装置发展的前期，合成反应压力高，多在30MPa以上，导致机组压比大，在装置规模较小，即机组体积流量较小的情况下，离心式压缩机存在着在高压段叶轮出口宽度小、机组多变效率较低等问题，所以往复式压缩机或者离心式压缩机(低压)+往复式压缩机(高压)的串联方案具有一定的优势。而随着合成氨生产规模的大型化，往复式压缩机受限于排气量，单台机组能力已不能满足工艺需求，且往复式压缩机组机械结构复杂，易损件多，在线稳定运行时间较离心式压缩机短，需考虑设置备机。因此，在新建的合成氨装置中(1000t/d 以上规模)，合成气压缩机均选用离心式压缩机组。

合成气压缩机组气量大，压缩比高，分子量小(8～9)，机组转速高(多在 10000r/min 以上)，且循环段为缸内混合，汽轮机额定功率高，对机组的高压缸及汽轮机的设计制造要求较高。在 2000 年之前，国内合成氨装置中合成气压缩机组主要由通用电气(GE)、三菱、德莱塞兰等国外供货商提供。随着国内压缩机厂商技术能力的发展，现在已有能力为 1500t/d 的合成氨装置提供成熟可靠的产品。

根据不同的工艺要求，合成气压缩机的吸入与排出压力不同，有单缸、两缸、三缸的配置，机组的驱动多选用抽凝式汽轮机，以达到蒸汽焓值的最大化利用。基于 API 617 要求，水平剖分的机组不适用于 6～8MPa 的工作压力，因此合成气压缩机的壳体均为筒式锻造壳体，典型合成气压缩机筒型壳体剖面如图 2-46 所示。

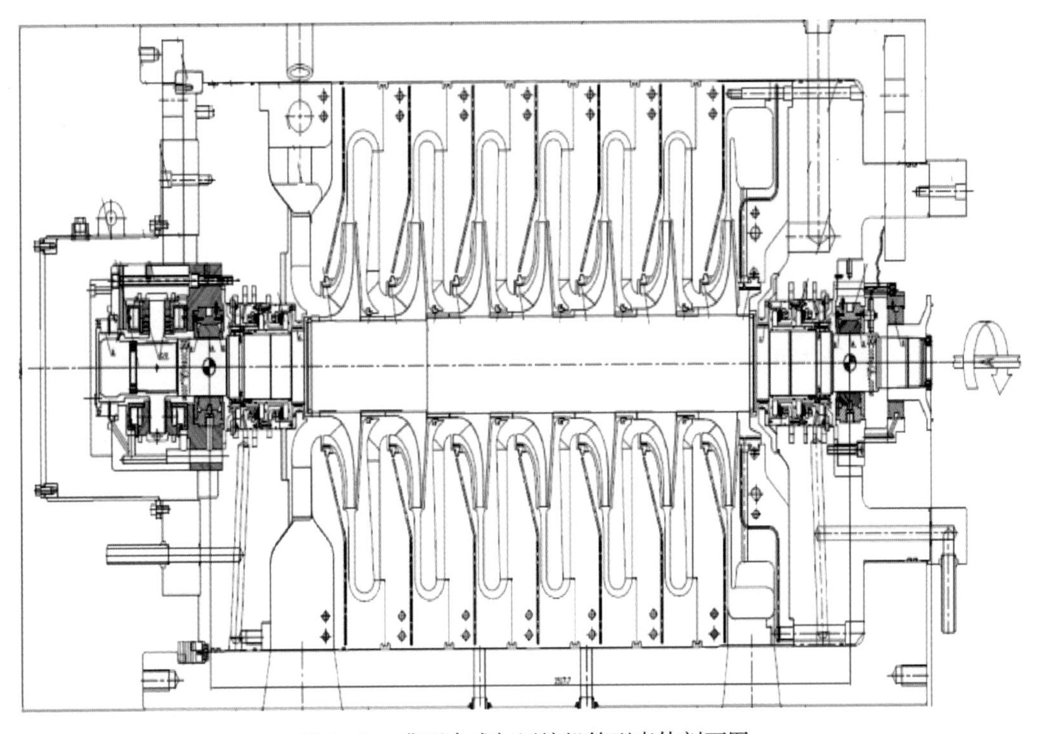

图 2-46 典型合成气压缩机筒型壳体剖面图

中国石油与国内供货商联合开发了 45×10^4t/a 合成氨装置国产化合成气压缩机组，该机组为两缸三段压缩，由高压抽凝式汽轮机平驱动，正常运行转速在 10000r/min 以上，汽轮机额定功率约 20MW。其高、低压缸筒体驱动端为筒底，内壳体由自由端插入安装，在水平剖分的隔板两端设置进出口蜗室、密封和轴承；通过对压缩机通流部分 CFD 优化设计，采用全三元流场理论，开发改善通流表面精度的方法并减少泄漏损失和机械损失。叶轮过盈装配在无键光轴上，过盈量、松脱转速、强度均经过有限元分析，叶轮内表面进行了高精度加工，盘盖焊接时在叶道内加入变形防止剂、表面整形剂，防止焊接变形，并在焊后采用真空热处理防止表面氧化，特殊的加工方式提高了机组的整体效率，扩大了机组的运行范围。机组一段、二段、循环段的多变效率为81.2%、73.5%、78.2%，达到了进口产品的设计水平。

转子设计中，采用阻尼环技术，通过提高缓冲力和降低转子系统的激振力，确保了压缩机运转时极低的振动水平，隔板为无叶扩压器和叶片回流器的组合体，采用优质碳素钢制造，高精度数控机床加工的导流叶片减少了摩擦损失；径向轴承为带喷油嘴的5块可倾瓦轴承，采用直接润滑方式，提高了冷却效果，推力轴承为两面各6块瓦的双面金斯伯雷式轴承，带自动调心功能；叶轮口环、平衡盘密封均采用软密封、小间隙密封方式，减少了内泄漏量，降低能耗，轴端密封采用串联式干气密封。

在汽轮机的设计中，通过高强度的调节级动叶结构设计，提高了叶角，减小喷嘴出汽角，提高了调节级的效率。开发了中压抽汽多阀调节进汽室及相关的调节部套；针对高压调阀阀碟振动的情况对阀梁总成进行结构改进，进一步完善了高转速大功率汽轮机的设计。机组的系统、部件、辅机的设计及选型与国外供货商的同类产品基本达到同一水平。本机组已在中国石油45×10^4t/a合成氨装置中连续稳定运行，其工艺、机械性能参数达到了标准要求与设计值。

第五节　合成氨工程设计技术

一、定量风险分析技术

定量风险分析技术可量化评估合成氨装置在发生物料泄漏后，可能导致的毒气扩散、火灾、爆炸事故后果影响程度，为工程化设计和总图设备布置优化提供基本参考依据。通过定量风险分析技术可以在确定的合成氨装置可信泄漏事故场景下，模拟泄漏事故可能后果(扩散、火灾、爆炸)，评估泄漏事故后果影响范围及可接受程度；并根据量化风险分析评估后果，明确安全设计应考虑的原则。

引发事故发生的基本原因是能量与物质的失控。不同的危险物质具有不同的事故形态，即使是同一物质，在不同环境、条件下也可能表现出不同的事故形态。

通过事件树分析可确定设备设施泄漏后可能产生的各种事故后果类型。不同理化性质的物料、不同操作压力及温度产生的事故后果类型差别较大。

高压可燃物质泄漏时形成射流，在泄漏口处被点燃，由此形成喷射火[25]。喷射火是柱状喷射的燃烧火焰，主要由泄漏的动力所主导。产生的热辐射受很多因素的影响，包括失效类型(如泄漏、破裂)、气体泄漏速率、泄漏方向和风的作用。

若物料泄漏后未遇点火源，则蒸气云团持续扩散至远处；扩散的气云若进入拥塞空间，形成潜在爆炸源，遇点火源后则可能发生蒸气云爆炸，若气云扩散至空旷区域，未形成潜在爆炸源，则遇点火源后可能发生闪火。闪火是在不造成超压的情况下物质云团燃烧时所产生的现象[25]。云团通常是在其边缘处被点燃，且远离泄漏点。闪火火焰迅速往点火源相反方向移动，持续时间相对较短，但有可能在泄漏源处转化为持续的喷射火。通常假设暴露在闪火区域内的人员将百分百死亡。

如果泄漏出的易燃(可燃)液体在地面形成液池，由于地面、太阳和大气的热传导作用，液池蒸发，所形成的蒸气云团被点燃即产生池火或闪火。

毒性物料泄漏后未被点燃，会产生中毒事故后果。

泄漏后果事件树分析如图 2-47 所示。

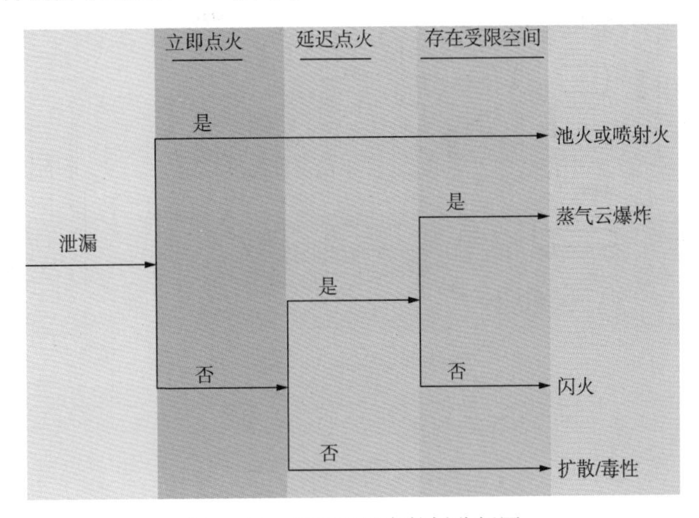

图 2-47　泄漏后果事件树分析图

合成氨装置需要模拟的爆炸是指可燃物料在泄漏后闪蒸出的气体组分扩散被点燃后能量的瞬时泄放，由处于一定受限空间(如工艺区的设备群、通风不充分的建筑物、拥挤的阻碍物等)的易燃(可燃)气云燃烧所引起的蒸气云爆炸(VCE)。由于大量能量的瞬间释放，爆炸因此产生巨大的超压冲击波，会导致人员伤亡及建筑物结构性破坏。蒸气云爆炸是可燃气体云团的燃烧，这种燃烧与闪火不同，闪火通常不产生高压，而蒸气云爆炸可以产生足以导致人员伤亡与设备损坏的超压，爆炸超压是其主要危害。蒸气云爆炸可分为立即爆炸和延迟爆炸，立即爆炸的爆炸中心在泄漏源处，可燃气体扩散稳定后被点燃而发生的爆炸为延迟爆炸，爆炸中心远离泄漏源。

合成氨装置可能导致重大火灾爆炸事故的泄漏包括：天然气压缩和脱硫单元的天然气压缩机出口天然气管线泄漏；合成气压缩单元的合成气压缩机出口工艺气管线泄漏；一段蒸汽转化炉出料管线泄漏等。合成氨装置可能导致重大中毒事故的泄漏有：去尿素装置液氨管线泄漏；氨储罐管线破裂等。在定量分析中，还需要输入气象条件，分析以上可能存在的泄漏风险后果。

图 2-48 为池火与喷射火热辐射 $5kW/m^2$ 热辐射风险等高线图。关于池火与喷射火的计算，合成氨装置池火辐射热为 $5kW/m^2$ 的火灾风险较小，没有出现 1×10^{-4} 的风险等高线，并且 1×10^{-5} 的风险等高线都局限在工厂界区内，1×10^{-6} 的风险等高线出现在了厂区西南侧外；合成氨装置发生泄漏引起喷射火的影响范围较大，喷射火辐射热为 $5kW/m^2$ 的 1×10^{-6} 的风险等高线到达的厂区西侧围墙外。

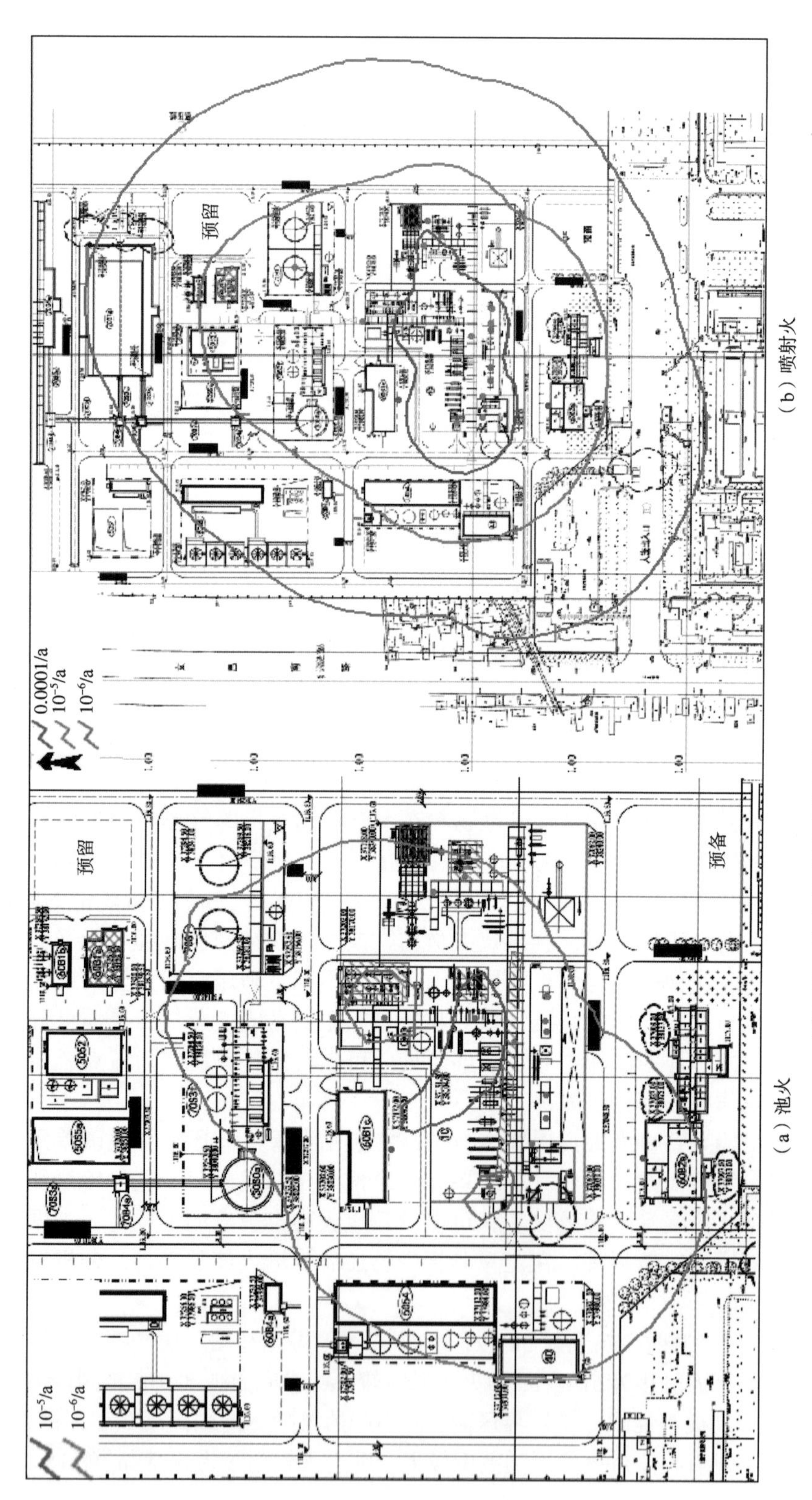

(a) 池火　　(b) 喷射火

图2-48　池火与喷射火热辐射5kW/m²热辐射风险等高线图

根据图 2-49 合成气压缩机大孔径泄漏闪火范围，关于大孔径合成气泄漏闪火的计算，合成氨装置泄漏发生闪火的范围较大，而合成氨转化炉转化气泄漏，可能在装置的拥塞区域形成蒸气云团，遇点火源发生爆炸，产生 6.9kPa 爆炸超压的影响范围局限在厂界内，如图 2-50 所示。

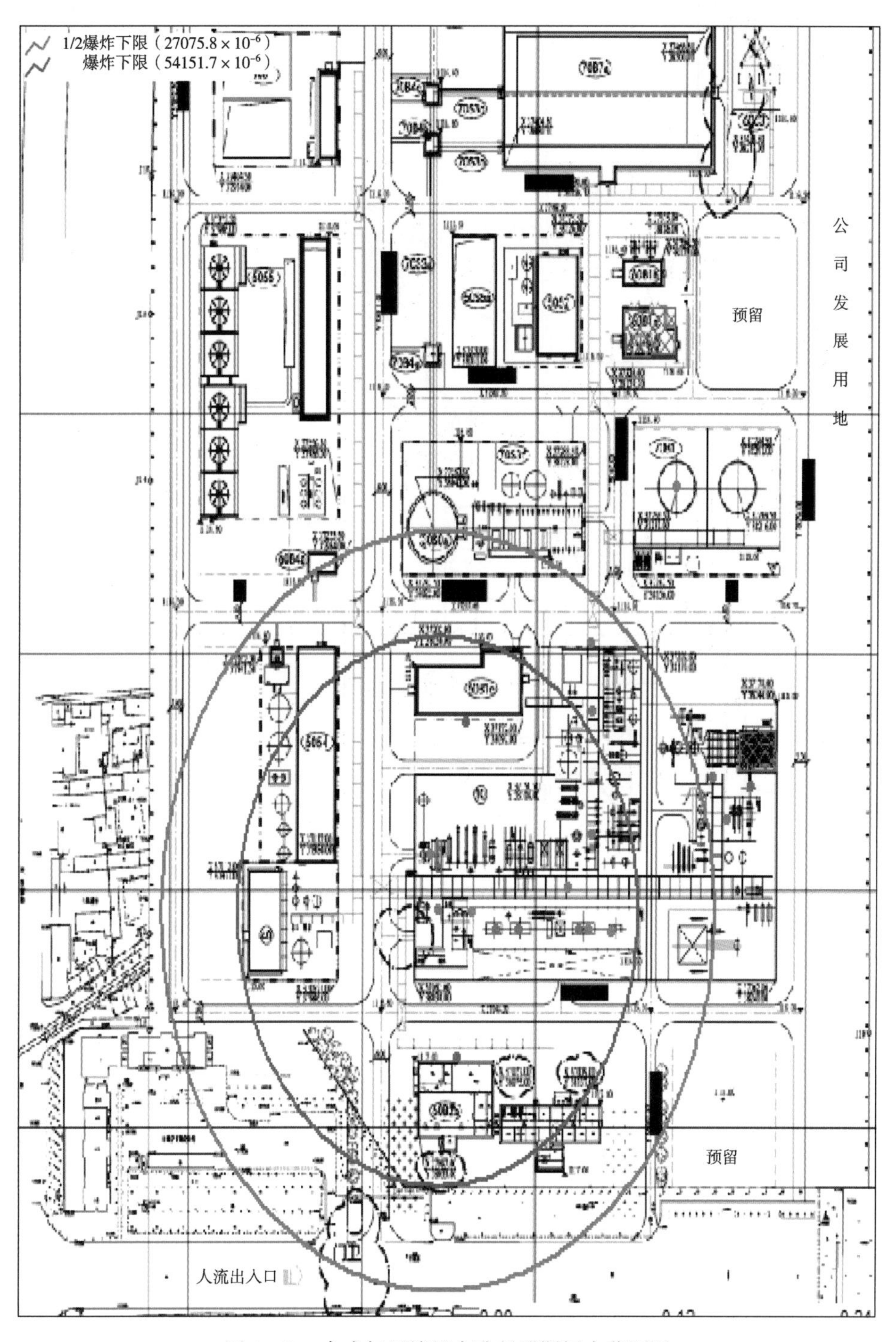

图 2-49 合成气压缩机大孔径泄漏闪火范围图

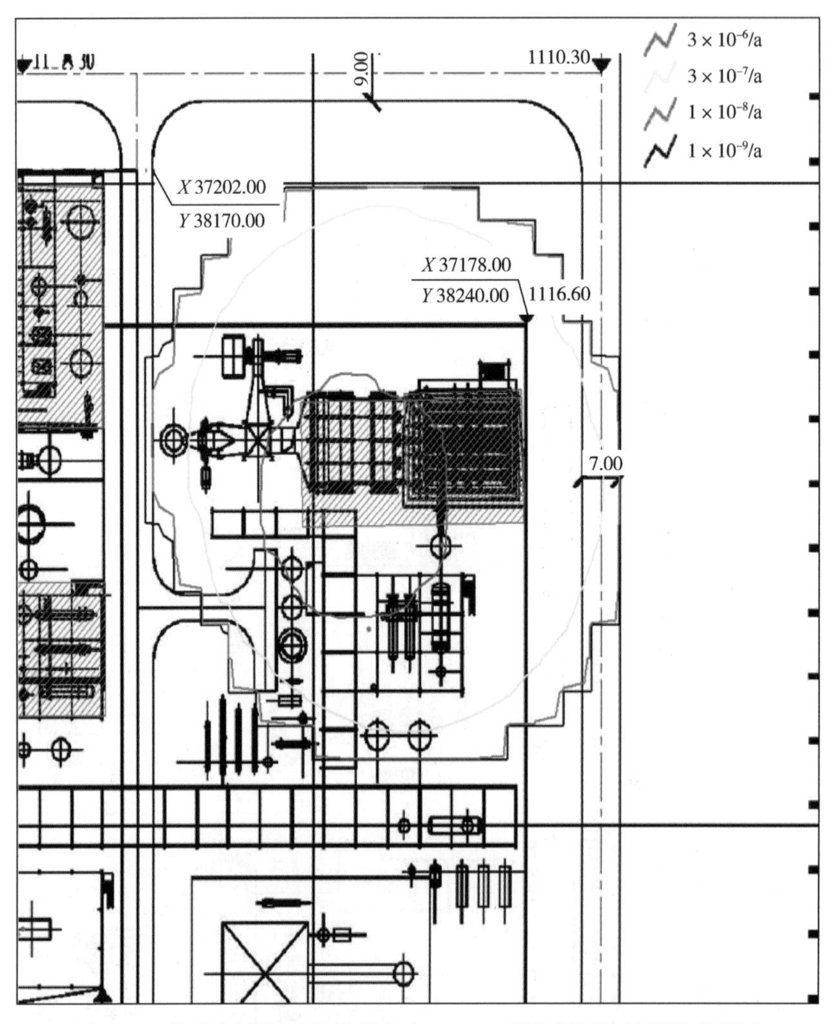

图 2-50　转化气泄漏引发爆炸产生 6.9kPa 爆炸超压值的风险曲线图

根据图 2-51 氨扩散立即威胁生命和健康浓度（IDLH）影响范围图，合成氨装置发生氨泄漏扩散 IDLH 浓度的 1×10^{-6}的风险等高线到达厂区外一定范围，IDLH 浓度的 1×10^{-5}的风险等高线出现在厂区南侧。

合成氨装置对周边设施及人员的影响主要是喷射火和氨气扩散的影响，因此，在设计时应重点关注以下问题：

（1）工艺物料管道、容器、阀门等密封设计和材质选择；

（2）尽可能减少泄漏点、降低泄漏概率；

（3）防爆危险区域划分及防爆设备选型；

（4）设置氨及其他可燃有毒气体泄漏检测报警；

（5）设置必要的紧急停车和安全泄放系统；

（6）总图布置时，尽可能将含氨、天然气等易燃易爆有毒有害物料的设施远离厂界布置。

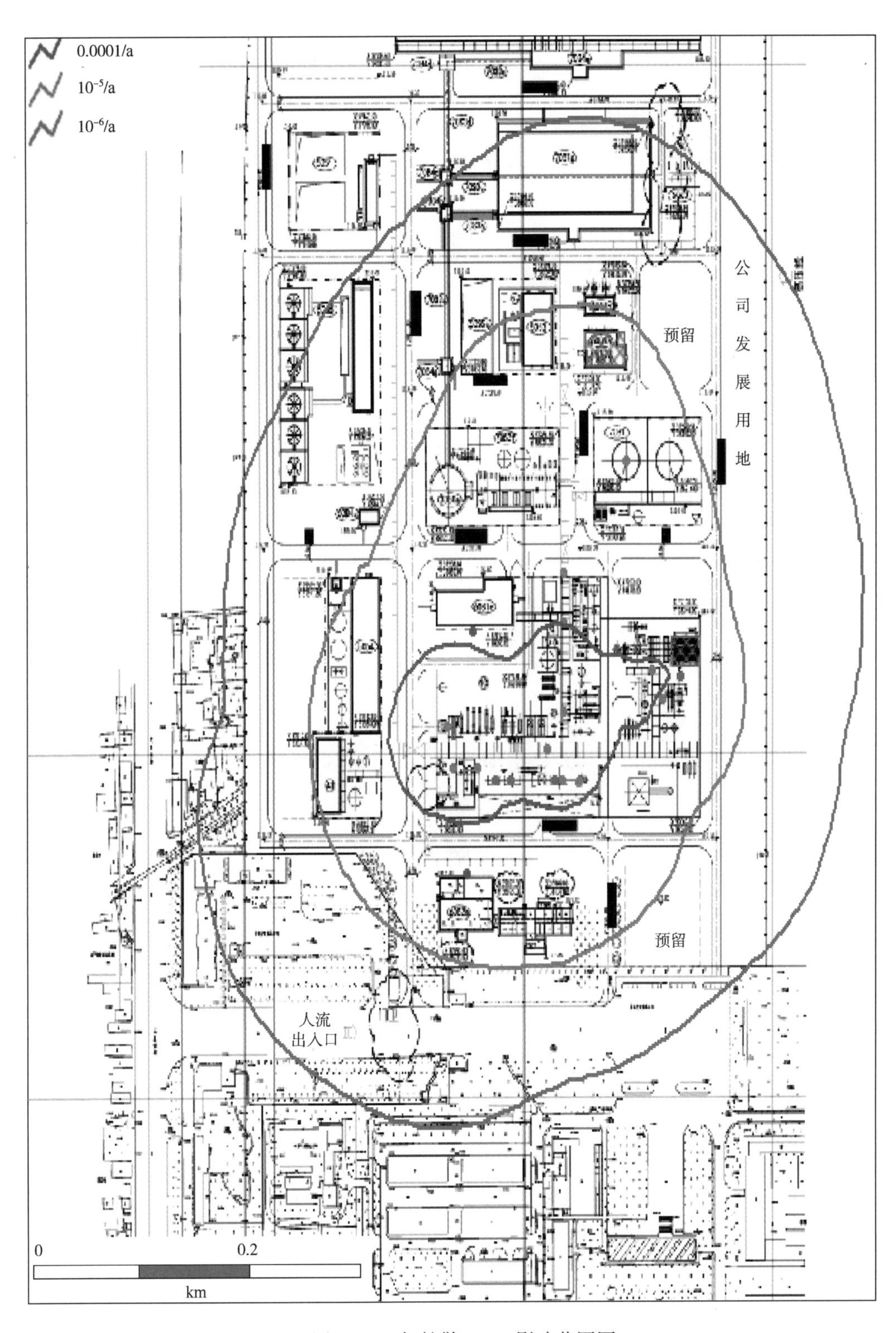

图 2-51　氨扩散 IDLH 影响范围图

二、特殊管道应力分析技术

特殊管道系统指的是不同于常规管道而在某些方面存在特殊性的管道系统，比如大口径薄壁管道、超高压管道、连接特殊设备的管道系统等。以天然气为原料的合成氨装置中存在的特殊管道系统主要有：转化炉管道系统、转化炉对流段管道系统、废热锅炉水汽管道系统、连接敏感设备管道系统等。

1. 转化炉管道系统

转化炉管道系统包括从对流段最后一级原料预热出口到转化炉入口管、入口集合管、上猪尾管、炉管、热集气管、冷集合管等。该系统是合成氨装置中重要的工程设计难题，系统复杂，操作工况也特殊，应力分析具有很大的难度。相关内容已在本章第三节一段蒸汽转化炉部分进行了详细介绍。

2. 转化炉对流段管道系统

转化炉对流段管道系统包括对流段盘管及其进出口管道，该系统管道的应力分析边界条件复杂、管道之间及管道与炉管之间相互影响大。一段蒸汽转化炉对流段通常分为若干模块，主要包括锅炉给水预热盘管、工艺空气预热盘管、原料预热盘管、蒸汽过热盘管及混合原料预热盘管等。图 2-52 为对流段部分管系示意图。

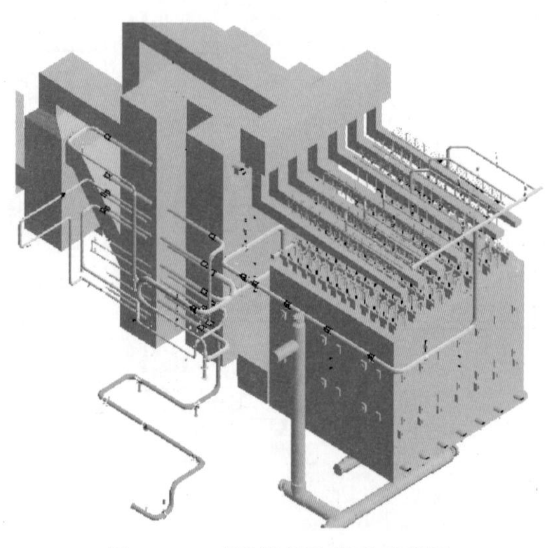

图 2-52　对流段部分管系示意图

转化炉对流段盘管本身并没有固定约束，即盘管在轴向上可以滑动，盘管与管道是一个整体并相互影响，二者不能简单割裂开来，必须把对流段盘管与管道作为一个整体考虑，才能把边界条件正确地模拟出来，进而计算二者间的相互影响。对流段管道系统的应力分析具有以下难点：

(1) 集合管是盘管和管道的连接部件，因此，处理好集合管支撑和约束是做好本体系应力分析的首要工作。

(2) 换热管管排间温度是不同的，计算时根据工艺数据对每排管束都要精确输入温度，排与排之间温差所产生的位置差要靠本身结构吸收。

(3) 换热管的位移对管板设计和弯头箱有很大影响。比如，有的管板需要设计成与炉管底平，有的管板需要设计成中心对齐，一般端管板连接集合管的一排管束开孔要中心对齐，其余要底平，中间管板一般均为底平。

(4) 管道配管在满足自身工艺及应力要求的同时还要满足集合管和盘管的受力要求，这是由于盘管支撑在管板上(不可能做弹簧)，很难加轴向限制，侧向允许受力也不是很大。因此，外部管道产生的热胀位移应尽量自我解决，尽量不影响到盘管。

3. 废热锅炉水汽管道系统

合成氨装置中废热锅炉水汽系统主要包括转化废热锅炉水汽系统、高变废热锅炉水汽系统和合成废热锅炉水汽系统，主要利用反应热副产蒸汽，经过热后供全厂使用。废热锅炉水汽系统是非常常见的一种余热回收利用单元，除了高温工艺气的温度控制、冷却速度控制、循环倍率等工艺问题外，系统的应力问题同样应引起足够重视，如汽包的支撑方式、上升管与下降管的布置方式等。如何在满足工艺要求的前提下保证系统安全稳定的运行，是整个废热锅炉水汽系统结构设计的重要内容。应力分析可以解决废热锅炉水汽系统上升管下降管的配管走向布置及废热锅炉、汽包的支撑约束形式，从而解决系统安全问题。

通常由于设备布置上的便利，转化废热锅炉与高变废热锅炉共用一个汽包，因此两个废热锅炉的水汽系统应按照一个系统考虑。图 2-53 所示为 45×10^4t/a 合成氨装置中转化和高变废热锅炉水汽管道系统示意图。废热锅炉水汽管道系统的特点是设备温度高、管道走向直而短，设备和管道如何支撑及约束是系统应力分析的重点和难点所在。

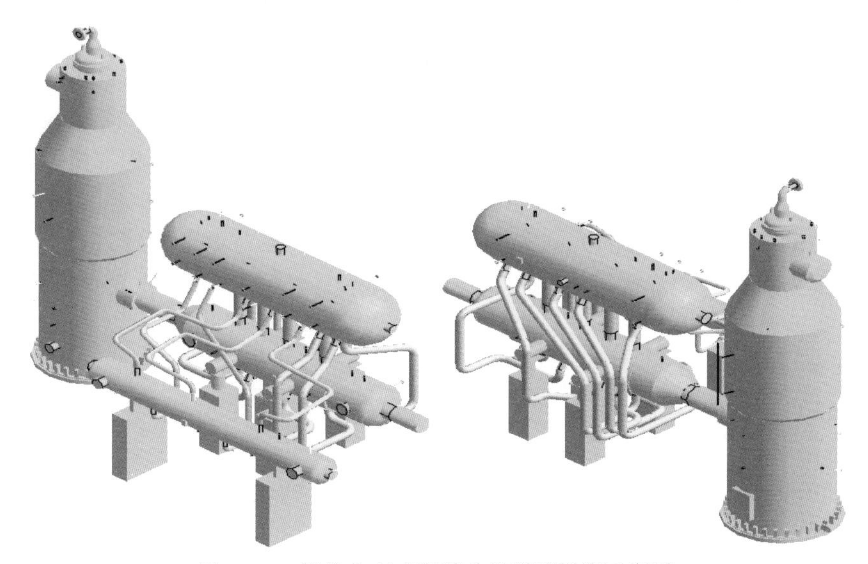

图 2-53 转化和高变废锅水汽管道系统示意图

4. 连接敏感设备管道系统

敏感设备是指设备管口对荷载敏感的设备，特别是泵、压缩机、汽轮机等转动设备。这类设备要求管道对设备管口的作用力在一定允许范围内，以确保设备的正常运行。通常，管道作用在设备管口的荷载主要是由于热膨胀引起的，为使得管口荷载在设备能够承受的范围之内，所连接的管道必须有足够的柔性。因此，此类管道系统的应力分析实际上就是柔性分析。

天然气制合成氨装置中汽轮机对管口荷载非常敏感，原因是作用在管口的荷载会最终作用到汽轮机上，当这些荷载过大或者不平衡时，轴与轴瓦的不同心度增大，将影响汽轮机的正常运行。因此，必须控制作用在汽轮机上的力和力矩，使其不超过允许的范围。汽轮机管口的荷载主要是由于热膨胀引起的，合理的管道走向及合理的支架设置是汽轮机管道应力分析成功的关键。

三、塔器工程设计技术

塔器属于高耸结构，它承受的载荷除压力、温度载荷外，还有风载荷、地震载荷与重量载荷等。同时，大的承重管架及导向架对塔器的影响也不容忽视。塔体本身的设计要综合考虑以上各方面因素，控制塔顶的挠度，保证结构的安全、稳定。合成氨装置中的主要塔器位于脱碳单元，包括 CO_2吸收塔、中压解吸塔与低压解吸塔等。

1. CO_2吸收塔

CO_2吸收塔是 MDEA 脱碳单元的主要设备，其设计压力约为 4MPa，直径在 3m 以上，高度约 50m。塔内既包含浮阀塔盘，还包括矩鞍环、鲍尔环填料及气液分布器等。

CO_2吸收塔直径较大，长度较长，属于超限设备，无法整体运输。中国石油大型合成氨技术中的 CO_2吸收塔采取制造厂整体制造后分段运输、在现场组焊环焊缝的方式。由于设备厚度较厚，需要焊后通过热处理消除应力，为了确保设备的最终质量，需要制定严格的技术标准，设计单位、制造厂、现场施工单位根据现场的场地条件、吊车占位、吊具的情况保证空中组焊的进行，并在现场进行检测和检验。

由于设备在现场组装，设备需提前在制造厂进行预组装，组装后的外形尺寸偏差应符合规定，并提前做组装方位标记。现场组焊的对接焊缝坡口由制造厂加工、检验、清理，并在坡口表面及其内外边缘 50mm 范围内涂可焊性防锈涂料。分段处相邻塔盘的支撑圈和降液板应在制造厂点焊，以利于现场组装环缝。为防止焊接变形影响对口环焊缝的组装，在距分段端面 1500mm 范围内的人孔和大接管及其焊接，在对口环焊缝焊接后进行。现场组对的对接接头(A、B 类焊接接头)，需按规定进行无损检测，并在水压试验后，对 A、B 类焊接接头表面进行局部磁粉或渗透检测。

2. 中压解吸塔与低压解吸塔

中国石油自主合成氨技术的中、低压解吸塔采用上下叠放方式，以减少占地面积。中压解吸塔设计压力约为 4MPa，直径约为 5m，高度约 25m，塔内为矩鞍环填料，并设置气液分布器。低压解吸塔设计压力较低，直径约 6m，高度约 25m，塔内为矩鞍环填料，并设置气液分布器。

由于设备的尺寸较大，这两台塔同样属于大型超限设备，由制造厂分段运输到现场，进行现场制造、组装，并按照相关的标准、规范完成设备的制造、试验、检验和验收。分段交货的塔器，除满足现场组焊的塔器规定外，还需要符合钢制塔器现场组焊的有关规定。

四、大型钢结构设计技术

一段蒸汽转化炉辐射段钢结构高度高、跨度大，炉膛高度范围内横向不能设梁，结构形式复杂。同时，由于工艺布置的限制，有些比较重要的结构层梁柱不能相交，有些楼层梁高受限，而且炉管在高处悬挂，荷载集中在高处，如果建设地点工程地震烈度较高，导致辐射段钢结构无论是结构布置还是上部结构的计算，包括强度、稳定、变形、构造等都具有较高难度。

寰球工程公司结合丰富的工程经验，自主开发了专用结构设计技术。辐射段主体结构采用框排架形式，针对其高度高、重量大、跨度大等特点，综合考虑结构立面大约15m高度内横向不能拉梁、结构位移很难控制的难点，经过研究论证与分析计算，在约4m、8m、12m处三层周圈分别设置足够刚度的水平桁架。在构造上横向柱之间设置两道垂直支撑，柱内侧竖向每隔一定距离设置一道水平系梁，并最终与炉壁相连，形成一个整体刚度很强的空间桁架。将横向水平力通过桁架传递至两侧山墙，并采用多种软件进行结构强度计算验证，实现一段蒸汽转化炉结构的可靠性和经济性。

第六节 过程控制技术

一、合成氨装置自动化控制

合成氨装置工艺控制的目的是保证整个装置安全生产及优化操作，提高生产装置的稳定性，减少不合格产品，增加优级品的产量，降低原料消耗。其控制系统由分散型过程控制系统(DCS)、安全仪表系统(SIS)、火灾报警系统(FAS)、可燃与有毒气体检测系统(FGDS)、闭路电视(CCTV)监控系统等独立子系统构成。这些子系统之间采用MODBUS协议进行通信，且应为冗余设计。DCS系统的操作站还可以通过通信接口同时监视其他系统的信息，如安全仪表系统、火灾报警系统、可燃气体/有毒气体检测系统、设备配套控制系统等。控制室内的控制系统和现场仪表之间采用硬线电缆连接，模拟量信号采用标准4~20mA(DC)。HART协议的数字信号用于仪表远程调校和设备管理系统。

二、转化炉的控制

1. 一段蒸汽转化炉水碳比控制

一段蒸汽转化炉是整个合成氨装置的龙头，水碳比(H_2O/C)的少许波动经过生产装置逐级传递后，会对下游工序造成很大干扰。进入一段蒸汽转化炉的水碳比是一项重要的工艺控制指标。

水碳比过低，易使催化剂结碳，过高则会导致能耗的增加。从理论上讲，一段蒸汽转化炉的水碳比应是进口气体中水蒸气与含烃原料中的碳物质的量比。但由于分析测定进口气中的总碳有一定的困难，通常用原料气流量结合分析数据加以修正后来代替总碳，通过控制水蒸气流量和原料气流量来实现水碳比的控制。生产上对水碳比有三个要求：正常工况时，要求比值保持一定；加减负荷时蒸汽量必须始终处于过剩的状态，加负荷时先加蒸汽后加原料气，减负荷时先减原料气后减蒸汽；当某物料(原料或水蒸气)减少或不足时，仍能保持比值不变[20]。图2-54为水碳比智能控制系统示意图。

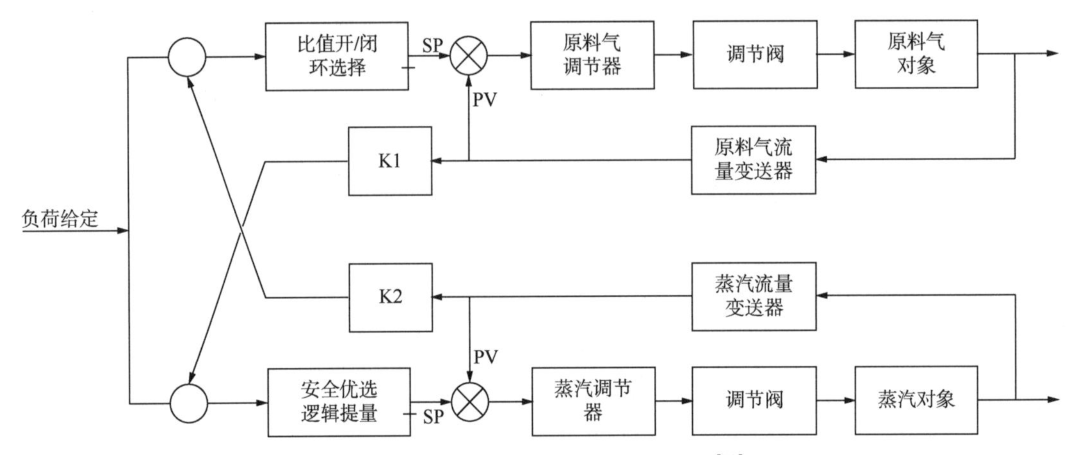

图 2-54 水碳比智能控制系统示意图[20]

在正常工况下，该控制是以水蒸气流量为主动量、原料气流量为从动量的双闭环比值控制系统。增加负荷时，根据需要提高设定值，通过高选择器使水蒸气流量先增加，然后原料气流量再增加；减负荷时，降低设定值，通过低选择器先减原料气流量，然后再减水蒸气流量。

该系统具有比值的“闭环—开环—闭环”自选择能力。比值闭环后，系统结构具有“双闭环、交叉跟踪、逻辑提量”的特点。正常运行中，原料气或蒸汽的微小波动在各自闭合的回路内调节，相互影响不敏感。若由于干扰使水碳比低于正常设定值但尚在较大的安全裕度内，控制系统靠逻辑判断使比值脱离闭环，为了工艺系统的稳定，改变比值运行。这样，在蒸汽调整的过程中，天然气不会作减量处理，不会使自产蒸汽因热源减量而进一步下跌，给生产带来大的扰动。若靠蒸汽系统的调节作用仍不能使水碳比回升且继续下降并趋于危险，则控制系统自动切回比值闭环，原料气减量，一方面使水碳比回升，另一方面做好联锁动作的准备。

此外，该系统还具有事故状态下的保护功能：原料断流（原料气压缩机跳车）时，维持一定量的蒸汽以保护设备和催化剂；蒸汽断流时迅速关闭原料气阀门，当蒸汽恢复后随即开启原料气阀门，生产自动恢复。

将水碳比控制与工艺空气/燃料气结合在一起组成多变量的比值控制系统，可以较好地解决几个参数之间的内在关系。图 2-55 为某厂设计的四变量比值控制系统示意图。

该系统以蒸汽流量为基准主控制回路，蒸汽流量乘以比值系数后作为石脑油调节器的设定值，石脑油流量乘以一定系数后分别作为燃料气控制回路和工艺空气控制回路的设定值。

在该控制系统中，为提高测量精度，可对原料气流量进行温度、压力和成分补偿；对蒸汽流量也应进行温度、压力补偿。条件具备时，也可使用在线总碳分析仪，用分析数据来修正比值系数，以提高控制精度。此外，中压蒸汽管网也应做好压力控制。

2. 一段蒸汽转化炉出口温度控制

烃类蒸汽转化是吸热反应。影响转化温度的主要因素有水碳比、负荷、炉膛负压、燃料气流量和助燃空气流量等。

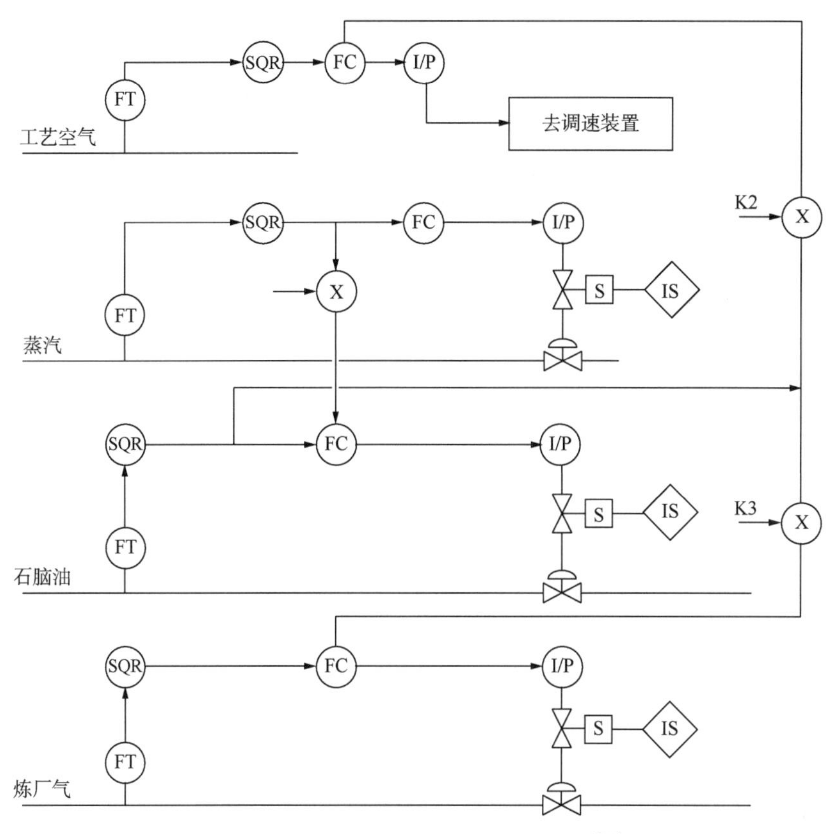

图 2-55　四变量比值控制系统示意图[20]

FT—流量变送器；SQR—开方计算；FC—流量控制；I/P—电气转换器；IS—联锁控制系统

一段蒸汽转化炉在工作时炉膛负压基本上是保持不变的。负荷和水碳比已设置了控制回路，在正常情况下也是不变的。作为助燃用的空气通常过量加入，对温度的影响不大。所以一段蒸汽转化炉温度控制系统在设计时，可选择出口温度作为被控变量，燃料气流量作为控制变量。图 2-56 为一段蒸汽转化炉出口温度与燃料气流量串级燃料气压力选择控制系统的示意图。

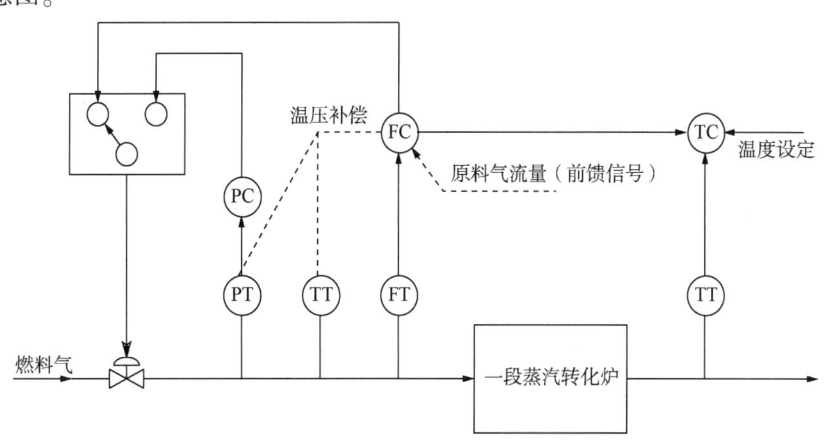

图 2-56　一段蒸汽转化炉出口温度控制系统示意图[20]

FT—流量变送器；PT—压力变送器；TT—温度变送器；FC—流量控制；PC—压力控制；TC—温度控制

在指定的压力范围内，由出口温度和燃料气流量构成串级控制回路。同时引入原料气流量作为前馈信号，当负荷加减时，通过前馈信号改变燃料气流量调节器的设定值，使燃料量与工艺气量相适应。当燃料气压力低于低保护值或高于高保护值时，回路切换成燃料压力单回路控制方式，使燃料气压力恢复正常值，以防止回火或脱火事故[20]。

三、氨合成塔的控制

氨合成塔是合成氨生产中的关键设备之一，氨合成塔催化剂床层温度是合成氨生产中最重要的工艺参数，控制好氨合成塔催化剂床层温度对于稳定生产、提高产品收率有重要意义。影响催化剂床层温度的因素主要包括：

(1) 入塔气体的成分。氨含量增加、惰性气含量高、氢氮比过低或过高都会使催化剂床层温度下降。有害气体，如一氧化碳、二氧化碳、氧等超过设计指标，不但会使温度下降，严重时催化剂会中毒失效。

(2) 系统负荷变化。系统负荷增加时，系统压力升高，有利于氨合成反应，催化剂床层温度上升。反之，系统压力和催化剂床层温度都会下降。系统的负荷一般是由上游工序所决定的，对于合成塔催化剂床层温度来说是一种干扰、不可控因素。

(3) 入塔气量变化。入塔气量增加，气体与催化剂接触的时间缩短，单位体积内生成的热量相应减少，催化剂床层温度下降。反之，则升高。

(4) 催化剂床层入口温度。入口温度越高，塔内热点温度也越高，控制手段是调节氨合成塔的副线气或冷激气流量。

(5) 氨合成塔的操作压力。提高操作压力，温度便会上升，为了使反应平稳进行，应控制氨合成塔的压力稳定。

(6) 催化剂的老化情况。随着催化剂的老化，在其他条件不变时，将使压力上升，热点下移，这也是一种不可控因素。

(7) 氨合成塔温度控制。中国石油大型氨合成塔采用三床内部换热式结构，每个床层均为绝热反应床，气体温度沿床层气流方向上升，第一催化剂床与第二催化剂床入口温度通过两套冷合成气旁路在第一催化剂床入口与第二催化剂床内部换热器管程入口加入，可在调节床层入口温度的同时，不会降低反应的氨净值。由于三路合成气进入一根总管，任何一路气分率的变化都同时使其他冷气分率发生变化，它们之间存在直接关联与耦合关系。

在合成气进入塔时，远离平衡，反应速率是主要因素。入口温度太低，对反应速率不利；过高则反应过快，温升过大，影响催化剂的使用寿命。因此第一催化剂床层的被控变量为入口温度，控制变量是第一催化剂床入口调节阀流量。

氨合成的反应速率受反应速率常数和平衡常数这两个相互矛盾的因素影响，在反应生成的氨组分一定的情况下，反应速率必然在某一点温度时存在最大值，此点温度即为相应这个组分的最佳温度。对应于各个不同氨组分的最佳温度便构成整个反应过程的最佳曲线。如果操作压力和入塔气体组分发生变化，将会引起最佳温度曲线的改变。对氨合成塔而言，存在最佳床层温度分布，操作中应尽可能使之接近最佳曲线，使合成塔内的氨转化率达到或接近最大。在铁系催化剂氨合成反应动力学按捷姆金方程计算的基础上，运用氨合成塔计算机程序进行计算与实验测试相结合，研究生产过程中各操作参数与控制指标之间的关系，找出描述过程的输入向量(包括控制向量和扰动向量)、状态向量和输出向量(被控向量)之间的数学关系式，即建立数学模型，然后通过计算机进行仿真求解，使用适当的调优技术，寻求氨合成塔内催化剂床层温度控制的最佳设定值。在此基础上构成合成塔催化剂床层温度在线优化控制系统。本控制是标准的 SPC 控制，它以 DCS 控制的合成塔催化剂床层温度自动控制回路为手段，从 DCS 中采集与工艺过程有关联的过程变量，经过优化运算输出变量作为每一床层温度控制系统主调的外设定值，构成闭环在线优化控制。图 2-57 为合成塔床层温度优化控制系统的流程示意图。

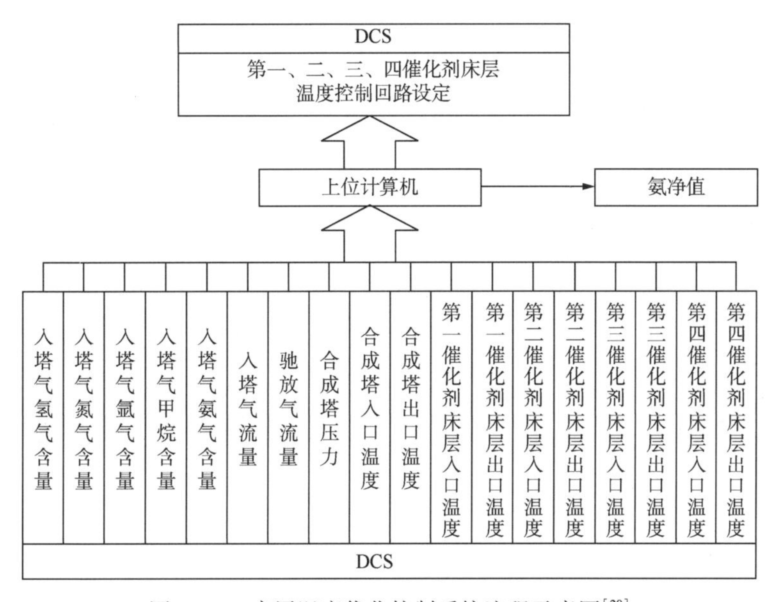

图 2-57 床层温度优化控制系统流程示意图[20]

第七节 合成氨催化剂

合成氨装置中催化剂的作用至关重要，以天然气为原料的合成氨装置至少需要用到加氢、脱硫、一段转化、二段转化、高温变换、低温变换、甲烷化、氨合成等多种催化剂，催化剂的性能对合成氨装置的能耗与长周期稳定运行至关重要。中国石油经过多年的自主攻关，开发了一段转化、甲烷化和氨合成等多个种类的高性能催化剂，推动中国石油合成氨技术不断发展。

一、一段转化催化剂

传统合成氨工艺存在燃料天然气消耗量大、水碳比高、能耗高等不足。近年来国外各大公司竞相开发和推出新的合成氨工艺，其主要宗旨是节能降耗，以更低的成本进行合成氨生产。一段转化是合成氨装置的主要耗能单元，约占合成过程总能耗的 60%[26]。针对国外开发的各种新型节能工艺和国内合成氨工艺普遍存在水碳比高、能耗高的现象，开发低水碳比转化催化剂显得尤为重要。中国石油自 2011 年起开展 PAN-01 型低水碳比一段转化催化剂的自主开发，2012 年完成中试和表征试验，2013 年实现工业化应用。

PAN-01 催化剂的主要特点是调整载体孔结构，制备大孔结构、双孔分布载体，调整 NiO 和 La_2O_3含量，提高 NiO 分散度。由于该催化剂的大孔结构、双孔分布的载体制备，通过引入扩孔剂、稀土元素，采用特定工艺条件的载体制备技术，提高了催化剂的抗积炭性能和热稳定性。从图 2-58 可以看出，上段与下段催化剂均具有稳固的载体主相骨架，孔隙发达。在此基础上，通过不同原料配比、混合方式和养护方式，不断优化制备工艺条件，在提高活性的同时，保证催化剂的强度。经过反复对比试验和测试，最终确定原料配比和生产工艺条件。PAN-01 还原峰顶温度低，低温活性好，还原峰面积大，催化剂表面可还原的活性 NiO 含量高，催化剂活性高。

（a）上段催化剂

（b）下段催化剂

图 2-58　PAN-01 型一段转化催化剂电子显微镜照片

2013 年，PAN-01 在中国石油某合成氨装置一段蒸汽转化炉实现工业应用，测试结果显示该催化剂在平均水碳比 3.19、装置平均负荷 101.50%、压力 3.08MPa 的条件下，转化气平均残余甲烷含量为 12.49%，对应甲烷转化率不小于 65%，满足后续工段对转化气甲烷含量的要求。中国石油合成氨装置中使用的 PAN-01 现已实现了长周期平稳运行，各项生产指标均达到生产要求，取得较好的经济效益。

二、甲烷化催化剂

甲烷化是氨合成前气体净化的最后保障，对保障装置长周期稳定运行至关重要。要求甲烷化催化剂能满足合成气中少量 CO 和 CO_2的基本完全转化，在较宽的温度范围内具有较好活性，另外能在一定程度下耐受高温的要求。为了解决这些问题，中国石油开发出具有自主知识产权的高活性高稳定性的高温完全甲烷化催化剂，通过研究催化剂 Ni 负载量、载体种类、助剂种类、助剂负载量等对性能的影响，采用等体积浸渍法制备了负载量约为 20%NiO 的新型催化剂，加入氧化镧或氧化铈等助剂作为电子和结构双重助剂，使催化剂在高温甲烷化反应中保持较高的活性和稳定性，并加入氧化镁提高催化剂的耐烧结性能。

为了获得适合该催化剂的最佳操作条件，中国石油还对自主化甲烷化催化剂的耐硫中毒、CO 羰基化、积炭、烧结和再生性能进行了研究测试，对可能造成的失活原因进行了分析，内容包括：

（1）在高温完全甲烷化反应过程中，应控制原料气中 H_2S 含量小于 1mg/kg。

（2）甲烷化反应的起始温度应高于280℃，长时间反应情况下应高于300℃，以防止羰基化反应发生。

（3）甲烷化反应中积炭可能并不是引起催化剂失活的主要因素。

（4）高温条件下的甲烷化反应过程中，当温度超过620℃时，催化剂容易出现烧结，催化剂的反应性能会受到影响。

甲烷化催化剂除用于合成氨装置合成气净化外，还可应用于合成气制天然气过程中。在此基础上，中国石油自主开发了单系列$10\times10^8m^3/a$完全甲烷化成套技术。2019年该甲烷化催化剂进行了中试实验与评价分析，反应的CO转化率处于70%～100%的较高区间。对于入口CO浓度约为9%、8%、6%、2%四种工况，反应的CO转化率分别达到80%、94%、99%、99%。在氢碳比2.9～6.0、反应压力0.1～2.1MPa、空速4872～11569h^{-1}的条件下，经过四段反应后，CO转化率99.8%，CH_4选择性101.3%，为促进完全甲烷化技术的工业化积累了基础数据。

三、氨合成催化剂

1913年，Haber-Bosch开发成功铁系氨合成催化剂，并在促进剂、制备工艺、合成机理、动力学、催化剂结构与性能的关系等方面开展了深入广泛的研究，推动了合成氨工业的进步，也促进了催化科学和相关科学的发展。氨合成催化剂主要分为四种类型：传统的四氧化三铁基催化剂、铁钴双组分的氨合成催化剂、亚铁型氨合成催化剂、非铁的钌基氨合成催化剂。铁系催化剂的开发目前处于成熟期，其催化效率在高温下已接近平衡氨浓度，是目前工业用量最多的催化剂。传统的四氧化三铁基催化剂以Fe_3O_4为主体，并加入适当的助剂。我国的A110-1型催化剂是这一类催化剂的典型代表，其主要性能均优于国内外同类产品，比如KMⅠ、KMⅡ、A103等。这一类氨合成催化剂的主要特点是原料易得、活性好，抗毒性能及热稳定性强，易于操作，在世界范围内广泛应用，仅A110-1在大型氨厂中已有近百家用户。铁钴双组分的氨合成催化剂是一种用于节能流程的催化剂，它在传统催化剂中增加了钴的氧化物，形成铁钴双活性组分。这一类催化剂的典型代表是ICI74-1（已由我国催化剂厂生产），其主要特点是低温活性好，热稳定性强，还原温度低，并在低压条件下具有良好的活性，在大型氨厂中已有近20套在使用。亚铁型氨合成催化剂是我国开发的一种新型催化剂，它打破了传统氨合成催化剂的铁比值范围，采用高铁比，具有良好的低温活性、更低的还原温度，典型的代表是A301和ZA-5型催化剂，目前在国内部分中、小型氨厂中使用，未见在大型氨厂中的应用案例[23]。

目前中国石油大型合成氨装置主要使用A110、ICI74-1和Amomax10系列催化剂，总量在2000t左右。为了进一步降低合成氨能耗，提高催化剂低温活性，中国石油还开发了具有国内先进水平的氨合成铁基催化剂PAF-01，全面、系统地完成了催化剂小试、中试和工业试验，并成功应用于石家庄正元与大庆石化合成氨装置中，实验证明该催化剂在350～510℃均具有良好的催化性能，预期寿命可达10年以上。

为了进一步提高低压、低温条件下的催化剂活性低，中国石油自2007年开始开展钌基氨合成催化剂研究，进行了催化剂配方优化研究，成功开发了钌基催化剂。中国石油钌基氨合成催化剂从低压催化活性、氢氮比适应性、耐热性、稳定性等方面进行了研究，并降低了催化剂中贵金属钌的含量以降低成本，其主要特点包括：

（1）在 10MPa、425℃和 10000h^{-1}空速反应条件下，采用钌基催化剂相比 A202 铁基催化剂氨合成转化率可由 13%提升至 20%左右。

（2）钌基催化剂对氢氮比的适应性更强，氢氮比在 2~3 范围内催化活性变化不大，最佳氢氮比比铁系催化剂低约 0.3。

（3）进口钌基催化剂在 450℃以上高温耐热性较差，中国石油钌基催化剂经过结构改进，提升了耐热性能，在 475℃下的耐热性能与铁系催化剂 500℃耐热性能相当，拓展了钌基催化剂的使用范围。

（4）改进催化剂机械强度，在抗压强度、磨耗率上均达到传统铁基催化剂水平，满足长周期稳定运行需要。

中国石油钌基催化剂已实现 3×10^4t/a 工业示范实验，累计运行 4000h，催化剂机械强度良好，性能基本稳定。低温、低压、高活性钌基氨合成催化剂如果应用在大型合成氨装置，可以提高出口氨浓度，增加产量，降低吨氨能耗。经过测算，如将钌基催化剂应用于某 30×10^4t/a 合成氨装置中，可以将合成塔出口氨浓度提高到 25%以上，压缩功能耗减少约 20%，冷却能耗减少约 10%，吨氨综合能耗降低 0.2GJ 以上。

参 考 文 献

[1] 刘化章，李小年. 合成氨催化技术与工艺进展[J]. 现代化工，2004，24(2)：7-11.

[2] Cost effective ammonia plant revamping[J]. Nitrogen+Syngas，2018，352：38-48.

[3] Ammonia plant performance and economics[J]. Nitrogen+Syngas，2012，318：33-36，38-42，44-47.

[4] K Noelker，C Meissner. 4700 mtpd single-train ammonia plant based on proven technology[R]. Annual Safety in Ammonia Plants and Related Facilities Symposium，Denver，USA，2016.

[5] 德·李普曼，恩·弗里塞. 伍德双压法制合成氨在沙特阿拉伯 SAFCO 日产 3300 吨合成氨厂首次应用[C]. 2004 年世界化肥生产技术大会，北京，2004.

[6] 沈浚，朱世勇，冯孝庭. 化肥工学丛书·合成氨[M]. 北京：化学工业出版社，2001.

[7] 大连工学院. 大型氨厂合成氨生产工艺(烃类蒸汽转化法)[M]. 北京：化学工业出版社，1984.

[8]《化工工艺系统设计》编委会. 化工工艺系统设计[M]. 北京：石油工业出版社，2013.

[9] 刘镜远，等. 合成气工艺技术与设计手册 [M]. 北京：中国石化出版社，2001.

[10] 钱家麟，等. 管式加热炉[M]. 北京：中国石化出版社，2007.

[11] CC Chen，Britt H I，Boston J F，et al. Two New Activity Coefficient Models for the Vapor-Liquid Equilibrium of Electrolyte Systems[M]. ACS. 1980.

[12] Samuel H，Maron，David Turnbull. Calculating Beattie-Bridgeman constants from critical data[J]. Industrial and Engineering Chemistry，1941(3)：408-410.

[13] Louis J，Gillespie，James A Beattie. The thermodynamic treatment of chemical equilibria in systems composed of real gases. Ⅲ. mass action effects. the optimum hydrogen：nitrogen ratio for ammonia formation in the haber equilibrium[J]. Physical Review，1930(12)：4239-4246.

[14] 于遵宏，朱炳辰，沈才大，等. 大型合成氨厂工艺过程分析[M]. 北京：中国石化出版社，1993.

[15] Nielsen A，Kjaer J，Hensen B. Rate equation and mechanism of ammonia synthesis at industrial conditions[J]. Journal of Catalysis，1964，3(1)：68-79.

[16] 孙兰义. 化工流程模拟实训-Aspen Plus 教程[M]. 北京：化学工业出版社，2012.

[17] 倪进方. 化工过程设计[M]. 北京：化学工业出版社，1999.
[18] 唐宏青. 化工模拟计算设计手册[M]. 西安：陕西人民出版社，2007.
[19] 李鹏. CFD 在石油工业方面的应用[J]. 科技创新与应用，2015(3)：79.
[20]《石油和化工工程设计工作手册》编委会. 石油和化工工程设计工作手册第十一册·化工装置工程设计[M]. 东营：中国石油大学出版社，2010.
[21] Georgios Vassiliadis，Alessandra Spaghetti. The importance of material selection in steam reforming[J]. Nitrogen+Syngas 2019 International Conference & Exhibition，2019：431-432.
[22] 化学工业部化肥司，化学工艺部第四设计院. 大型化肥装置基础资料汇编[M]. 武汉：《氮肥设计》编辑部，1993.
[23] 向德辉，刘惠云. 化肥催化剂实用手册[M]. 北京：化学工业出版社，1992.
[24] 古大田，方子风. 化工设备设计全书 废热锅炉 [M]. 北京：化学工业出版社，2002.
[25] 国家安全生产监督管理总局. 化工企业定量风险评价导则：AQ/T 3046—2013[S]. 北京：煤炭工业出版社，2013.
[26] 李影辉，余菲，李方伟，等. 节能型天然气一段转化催化剂放大研究[J]. 现代化工，2010，30(11)：83-85，87.

第三章 尿素生产技术

工业上尿素的生产是以二氧化碳和液氨为原料，在高温和高压条件下直接制备的。尿素生产技术发展的方向是闭路循环、能量综合利用、单系列和大机组，并不断提高产品质量，进一步降低成本，减少污染。本章主要介绍尿素生产原理、工艺流程及模拟应用、关键设备和防腐材料等方面内容。

第一节 尿素生产技术进展

尿素工业生产技术从全循环法到汽提法在持续改进，各专利商也在不断发展自己的专利技术。目前应用较广的主要有以荷兰斯塔米卡邦公司为代表的二氧化碳汽提工艺和以意大利司南普吉提公司为代表的氨汽提工艺，日本东洋公司的 ACES 工艺是在二氧化碳汽提工艺基础上发展而来的。现代尿素生产典型流程如图 3-1 所示[1]。

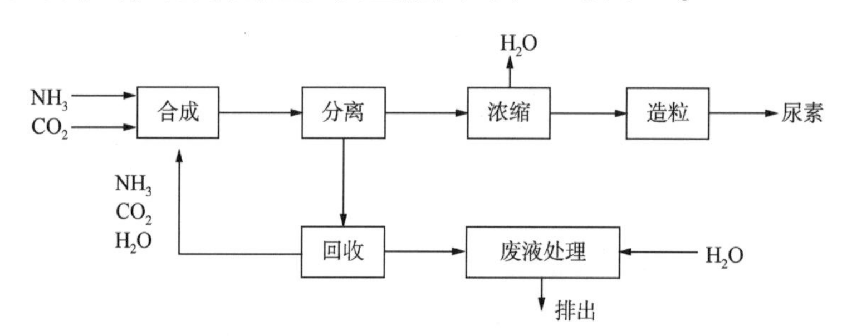

图 3-1 尿素工艺典型流程示意图

1. 二氧化碳汽提工艺

斯塔米卡邦公司(Stamicarbon. B. V)在 20 世纪 40 年代后期开始研究尿素生产工艺。早期尿素生产存在设备腐蚀严重的问题，斯塔米卡邦公司提出在二氧化碳原料气中加入少量氧气的方法，解决了尿素设备的腐蚀问题。

20 世纪 60 年代初，斯塔米卡邦与荷兰国营矿业公司研究中心一起开发了新的尿素工艺，即二氧化碳汽提法。从 1964 年建设成日产 20t 尿素的实验厂开始，到 1967 年第一套二氧化碳汽提法尿素工业装置正式投产。随后很多国家采用二氧化碳汽提工艺建设尿素工厂。

20 世纪 70~90 年代是二氧化碳汽提工艺发展的黄金时代，全世界采用该工艺的尿素装置有 100 多套。20 世纪末，斯塔米卡邦公司陆续推出了尿素 2000+™池式冷凝器技术和尿素 2000+™池式反应器技术，操作稳定性和弹性都有了很大改善。随后开发的 AVANCORE 技术，高压系统的设备和管道材料均采用 Safurex 新材料，这种双相钢材料有很强的抗腐蚀性能。据斯塔米卡邦公司介绍，生产中可以不加或少加防腐空气，这样可以取消脱氢装置和结构复杂的高压洗涤器，高压系统流程简单；同时合成塔布置在地面，框架高度可显著降低。近几年推出的 LAUNCH MELT^{TM}系列技术包括新型的工艺和池式冷凝器及池式反应器等设备。

与传统水溶液全循环工艺相比，二氧化碳汽提工艺的特点如下：

液氨和气体二氧化碳生成甲铵的放热反应是在高压甲铵冷凝器中进行的，可回收热量以副产蒸汽；甲铵脱水生成尿素的反应是在合成塔中进行的。由于甲铵生成热在池式冷凝器中已被导出，合成塔不需要加入过量氨来维持自热平衡。入合成塔物料的减少，使合成塔的容积得到充分利用。

二氧化碳汽提工艺使大量未反应的氨和二氧化碳实现了高压循环，降低了中、低压条件下的甲铵生成量。全厂蒸汽按压力分为若干个等级，并尽量利用各级冷凝液的闪蒸蒸汽。

二氧化碳汽提法是目前尿素装置较多采用的工艺技术。

2. 氨汽提工艺

意大利司南普吉提公司于 20 世纪 60 年代初开始尿素生产的研究。1966 年，其第一个以氨作为汽提剂的日产 70t 的尿素厂建成投产，即第一代氨汽提法。该工艺的设备采用框架式立体布置，液氨直接加入汽提塔底部。20 世纪 70 年代之后，司南普吉提公司改进了设计，设备改为平面布置，而且也不向汽提塔直接加入氨气，这就是所谓的自汽提工艺或称为第二代氨汽提工艺，是目前采用的方法。

司南普吉提氨汽提尿素工艺，是一种以氨为汽提剂的全循环汽提法。用含过量氨的合成塔出口溶液，在与合成塔相同的操作压力下，从蒸汽加热的降膜换热器(汽提塔)中，把二氧化碳汽提出来。汽提出来的二氧化碳和氨，在操作压力与合成塔相同的甲铵冷凝器中重新合成为氨基甲酸铵，而后再送回合成塔转化成尿素。

第二代氨汽提工艺的氨和二氧化碳在尿素高压系统中循环，对于任何组分都不必设泵加压。而在传统全循环法工艺中，氨和二氧化碳都是在降低压力时和尿液分离的，被水吸收变成甲铵液后，用泵加压返回合成塔。

在第二代氨汽提法工艺中，二氧化碳进料量的 85%左右在高压合成回路中循环。只有余下大约 15%的二氧化碳以甲铵液的形式用泵加压返回合成塔。这样就减少了向高压系统泵送氨和甲铵液所需动力。

由于甲铵冷凝器的操作温度很高，利用气相冷凝放出的热量副产蒸汽，以供流程中的许多单元设备使用，节省了外来蒸汽耗量。此外，返回尿素合成塔的甲铵液温度比传统流程中从低压系统来的物料温度高得多，从而减少了为把低温物流加热到合成塔操作温度所需的供热量。

整个尿素高压系统中存在的大量过量氨，可使高压系统腐蚀程度减轻，同时提高了转化率。由于氨过量大，钝化用氧气量可减小，从而减少空气加入量，惰性气体的浓度降低，惰性气体放空时带走的氨损失量减少，也避免了因存在过量氧而形成爆炸性混合气的问题。

由于高压回路的过量氨多，采用钛材料的汽提塔操作温度可以超过 200℃，使高压回路中的分解率比较高，停车时高压回路可以连续几天封塔保压。

采用以液氨作动力的甲铵喷射器，使甲铵液在高压回路中循环，因而主要设备可采用平面布置，节省基建投资，便于安装和设备维修。

3. ACES 工艺

日本东洋公司在20世纪80年代初与三井东压共同开发了ACES工艺。该工艺是在其改良C法基础上，结合CO_2汽提工艺加以改进而开发出的。第一个示范厂为韩国肥料厂，在原500t/d改良C法的基础上改造成600t/d ACES工艺，1983年5月投产。该工艺汽提塔和甲铵冷凝器选用双相钢，设有中压分解系统。该工艺的汽提塔和高压甲铵冷凝器曾经发生过列管爆裂事故，这在一定程度上影响了ACES工艺在世界上的竞争力。这也说明采用双相钢在材料轧制、设备制造和操作维修中都应十分谨慎。

ACES工艺采用了较低的合成压力。该工艺在合成塔内设置了筛板，避免了合成塔内的溶液返混，提高了二氧化碳转化率。合成塔内实现了高氨碳比的较低压力操作。由于合成塔内的二氧化碳转化率高，以及汽提塔的汽提效率高，甲铵液循环回合成系统的循环量比较低，减少了能耗。

汽提塔分为两段，上段为塔板，下段为降膜式加热器，通过塔板调节溶液NH_3/CO_2，以适应在下部降膜式蒸汽加热器中进行的二氧化碳汽提操作。同时，降膜管上的液体分布器和塔底的二氧化碳气体分布器均为特殊设计的结构，能适应于含有较多过剩氨、高转化率尿液的二氧化碳汽提，可以在较高的汽提压力下，获得较高的汽提效率。该工艺并联设置了两台甲铵冷凝器。一台甲铵冷凝器副产低压蒸汽用于后续工段中，另一台来自汽提塔的尿液直接同甲铵液进行热交换。除高压二氧化碳汽提外，部分二氧化碳从压缩机段间引出，在低压分解工段进行低压汽提，然后以溶液的形式返回合成塔，这样既可提高低压分解效率，也可节省压缩功。

我国的尿素工业自20世纪70年代以来飞速发展，已经建成的大中小装置有300多套，尿素产量已居世界第一位。我国的工程公司和尿素生产企业在长期的工程技术和生产经验积累基础上，创造性地进行了很多技术改进和提升工作。以寰球工程公司为代表的中国石油各相关单位在经验积累和技术创新的基础上，开发出自主的系列尿素技术，并已成功应用于国内外的尿素装置。

第二节　尿素生产工艺技术

尿素生产工艺流程通常由合成、循环回收、最终加工工序组成。在合成工序，液氨和二氧化碳反应生成尿素，二氧化碳转化率为50%~75%；在循环回收工序，未转化为尿素的氨和二氧化碳从溶液中分离出来，并返回合成工序；最后，70%~75%的尿素溶液经浓缩加工为固体产品，称为最终加工工序。各工艺技术在具体流程、工艺条件、设备结构等方面有所不同。

结合几十年的技术积累和工程经验，中国石油充分总结国内外大型尿素工艺技术和设备材料的独特性和优缺点，以集合创新为主，通过吸收再创新，成功开发了80×10^4t/a尿素装置工艺技术，对CO_2汽提工艺系统及高压系统关键设备进行了优化。主要技术经济指标达到国际同类装置的先进水平，尿素合成塔、汽提塔、高压甲铵冷凝器、高压洗涤器、高压喷射器、二氧化碳压缩机、高压氨泵、高压甲铵泵等尿素装置关键设备全部实现国产化。

一、尿素生产原理

1. 尿素合成

尿素的工业生产是以氨和二氧化碳为原料，在高温和高压下进行化学反应[1-2]：

$$2NH_3+CO_2 = NH_2CONH_2+H_2O$$

反应分两步，首先是 NH_3 和 CO_2 混合物形成液相，并大部分以氨基甲酸铵形式存在，其次，氨基甲酸铵再脱水成为尿素。气态 NH_3 和 CO_2 形成液态的氨基甲酸铵是一个多相且大量放热的反应：

$$2NH_3(\text{气})+CO_2(\text{气}) = NH_2COONH_4(\text{液})$$

$$\Delta H=-100.5\text{kJ/mol}$$

$$(p=14.0\text{MPa},\ t=167℃)$$

氨基甲酸铵的脱水是在液相进行的吸热反应：

$$NH_2COONH_4(\text{液}) = NH_2CONH_2(\text{液})+H_2O(\text{液})$$

$$\Delta H=+27.6\text{kJ/mol}\quad (t=180℃)$$

反应在较高温度(140℃以上)下速率较快，具有工业生产意义。由于反应物的易挥发性，且尿素反应必须在液相中进行，所以在较高的反应温度下必须加压。工业生产的条件范围是160~200℃，10~20MPa。

氨和二氧化碳反应生成氨基甲酸铵与氨基甲酸铵脱水生成尿素，这两个反应都是可逆反应。二氧化碳可完全转化为氨基甲酸氨，但氨基甲酸铵转化为尿素的转化率只有50%~75%。

尿素生产过程涉及的独立反应有两个，系统存在5种不同的物质，即 NH_3、CO_2、H_2O、NH_2CONH_2、NH_4COONH_2。根据相律：

$$F=C-P+2 \tag{3-1}$$

组分数 C 等于所有不同的物种数减去独立的反应数，本系统的组分数为5-2=3；

在生产反应条件下存在气、液两相，本系统的相数 $P=2$，因此本系统的自由度 $F=3$，为完全确定物系所处的状态，需要确定三个独立变量。

通常以原始氨碳比和水碳比及温度这三者作为独立变量。所谓氨碳比和水碳比，是将原始配料折算为 NH_3、CO_2 和 H_2O 三种物质，得到 NH_3/CO_2 和 H_2O/CO_2 这两个配料比，以mol/mol计。

1948年，Frejacques[3]最早对尿素反应平衡应用热力学理论进行分析，并将结果整理成算图形式，可以方便地由给定的温度、氨碳比、水碳比查得二氧化碳转化率，Mavrovie[4]发表了经过修改的计算平衡转化率的算图，所依据的实验数据有所更新，所得的平衡转化率的精确度相对有所提高。

Durisch 等[5]提出了完整的热力学模型，与液相处于平衡的气相含有 NH_3、CO_2、H_2O 等。

在尿素合成的高温高压条件下，尿素转入气相的数量不可忽略。在气相中有氰酸生成，在液相中有缩二脲生成。Irazoqhi 等人[6]建立了更为严格的热力学模型，用活度代替浓度，逸度代替分压，并考虑了溶液中存在的离子平衡，其结果较符合实际。

直接将实验数据回归而得到的经验公式，应用起来较为方便，实用价值也很大。计算CO_2平衡转化率的公式主要有[1]：

上海化工研究院(1979 年)：

$$X_{CO_2}=14.87a-1.332a^2+20.7ab-1.83a^2b+167.6b-1.217bt+5.908t-0.01375t^2-591.1 \quad (3-2)$$

苏联公式(1980 年)：

$$X_{CO_2}=94.31a-139.9a^{0.5}-4.284a^2-26.09b+2.664ab+1.54t-0.09346at-1.059\times10^{-5}t^3-97.82 \quad (3-3)$$

式中 X_{CO_2}——CO_2 平衡转化率，%；

a——NH_3/CO_2；

b——H_2O/CO_2；

t——温度，℃。

2. 未反应物的分离与回收

在尿素合成过程中，由于尿素反应化学平衡的限制，进入合成塔的原料不可能全部转化为尿素。在尿素合成塔排出物料中除含有尿素和水以外，还有未反应的氨和二氧化碳以游离氨、游离二氧化碳及氨基甲酸铵的形态存在于尿素溶液中。这部分物质需要和尿素分离，作为原料重新循环使用[1-2]。

1）未反应物的减压、加热分离

甲铵分解反应是一个吸热、体积增大的可逆反应。升高温度和降低压力有利于甲铵分解为气相 NH_3和 CO_2。实际上的甲铵分解反应包括液相甲铵分解为液相氨和二氧化碳的化学反应，以及溶解于液相的氨和二氧化碳解吸为气相的物理过程。对于尿素合成液，是一个含有尿素、水、未转化的甲铵和过剩氨的复杂多组分溶液。每一组分的尿素甲铵溶液都存在一个离解压力和相应的离解温度。为使甲铵液离解有两种方法：一是定压下升高该物系的温度，使其高于离解温度；二是定温下降低压力，使操作压力低于离解压力。

回收未反应的 NH_3和 CO_2，通过减压、加热，从尿素溶液分离出来，然后再冷凝成液相通过泵返回到尿素高压系统。

溶解于液体中的 NH_3 和 CO_2，其溶解度随压力的增加而增加，随温度的升高而减小。所以，减压、加热有利于物质从液相转变为气相。由于 NH_3和 CO_2的共同存在，液体中的 NH_3和 CO_2除了游离形式，还可结合成为各种化合物而溶解于液体中，如$(NH_4)_2CO_3$、NH_4HCO_3、NH_4COONH_2等。但是这些化合物都很不稳定，当降压或者升温时，即以 NH_3和CO_2形式逸出。

减压和加热这两个手段要同时采用。单独减压而不加热，仍会有相当多的 NH_3和 CO_2

保留在液相；如果单独加热而不减压，则为使 NH_3 和 CO_2 全部逸出，其温度将会远超允许操作范围。

2）汽提回收

汽提分解原理是基于一种气体通过尿素反应物后，降低溶液平衡气相中氨或二氧化碳的分压，从而促使甲铵分解。

根据传质过程的基本原理，某一组分从互相接触的两相中的一相转入另一相的必要条件是存在着传质推动力。当组分 i 从液相转入气相，传质速度可以由下式求得：

$$N_i = KF(p_i^* - p_i) \tag{3-4}$$

式中 N_i——单位时间内组分 i 的汽提量；

F——传质面积(气液接触面积)；

p_i^*——液相中组分 i 的平衡分压；

p_i——气相中组分 i 的分压；

K——传质系数。

平衡分压 p_i 的大小与溶液中组分 i 的浓度有关，可以用亨利定律表示：

$$p_i^* = H_i C_i \tag{3-5}$$

式中 C_i——组分 i 在溶液中的浓度；

H_i——组分 i 的亨利系数，一般随温度的升高而增加。

p_i^* 是液相性质的函数，一般说来组分 i 的浓度越高，温度越高，则 p_i^* 越高。

用 CO_2 或 NH_3 单独汽提尿素合成液均可以促使溶液中的甲铵分解为气相。

高压下，由于 CO_2 在尿液中的溶解度远小于氨的溶解度，因而当用 CO_2 作为汽提剂时，其汽提效率明显优于 NH_3 汽提剂。

理论上，汽提方法可在任何压力任何温度下进行，但是由于过程的复杂性，只能在溶液沸点温度(甲铵液离解温度)或高于沸点温度下进行，汽提效率也不可能达到极限；若在低于沸点的温度下操作，会形成汽提逆过程。

减压加热法普遍应用在中低压回收系统中，而在高压系统中汽提是理想的高效分解方法。

3）分离与回收压力

减压加热有利于尿素合成液中甲铵分解和过剩氨的蒸出，将尿素合成液从合成压力直接减压至常压，可在不太高的温度下将未反应物中的 NH_3 和 CO_2 几乎全部从液相中分离为气相。但是使回收物以溶液形态返回的先决条件是回收系统点必须处于溶液区。压力越低相应的结晶区域越大，这就意味着压力越低，返回溶液的水含量也越多。

对于尿素合成液，将其直接减压到常压，则处于结晶区；加水至溶液态，当将此溶液返回合成工序后，会使合成进料水碳比与正常循环返回时水碳比相差很大，此时合成转化率将大幅下降，全流程不能正常运行。

回收溶液的水含量过多是不能只用一次减压实现全循环的主要问题，同时可以看出尿素工艺中的水平衡是回收的关键所在。

在相同水碳比条件下，高氨溶液中由于大量氨的存在，溶液具有沸点温度低和距离熔点近的特点。为了安全稳定地操作，避免造成结晶，必须加入较多的水，形成高水碳比循环返回液，从而使转化率下降，影响全系统的正常运行。

在 NH_3—CO_2—H_2O 三元等压相图[7]中存在一个回收工序的最佳区域，该区域具有水含量少，冷凝温度高、溶液沸点温度距共溶点温度大的特点，此区域称为适宜操作区，欲使回收溶液进入适宜操作区，只有除去原溶液中大量过剩氨才能实现。因而早期传统法尿素工艺为了实现低水碳比运行，需要解决的关键技术之一是过剩氨回收技术，也是现行的先进尿素流程的基础之一。

在尿素生产流程的中压部分设置过剩氨回收装置，将分解气中过剩氨分离出来，生成的溶液进入适宜操作区，而分离出的气相氨使其冷凝成液氨后循环使用。最低的中压回收段压力的确定受氨冷器的冷却水温度所控制。因为要使气氨冷凝成液氨，对于单组分的氨来说，在气液平衡下，系统自由度为 1，氨冷凝温度确定后，冷凝压力也就确定了。在尿素生产中，一般采用水为冷却介质，冷却水温度常规取 30℃，若氨冷器中物料与冷却介质温差为 10℃，则气氨若在 40℃下进行冷凝，系统压力应高于 40℃时液氨的饱和蒸气压 1.55MPa，再考虑惰性气体分压以及分解回收的压力降等因素，所以中压分解段的最低压力一般选用 1.77MPa，不论传统法或汽提法，中压系统最低压力都在 1.77MPa 左右。

低压段压力选择也主要受水平衡制约，低压回收溶液的水含量取决于全系统的水平衡。选择的回收物料系统点应位于溶液区，但又不太偏离结晶区，以免含水量太大；为了防止结晶，选择的低压甲铵液的沸点温度应高于熔点温度 10~20℃。低压系统压力一般取 0.29~0.39MPa。

3. *尿素溶液的蒸发*

不同的造粒方法对尿素溶液蒸发的最终浓度要求是不同的，塔式造粒对浓度的要求为 99.7%~99.8%(质量分数)，流化床造粒对浓度的要求为 96%~97%(质量分数)。在蒸发过程中为了减少副反应的生成，要求蒸发温度尽可能的低。通常采用真空蒸发工艺[1-2]。

尿素合成反应物经过分解、分离及回收后，得到的尿素溶液的浓度大约在 75%左右，其中氨和二氧化碳的总含量小于 1.0%(质量分数)，采用蒸发浓缩尿素溶液的方法提高尿素溶液的浓度。

图 3-2 是尿素饱和溶液曲线[8]，曲线下方区域是过饱和区，含有汽、液、固三相，曲线上方是不饱和区，含有汽、液两相；斜直线是尿素等浓度线。

从图 3-2 中可以看到，低于 26.66kPa 的等压线与饱和曲线相交于两点，右边的交点叫作第一沸点，左边的交点叫作第二沸点，两个沸点之间的弓形区是三相区，此区域内的尿素溶液会有固体结晶，使蒸发过程无法正常进行。

当等压线与尿素溶液饱和曲线相切于一点 K 时，该状态为压力 26.66kPa，温度 105℃，不饱和溶液区尿素溶液浓度 90.2%(质量分数)。经过 K 点的浓度线把图分为两部分，在该线的右方是低浓度区，饱和溶液沸点是随着压力的升高而上升，因此在此区域内进行蒸发操作时，蒸发压力应控制在高于 26.66kPa，以免经过第一沸点进入过饱和区而出现固体尿素；K 点浓度的左方是高浓度区，饱和溶液沸点随着压力的减小而下降，因此在此区域内进行蒸发操作时，应当把压力控制在低于 26.66kPa 条件下。

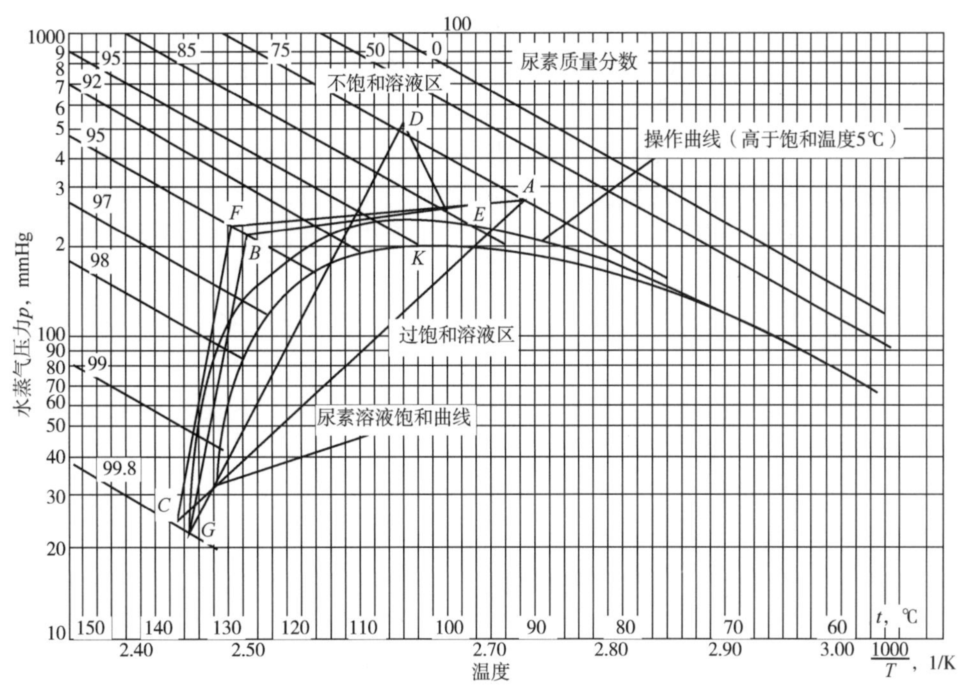

图 3-2 Ur-H_2O 平衡相图(压力—温度—浓度关系)

1mmHg=133.32Pa；t—摄氏温度；T—热力学温度

由于进入真空蒸发的物系尿素含量小于90.3%，所以蒸发的起始工艺条件是溶液状态的操作压力必须高于26.66kPa，才不会出现尿素结晶现象。在高于26.66kPa的压力下操作，若想得到大于98%的尿素浓度，温度则将高于155℃，在此高温下，尿素的副反应速率将急剧增加。

因此，对于尿液浓度需要比较高的情况，蒸发必须分两段进行，第一段尿素浓度控制在95%~96%(质量分数)，压力高于26.66kPa，第二段浓度控制在大于98%(质量分数)，压力在26.66kPa以下。

二、尿素工艺条件选择

氨和二氧化碳合成尿素的过程在160~220℃和10.0~25.0MPa的高温高压条件下进行。在反应系统中，气液相平衡与化学平衡同时存在。

影响气液相平衡的因素有系统温度、压力、气相和液相中的组分浓度；因生成尿素的反应是在液相中进行的，所以影响化学平衡的因素有温度、压力、反应时间和在液相中的组分浓度(或液相中反应物的配料比)。

综合气液相平衡和化学平衡的影响因素，影响尿素总反应式反应平衡的因素有：温度、氨碳比、水碳比、压力、反应停留时间和原料纯度。

1. 温度

CO_2转化率一般随温度升高而增大，达到最大值后，又随温度上升而下降。转化率最高值的温度在190~200℃。这是因为在190℃以下时，尽管升温对NH_3与CO_2生成甲铵的放热反应平衡不利，但因其反应速率很快，几乎全部CO_2都转化成甲铵，而甲铵脱水是反应速率比较慢的吸热反应，因此在操作中提高反应温度有利于提高尿素生成的转化率。当温度大于190℃后，NH_3与CO_2生成甲铵的放热反应逆向进行的趋势将增大，随着温度的升高，甲铵的离解趋势增大，从而降低尿素的生成量。

温度的提高同时也需考虑不利的影响，因为反应需要在液相中进行，系统压力应高于其饱和蒸气压。系统压力随反应温度的提高而增加，同时也会增加CO_2压缩机和液氨泵的功耗，提高了对高压设备设计强度的要求。工业生产中，受设备材质耐腐蚀温度的限制，合成塔内的反应温度一般不超190℃。

中国石油尿素生产工艺选择的操作温度为183~185℃。

2. 氨碳比(NH_3/CO_2)

过剩氨的存在可以抑制尿素生成缩二脲和尿素的水解，可以控制尿素合成塔的自热平衡和维持最合适的反应温度。

提高NH_3/CO_2能提高CO_2转化率。在通常的工艺条件下，NH_3/CO_2每增加0.1，转化率提高0.5%~1.0%。实验表明，当NH_3/CO_2增大到5.63后，平衡转化率反而开始下降。

过剩氨虽然可以提高二氧化碳的转化率，但也增加了循环回收等后继工序的负荷。提高氨碳比，物系的饱和蒸气压也会提高，因此需提高合成的操作压力才能保证物系处于液态。

综合考虑能耗和对未反应物的回收等因素，中国石油尿素生产工艺选择的氨碳比为3.0~3.3(物质的量比)。

3. 水碳比(H_2O/CO_2)

水碳比是指进合成塔物料中水与CO_2的物质的量比。水是尿素合成反应的产物，因此，提高水碳比将使CO_2平衡转化率下降，H_2O/CO_2增加0.1，CO_2转化率则下降1.5%~2%。

在尿素生产工艺中，都有一定量的水随同回收未反应的氨和CO_2返回尿素合成系统，使CO_2转化率有所下降，所以，应尽量降低返回系统的水量。

中国石油尿素生产工艺选择的水碳比(物质的量比)为0.45~0.6。

4. 压力

尿素要在液相下生成，但高温下甲铵易分解成NH_3和CO_2，会引起转化率的下降。为了保持液态甲铵在高温下的稳定性，获得较高的尿素合成转化率，在工业生产中，尿素合成的操作压力一般应大于操作温度下与液态甲铵平衡的蒸气压(即在此温度下甲铵的离解压力)。而平衡蒸气压随进料组成(氨碳比和水碳比)、温度的不同以及其他操作条件的变动而发生改变。因此，压力并非是一个独立的变量，它依赖于上述诸因素而定。当氨碳比一定时，甲铵的平衡压力随温度的升高而增加，当温度一定时，平衡压力与进料组成(氨碳比)有关，并且在每一个温度下都有一个最低平衡压力。随着温度升高，最低平衡压力也相应提高，而且向氨碳比增加的方向移动。

中国石油尿素生产工艺的操作压力为14.1~14.5MPa。

5. 反应停留时间

反应时间就是反应物料在合成塔内的停留时间。停留时间越长，实际转化率越接近平衡转化率。尿素合成反应最少需要35~45min才能接近平衡，温度越低，达到平衡转化率所需的反应停留时间越长。如反应时间小于35min，则转化率明显降低。

当 NH_3/CO_2较低时，由于副反应的发生，反应时间过长，转化率反而有所下降。

6. 原料纯度

原料液氨的纯度一般不低于99.8%(质量分数)，含有少量的溶解气体(N_2、H_2等)。原料二氧化碳来自合成氨装置脱碳工序，一般不低于98.5%(体积分数)(干基)，含有微量的N_2、H_2O、CH_4、Ar、CO等气体。这些气体的存在除了增加二氧化碳压缩机的负荷外，最终还将会作为惰气排出，并将带出部分NH_3和CO_2，不利于合成反应的进行，降低了转化率。

三、尿素工艺流程说明

中国石油二氧化碳汽提尿素生产工艺主要包括：二氧化碳压缩和脱氢、液氨升压、高压合成和汽提、低压分解回收、真空蒸发和造粒、尿素粉尘回收、工艺冷凝液处理等工序，工艺流程示意图如图3-3所示。

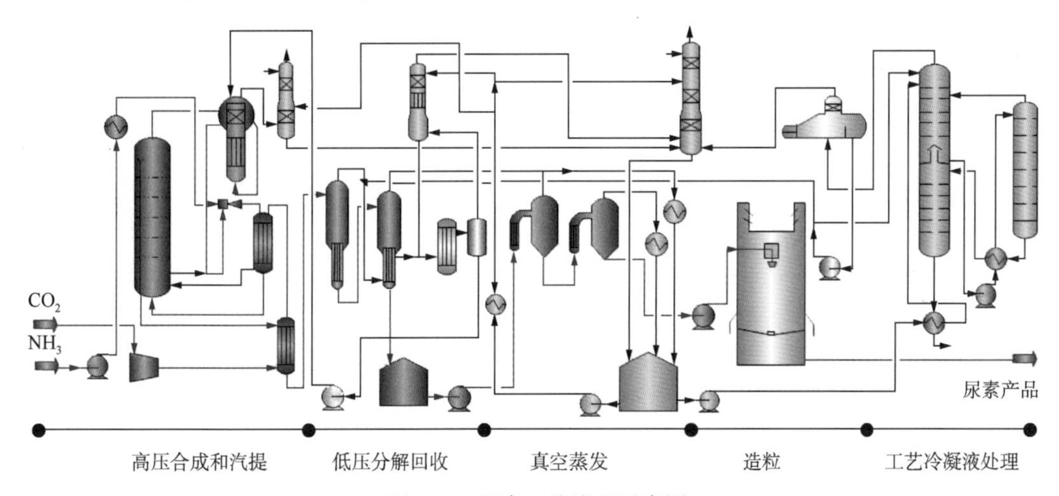

图3-3 尿素工艺流程示意图

1. 二氧化碳压缩和脱氢

从合成氨装置来的二氧化碳气体，经过二氧化碳液滴分离罐与工厂空气管网来的一定量的空气混合，一起进入二氧化碳压缩机。在二氧化碳压缩机二段进口对二氧化碳气中的含氧量自动检测。

二氧化碳在进入汽提塔之前要经过脱氢处理。脱氢的目的是防止高压洗涤器排出气发生爆炸。脱氢反应器内装有铂系催化剂，在脱氢反应器中H_2被选择性氧化为H_2O。脱氢后二氧化碳含氢及其他可燃气体的量小于0.005%。

二氧化碳压缩机是单列汽轮机驱动的双缸四段离心式压缩机，带有中间冷凝器和分离器。汽轮机的转速由速度控制器控制并自动调节，以适应尿素的生产负荷。多余的二氧化碳由放空管放空，进入二氧化碳压缩机的气量，应超过压缩机的喘振点。为使进口气量小于喘振气量时也不发生故障，设有自动防喘振系统。

2. 液氨升压

液氨来自合成氨装置，压力约为2.5MPa。经氨过滤器滤去杂质后进入高压氨泵的入口。高压氨泵的入口设有液氨缓冲罐。液氨经高压液氨泵加压到 18MPa 后，送入高压喷射器，作为甲铵喷射器的驱动流体，利用其过量压头，将高压洗涤器来的甲铵液带入甲铵冷凝器。液氨流量的调节可以维持正常生产时的 NH_3/CO_2(物质的量比)。

3. 高压合成和汽提

合成塔、汽提塔、高压冷凝器和高压洗涤器这四台设备组成高压系统。这是二氧化碳汽提法的核心部分。高压设备的操作条件是统一考虑的，以期达到尿素的最大产率和最大限度地热量回收副产蒸汽。

从甲铵冷凝器导出的液体甲铵和少量未冷凝的氨和二氧化碳，分别用两条管线送入合成塔底。液相加气相物料总 NH_3/CO_2(物质的量比)为 3.1，温度为 167~176℃。

合成塔内设有筛板，形成类似几个串联的反应器，塔板的作用是防止物料在塔内返混，保证停留时间均匀，提高转化率。二氧化碳转化率可达 58%，相当于平衡转化率的 90%以上。

尿素合成反应液从塔底升到正常液位，温度上升到 183~185℃，经塔内溢流管从下出口排出，通过液位控制阀进入汽提塔上部，再由塔内液体分配器均匀地分配到每根汽提管中，沿管壁形成液膜下降。液体的均匀分配以及在内壁成膜是非常重要的，否则汽提管会被腐蚀。由塔下部导入的二氧化碳气体，在管内与合成反应液逆流接触。管间以蒸汽加热，反应液中过剩氨及未转化的甲铵将被汽提蒸出和分解，从塔顶排出。尿液及少量未分解的甲铵从塔底排出。氨蒸出率约 85%，甲铵分解率约 75%。

从汽提塔顶部排出 180~182℃的气体，与高压喷射器出来的甲铵液一起进入甲铵冷凝器顶部。甲铵冷凝器是一个管壳式换热器。物料走管内，壳程副产蒸汽，根据副产蒸汽压力高低，可以调节氨和二氧化碳的冷凝程度。但要保留一部分气体在尿素合成塔内冷凝，以提供尿素合成塔内甲铵转化为尿素所需热量，从而达到自热平衡。所以把控制副产蒸汽压力作为控制合成塔温度、压力的条件之一。

为了使进入甲铵冷凝器上部的气、液相得到充分混合，增加接触时间，在甲铵冷凝器上部设有一个液体分布器。

从尿素合成塔顶排出的气体，温度为 183~185℃，进入高压洗涤器。在这里气体中的氨和二氧化碳被甲铵液冷凝吸收，然后经甲铵冷凝器再返回合成塔。未冷凝气体主要是惰性气体，含有少量的氨，自高压洗涤器排出，减压后进入第一吸收塔，进一步被来自第一吸收塔给料泵的工艺冷凝液和蒸汽冷凝液洗涤吸收，洗涤后的气体排入排放筒，液体送到第二吸收塔。

高压洗涤器分为三个部分：上部为预防爆炸的空腔；中部为鼓泡吸收段；下部为管式浸没式冷凝段。从尿素合成塔来的气体，先进入上部空腔，然后导入下部浸没式冷凝段，与从中心管流下的甲铵液在底部混合，在列管内并流上升并进行吸收。吸收过程是生成甲铵的放热反应，反应热由管间冷却水带走。管间冷却水从 130℃升到 140℃，140℃的水在氨预热器中放热，并由高压洗涤器循环水冷却器调节到 130℃，经高压洗涤器循环水泵循环使用。在下部浸没式冷凝段未能冷凝的气体，进到中部的鼓泡段。经鼓泡吸收后的气体，含有少量的氨和二氧化碳送往第一吸收塔。

从高压洗涤器中部溢流出的甲铵液，其压力与合成塔顶部的压力相等。用高压喷射器将其引入较高压力的甲铵冷凝器(约高出 0.3MPa)。来自高压氨泵的液氨，压力约为 18MPa，进入高压喷射器，将高压洗涤器来的甲铵升压，一起进入甲铵冷凝器的顶部。高压喷射器设在与尿素合成塔底部相同的标高。从尿素合成塔底引出一股合成反应液，与高压洗涤器的甲铵液混合，然后一起进入高压喷射器。引出这股合成反应液的目的，首先为了保证经常有足够的液体来满足高压喷射器的吸入要求，不必为高压洗涤器设置复杂的流量或液位控制系统；其次，尿素合成塔引出的合成反应液含有一定量的尿素，可使高压冷凝器中的液体沸点得到提高，对副产蒸汽有利。

从合成塔至高压洗涤器的管道，除设有安全阀外，还装有分析取样阀。通过对气相的分析，测得气相中氨、二氧化碳和惰性气体含量，从而判断合成塔的操作是否正常。

高压系统的主要参数均指示在控制室。由操作人员根据各参数变化的情况，加以全面考虑和分析，进行适当的调整。必要时分析合成塔上部气相组分，判断合成塔内的操作是否正常来调节有关参数。

为了保护设备的安全，高压系统在必要位置设有安全阀及超压报警等。

4. 低压分解回收

来自汽提塔底部的尿素—甲铵溶液，经过汽提塔的液位控制阀减压到 0.45MPa，进入精馏塔，在降膜式低压分解器中，溶液中尚未分解的甲铵进一步分解，底部溶液中尿素浓度提高到 70%左右。

精馏塔和低压分解器组合在一起，在溶液进入低压分解器的管束之前，先在精馏塔中闪蒸，然后进入管束；下部管束为分解段，残余甲铵在此进行分解。这一反应所需热量由 0.44MPa 的蒸汽提供。在列管顶部设有液体分布器，使溶液在管的内壁形成均匀的液膜。底部出来的尿液温度约为 140℃，含氨量为 1%~2%(质量分数)，二氧化碳为 0.5%~1.0%(质量分数)。

从精馏塔顶部排出的含有氨和二氧化碳的气体，送往真空预浓缩器壳程，被回流泵送来的碳铵液(氨、二氧化碳、碳酸铵、碳酸氢铵等的混合液)部分吸收冷凝。这些吸收和冷凝的热量，被用来蒸发尿素溶液的水分，以节省蒸汽。真空预浓缩器壳侧的气液混合物，在低压甲铵冷凝器中最终冷凝，冷凝热用密闭循环冷却水移走。在低压甲铵冷凝器中，二氧化碳几乎全部被吸收。从低压甲铵冷凝器出来的气液混合物，进入低压碳铵分离罐进行气液分离。分离出的气相进入低压吸收塔的底部，鼓泡吸收后进入低压吸收塔冷却段，上升的气体冷却后进入低压吸收塔上部的填料段，与从顶部下来的洗涤液逆流接触后排出低压吸收塔进入第二吸收塔。低压吸收塔的液相自流至低压甲铵冷凝器。低压碳铵分离罐分离出的碳铵液经高压甲铵泵加压返回到高压洗涤器的顶部。

由低压分解器底部来的溶液，减压到 0.035MPa 进入降膜式真空预浓缩器，在此进一步提高尿液的浓度。此设备由两部分组成：上部为真空预浓缩分离器，下部为列管式真空预浓缩器。在上部进行闪蒸分离，气体被分离并送往真空系统冷凝；真空预浓缩分离器中的尿液浓度由约 70%上升到 80%左右。尿素溶液进入尿素溶液贮槽，再通过尿素溶液泵送往蒸发工段。

来自高压洗涤器减压后的气体，含有少量的氨和二氧化碳，进入第一吸收塔的底部，来自工艺冷凝液槽的工艺冷凝液经过第一吸收塔给料泵升压后进入第一吸收塔给料冷却器冷却，然后送入第一吸收塔中部，与底部进来的气体逆向接触，吸收其中的氨和二氧化碳，吸收后的气相继续上升和从顶部进入的蒸汽冷凝液逆流接触，进一步吸收，经过两次吸收后的气体通过放空筒排入大气。吸收下来的液体进入第二吸收塔底部。

来自低压吸收塔、回流冷凝器的气相以及来自真空系统的未冷凝气体进入第二吸收塔的底部，气体在上升过程中首先被自循环冷凝液吸收；然后再被来自工艺冷凝液槽的工艺冷凝液吸收，此工艺冷凝液经过第一吸收塔给料泵送至第二吸收塔；最后被从顶部进入的蒸汽冷凝液进一步吸收，吸收后的气体通过放空筒排入大气。第二吸收塔底部的液相经过第二吸收塔循环泵升压，通过第二吸收塔循环冷却器冷却后，进入第二吸收塔和底部上升的气相进一步循环吸收。另一部分液相则进入工艺冷凝液槽。

5. 真空蒸发和造粒

从真空预浓缩器出来的尿素溶液经过尿素溶液泵进入升膜式一段蒸发器的管侧，壳侧用0.44MPa、147℃的低压蒸汽加热。加热后进入一段蒸发分离器进行气液分离，压力控制在0.033MPa，气相被送到一段真空系统冷凝器中冷凝，此时尿液浓度约为95%(质量分数)，温度为130℃；自流进入升膜式二段蒸发器管侧，壳侧用0.80MPa、165℃的蒸汽加热，加热后迅速进入二段蒸发分离器进行气液分离，压力为0.0033MPa。气相被送到二段真空系统冷凝器中冷凝。液相尿液浓度在99.7%(质量分数)，温度控制在140℃，通过熔融尿素泵送入造粒塔顶部的造粒喷头进行造粒，二段蒸发分离器的液位由泵出口管线上的液位控制阀控制。造粒塔内，造粒喷头出来的尿素溶液液滴降落，与上升的空气逆流接触，空气通过自然的气流带走尿素溶液液滴的结晶热和冷却粒子，液滴凝固降落到底部，通过刮料机进入成品皮带，造粒喷头的转速和喷头小孔直径控制粒子的大小。

造粒塔顶部的粉尘，由尿素粉尘回收系统回收。保证造粒塔顶部排放的废气达到国家环保标准。

6. 尿素粉尘回收

造粒塔粉尘回收采用了三段吸收、三段分离工艺。

尿素造粒塔内的含粉尘气体，在出风口处通过液体吸收装置后上升，与下降的循环吸收液(喷头压力0.25MPa)充分接触后至一级分离段，液体下降进入收集槽。

经一、二级错流雾化喷射吸收的气体进入二级分离段，通过大通道低阻力分离装置后进入三级低阻力分离装置，进一步分离含尿素粉尘吸收液及上升气体。经三次分离除去夹带的液滴，避免吸收液滴带出塔外。

尿素粉尘回收装置的循环吸收液来自解吸废液，循环蒸发会造成液体损失，解吸废液作为吸收液需要不断补充到粉尘回收系统。解吸废液进入解吸废液槽，经废液泵加压至1.4MPa，自造粒塔顶喷射洗涤喷头加入分离装置和循环槽。循环泵将循环液加压至0.50MPa，进入吸收雾化喷头，喷头压力0.2~0.25MPa，尿素浓度达10%的循环液定期排入尿素溶液槽予以回收。

在循环吸收过程中，由于尿素溶解吸热和塔顶冷空气的作用，循环吸收液温度不断下降，循环液调温加热器控制温度稳定在30~40℃，避免引起结晶。调温加热器可设在循环槽内，加热源采用尿素系统低压蒸汽。

7. 工艺冷凝液处理

工艺冷凝液槽分为A室和B室两部分，各室下部有孔连通，槽内各室液位相同但不完全相混。真空预浓缩器的气相和一段分离器的气相在一段真空系统冷凝器中冷凝，大部分气体被冷凝下来进入工艺冷凝液槽的 B 室，未凝气被蒸发喷射器抽取送至常压吸收塔进行洗涤回收。二段分离器的气相通过喷射器送入二段真空系统冷凝器中，大部分气体被冷凝下来进入工艺冷凝液槽的 A 室，没有冷凝的气相被蒸发喷射器抽送至常压吸收塔进行洗涤回收。在真空系统冷凝器中所有的冷凝热被冷却水移走。

解吸塔分为两部分，上段称为第一解吸塔，下段称为第二解吸塔。

收集在工艺冷凝液槽中 B 室的工艺冷凝液被解吸塔给料泵输送到第一解吸塔中，在进第一解吸塔前，进料与第二解吸塔的底部排出液经过解吸塔换热器换热，温度上升到 115℃。在第一解吸塔内大部分 NH_3和 CO_2被从第二解吸塔、水解塔来的气相汽提。沿塔向下流时，工艺冷凝液与从第二解吸塔和水解塔来的向上的气相换热，温度上升，结果使液相中的 NH_3和 CO_2被汽提出来。离开第一解吸塔的气相进入回流冷凝器中冷凝。冷凝后气相减压后送去第二吸收塔，液相经回流泵送出，一部分回流至第一解吸塔顶部，用于控制第一解吸塔顶部的温度，一部分送至真空预浓缩器壳侧。

经过解吸后的来自第一解吸塔底部溶液，经过水解给料泵升压后，在水解塔换热器中与来自水解塔底部的液相换热，进入水解塔顶部，水解塔底部加入 2.5MPa、325℃过热蒸汽，顶部气相进入第一解吸塔；水解塔底部的液相经过水解塔换热器换热后进入第二解吸塔的顶部，液体在往下流的过程中被来自底部的 0.44MPa、147℃的蒸汽汽提，气相通过升气帽进入第一解吸塔，解吸废水经过解吸塔换热器和废水冷却器冷却后，通过解吸废水泵送出界区。出第二解吸塔解吸的液体中，氨和尿素的含量小于 5mg/kg。

第三节 尿素工艺流程模拟与应用

过程模拟技术虽然已经广泛应用于化工过程，包括研究开发、设计、生产操作的控制与优化，但在尿素领域还很少，尤其是全流程的模拟计算。因为尿素工艺中涉及的物质甲铵是一种分解性化合物，在文献资料中，均没有甲铵这一物质的物性，这限制了流程模拟在尿素工艺中的应用。中国石油的尿素技术突破这个限制条件，将全流程的模拟计算应用到设计和生产中，在国内的尿素行业中起到引领和示范作用。

在中国石油大型氮肥技术的研发过程中，完成了二氧化碳汽提尿素工艺流程的计算，并以此为基础，形成了独立自主的工艺技术，指导完成设计，并成功建成装置投产运行。

中国石油也将流程模拟应用到某化肥厂尿素装置的生产优化，根据操作条件的模拟优化计算结果，进行了尿素装置的优化操作条件的工业实验，取得较好的应用效果。

一、中国石油尿素工艺流程模拟计算

1. 尿素工艺计算简介

由于 Aspen Plus 软件的基础物性数据相对比较丰富，热力学方法选择相对灵活，模拟计算方便快捷，下面采用 Aspen Plus 作为模拟计算的过程介绍。

采用 Aspen Plus 模拟 80×10^4t/a 二氧化碳汽提尿素工艺，将整个流程分为高压系统、低

压、蒸发造粒和造粒四个部分进行模拟计算：

(1) 利用基团贡献法，对尿素工艺中的物性进行了研究，对氨基甲酸铵进行了物性估算，建立了一套完整的尿素工艺基础物性数据。

(2) 对尿素体系进行了分析研究，通过比较计算，选取了 SR-POLAR 作为尿素工艺模拟的热力学模型。

(3) 通过对于尿素合成反应的系统分析，进行了独立反应分析，确定了独立反应方程数，建立了尿素合成反应网络。

(4) 对尿素合成反应进行了深入研究，探讨了温度、压力、氨碳比等影响因素对于氨基甲酸铵和尿素生成的影响。

(5) 建立了尿素合成反应器、换热器、闪蒸罐、精馏塔等设备的数学模型。

(6) 分别对尿素工艺各个工序进行了分析研究，并建立了数学模型，实现了整个尿素工艺的全流程模拟。

(7) 确定了以序贯模块法作为全流程求解策略，通过对高压系统工艺分析研究，实现了高压系统循环流程的模拟计算。

2. 基础物性

1) 组分确定

尿素工艺计算中涉及的物质有：氨、二氧化碳、尿素、水、甲铵、氮气、氧气等。但在以往物料平衡表中，均没有甲铵这一物质。为了给工程计算提供计算基础，同时也方便尿素工艺定性和定量的研究，在研究中加入甲铵组分。在组分体系中，除甲铵以外，其余物质均为已知常见物质，所以这些物质的物性均采用软件数据库自带物性，采取基团贡献方法对甲铵物性进行估算。

2) 物性估算

1925 年，Langmuir 第一次比较明确地提出了基团贡献(Group Contribution)概念，假定同一种基团在不同的溶液环境中所做的贡献完全相同，即基团贡献的大小只取决于每种基团本身的特性而与其他基团的存在无关。由此假定出发，任何纯物质或混合物的性质可视为构成其所有基团对此性质贡献的加和而用叠加的方法来确定，这就是基团贡献加和性规则，也是基团贡献法关联、预测流体物性的基础。实践证明，它不仅能够成功地预测纯物质的多种性质，如临界性质、饱和蒸气压、密度、黏度、表面张力和热容等，也能在预测液相活度系数、气—液平衡、液—液平衡、超额焓等诸多方面取得满意结果，基团贡献法在为化工设计提供物性数据方面发挥着重要的作用。

由 Lydersen(1995)提出的用于估算临界性质的方法是早期最成功的基团贡献法之一。从那时起相继出现了 Joback(1984，1987)法、Constantinou-Gani(1994)法、Ambrose(1978)法、Marrero-Pardillo(1999)法等物性估算方法。

Joback 法对于大量的常见物质进行了估算，平均绝对偏差为 2.118%。因此研究采用 Joback 方法计算甲铵的基础物性。

正常沸点的估算：

$$T_b = 198 + \sum N_k(t_{bk}) \tag{3-6}$$

式中　T_b——1atm、298.15K 下的正常沸点，K；

t_{bk}——各项贡献值。

临界性质的估算：

临界温度 T_c、临界压力 p_c 和临界体积 V_c 是 3 个十分重要的物性参数，他们被广泛地用于对比态关联式中来求解气体和液体的体积性质和热力学性质。

对于 T_c 有：

$$T_c = T_b\left\{0.584+0.965\left[\sum_k N_k(t_{ck})\right]-\left[\sum_k N_k(t_{ck})\right]^2\right\}^{-1} \tag{3-7}$$

对于 p_c 有：

$$p_c = \left[0.113 + 0.0032N_{atoms} - \sum_k N_k(p_{ck})\right]^{-2} \tag{3-8}$$

对于 V_c 有：

$$V_c = 17.5+ \sum_k N_k(v_{ck}) \tag{3-9}$$

其中　T_c——临界温度，K；

p_c——临界压力，bar；

V_c——临界体积，cm^3/mol；

N_{atoms}——物质中的原子数；

p_{ck}，t_{bk}，t_{ck}——各项贡献值。

热力学参数的估算：

对于热力学参数 ΔH_f^0 有：

$$\Delta H_f^0 = 68.29+ \sum_k N_k(h_{fk}) \tag{3-10}$$

对热力学参数 ΔG_f^0 有：

$$\Delta G_f^0 = 53.88+ \sum_k N_k(g_{fk}) \tag{3-11}$$

偏心因子的估算：

物质偏心因子是一个表征物质分子偏心度或非球形度的物质特性常数，其定义式为：

$$\omega = -\lg\left[\lim_{(T/T_c)=0.7}(p_{vp}/p_c)\right]-1.0 \tag{3-12}$$

目前，物质偏心因子广泛作为物质分子几何形状和极性的复杂性的度量。

估算未知偏心因子最常用也是最精确的方法是：求得（或估算）临界参数 T_c 和 p_c，并且使用一个或多个 p_{vp} 的实验值，如温度 T_b 下的 p_{vp}，然后根据饱和蒸气压方程求算出 ω。

陶九华[9]在马沛生临界参数基团贡献方程的基础上，引入拟临界性质的概念[10]，将 Reidel 方程与基团贡献法（GC）相结合，提出用于偏心因子计算的对应态基团贡献法（CSGC），获得的偏心因子估算方程，用于饱和烷烃、不饱和烷烃、环烷烃、芳烃、含氧化合物、含氮化合物、含硫化合物、含卤素化合物等 20 类 183 种物质的偏心因子计算，获得了较为满意的结果。因此采用该方法对甲铵的偏心因子进行估算。

提出的计算拟临界温度 T_c^* 和拟临界压力 p_c^* 的基团贡献方程为：

$$T_c^* = T_b [A_T + B_T \sum n_i \Delta T_i + C_T (\sum n_i \Delta T_i)^2 + D_T (\sum n_i \Delta T_i)^3]^{-1} \quad (3-13)$$

$$p_c^* = \ln T_b [A_p + B_p \sum n_i \Delta p_i + C_p (\sum n_i \Delta p_i)^2 + D_p (\sum n_i \Delta p_i)^3]^{-1} \quad (3-14)$$

其中，ΔT_i 和 Δp_i 分别为基团 i 对拟临界温度 T_c^* 和拟临界压力 p_c^* 的贡献值，T_b为物质的正常沸点，A_T、B_T、C_T、D_T和 A_p、B_p、C_p、D_p为方程的常数[9]，如表 3-1 所示：

表 3-1 拟临界温度与拟临界压力公式参数表

A_T	B_T	C_T	D_T	A_p	B_p	C_p	D_p
0. 5781071	1. 061648	-1. 778113	-0. 4786701	0. 04593084	0. 3051617	-0. 06554167	-0. 04455464

结合 Riedel 蒸汽压方程：

$$\ln p_r = A - \frac{B}{T_r} + C \ln T_r + D T_r^6 \quad (3-15)$$

其中：

$$p_r = \frac{p}{p_c}$$

$$T_r = \frac{T}{T_c}$$

$$A = -35Q$$

$$B = -36Q$$

$$C = 42Q + \alpha_c$$

$$D = -Q$$

$$Q = 0.0838(3.758 - \alpha_c)$$

$$\alpha_c = \frac{0.315\psi_b + \ln(p_c/101.325)}{0.0838\psi_b - \ln T_{br}}$$

$$\psi_b = -35 + \frac{36}{T_{br}} + 42 \ln T_{br} - T_{br}^6$$

$$T_{br} = \frac{T_b}{T_c}$$

将以上二式获得的拟临界温度 T_c^* 和拟临界压力 p_c^* 代替 Reidel 方程中临界温度 T_c^* 和临界压力 p_c^* 的实验值，便得到具有与 Reidel 方程相似形式的偏心因子估算方程[10]：

$$\omega = \frac{-\ln(p_c/101.325) - 6.02512 + 6.19727 T_{br}^{-1} + 1.41695 \ln T_{br} - 0.172146 T_{br}^6}{14.4250 - 14.8372 T_{br}^{-1} - 12.3919 \ln T_{br} + 0.412144 T_{br}^6} \quad (3-16)$$

将通过式(3-6)得到的 T_b、式(3-7)得到的 T_c 与式(3-8)得到的 p_c 值分别代入上式中即可计算出甲铵的偏心因子数值。

临界压缩因子：

$$Z_c=\frac{p_c V_c}{RT_c} \tag{3-17}$$

同样将通过式(3-7)、式(3-8)和式(3-9)计算得到的 T_c、p_c、V_c 代入上式即可计算得出临界压缩因子。

3）估算结果

将估算出的氨基甲酸铵基础物性导入 Aspen Plus 的 Properties→Parameters→Pure Component 中，完善氨基甲酸铵的基础物性。同时在模拟过程中，根据计算结果还可以对氨基甲酸铵的基础物性数据进行拟合校正。

3. 热力学方法的选择

热力学方法的选择在模拟计算中起着至关重要的作用，直接决定了相平衡计算的准确与否。常用的热力学方法分为两类：状态方程法和活度系数法。

状态方程法是利用状态方程计算气相和液相逸度的一种相平衡关联方法。常用的为立方型状态方程，如 SRK 方程、PR 方程、LKP 方程等，它们对烃类系统能取得较好的结果。

活度系数法是利用活度系数模型来计算液相活度系数，进而计算出液相逸度，并与气相逸度相关联来进行相平衡计算。常用的活度系数模型有：NRTL、UNIFAC、UNIQUAC 等。活度系数法常用在非理想体系相平衡计算中。

尿素体系是非理想体系，通常可采用活度系数法来进行计算。但尿素工艺体系压力较高，而活度系数模型大都用于中低压体系，因此常见活度系数模型并不适用于尿素工艺模拟计算。

确定选择 SR-POLAR 模型，该模型是以 Schwartzentruber-Renon 状态方程为基础进行改进得到的。该模型适用于高度非理想体系，尤其是高温高压下体系的相平衡计算。

4. 尿素合成反应网络研究

1）反应历程

氨和二氧化碳合成尿素反应分两步进行。第一步是由氨和二氧化碳反应生成氨基甲酸铵(NH_2COONH_4)，简称甲铵。这一步反应是可逆强放热反应，生成氨基甲酸铵的反应速率较快，容易达到化学平衡，达到平衡后二氧化碳转化为氨基甲酸铵的生成率很高。

第二步是氨基甲酸铵脱水生成尿素。这一步是可逆微吸热反应，氨基甲酸铵脱水生成尿素的反应速率较慢，需要很长时间才能达到平衡，即使达到化学平衡也不能使全部氨基甲酸铵转化为尿素。

$$2NH_3+CO_2 \longleftrightarrow NH_2COONH_4$$

$$NH_2COONH_4 \longleftrightarrow NH_2CONH_2+H_2O$$

2）独立反应数分析

反应体系中共存在 5 种物质：NH_3、CO_2、NH_2COONH_4、NH_2CONH_2、H_2O，则其原子矩阵可写为：

	C	H	O	N
NH_3	0	3	0	1
CO_2	1	0	2	0
NH_2COONH_4	1	6	2	2
NH_2CONH_2	1	4	1	2
H_2O	0	2	1	0

(3-18)

对式(3-18)进行初等变换：

$$\begin{bmatrix} 1 & 0 & -1 & 2 \\ 0 & 2 & 3 & 0 \\ 0 & 0 & 3 & 2 \\ 0 & 0 & 0 & 0 \\ 0 & 0 & 0 & 0 \end{bmatrix} \tag{3-19}$$

矩阵的秩为 3，因此独立反应数为 5-3=2。

所以，上述反应方程为尿素合成反应网络的独立反应方程。

5. *尿素合成反应化学平衡研究*

1）甲铵生成反应

$$2NH_3+CO_2 \longleftrightarrow NH_2COONH_4$$

达到平衡时其平衡常数为：

$$K_1=\frac{[NH_2COONH_4]}{[NH_3]\cdot[CO_2]} \tag{3-20}$$

式中 [ ]——平衡时各组分的浓度。

由实验测得平衡常数与温度的关系为：

$$\ln K_1=\frac{16290}{RT}-13.24 \tag{3-21}$$

式中 R——气体常数，1.987J/(mol·K)；

T——热力学温度，K。

假设反应前体系中 $NH_3/CO_2=\alpha$，反应达到平衡时生成的氨基甲酸铵为 $x$kmol。若反应前二氧化碳量为 1kmol，氨为 αkmol，则：

$$2NH_3+CO_2 \longleftrightarrow NH_2COONH_4$$

	NH_3	CO_2	NH_2COONH_4
反应前：	α	1	0
反应后：	$\alpha-2x$	$1-x$	x

平衡时各组分的浓度为：

NH_3:

$$[NH_3]=\frac{\alpha-2x}{\alpha+1-2x} \tag{3-22}$$

CO_2:

$$[CO_2]=\frac{1-x}{\alpha+1-2x} \tag{3-23}$$

NH_2COONH_4:

$$[NH_2COONH_4]=\frac{x}{\alpha+1-2x} \tag{3-24}$$

将式(3-22)、式(3-23)、式(3-24)代入式(3-20)得:

$$K_1=\frac{x(\alpha+1-2x)}{\alpha+1-2x} \tag{3-25}$$

因此若已知氨碳比和反应温度，由式(3-25)求出平衡常数 K_1，即可求出氨基甲酸铵生成量。

2）氨基甲酸铵脱水反应

$$NH_2COONH_4 \longleftrightarrow NH_2CONH_2+H_2O$$

达到平衡时，其平衡常数为:

$$K_2=\frac{[NH_2CONH_2][H_2O]}{[NH_2COONH_4]} \tag{3-26}$$

式中 [ ]——平衡时各组分的浓度。

上海化工研究院提出计算平衡常数的表达式为:

$$\ln K_2=\frac{-4817.5}{RT}+4.5921 \tag{3-27}$$

式中 R——气体常数，1.987J/(mol·K)；

T——热力学温度，K。

假设反应前体系中氨基甲酸铵为 1kmol，反应达到平衡时生成的尿素为 $x$kmol，则:

$$NH_2COONH_4 \longleftrightarrow NH_2CONH_2+H_2O$$

	NH_2COONH_4	NH_2CONH_2	H_2O
反应前:	1	0	0
反应后:	$1-x$	x	x

平衡时各组分的浓度为:

NH_2COONH_4:

$$[NH_2COONH_4]=\frac{1-x}{1+x} \tag{3-28}$$

NH_2COONH_2：

$$[NH_2COONH_2]=\frac{x}{1+x} \tag{3-29}$$

H_2O：

$$[H_2O]=\frac{x}{1+x} \tag{3-30}$$

将式(3-28)、式(3-29)、式(3-30)代入式(3-26)得：

$$K_2=\frac{x^2}{(1-x)(1+x)} \tag{3-31}$$

因此若已知反应温度，由式(3-31)求出平衡常数 K_2，即可求出尿素生成量。

6. 尿素工艺流程模拟计算

尿素工艺模拟计算主要分为以下四个部分：高压系统部分、低压部分、蒸发造粒部分和工艺冷凝液处理部分。

高压系统部分主要由以下四个设备组成：汽提塔、甲铵冷凝器、尿素合成塔、高压洗涤器。

尿素低压部分主要有精馏塔、低压分解器、真空预浓缩分离器、真空预浓缩器、低压甲铵冷凝器、低压碳铵分离罐等设备。

蒸发造粒部分主要是对尿素溶液进行浓缩，并制成固体尿素颗粒产品。设备主要包括蒸发器、分离器和造粒塔。蒸发器和分离器的主要作用是将尿液中的水分蒸发掉，同时使其中少量甲铵分解。因此该过程可通过反应器和组分分离器两个模块来实现。

工艺冷凝液处理艺主要分为两部分。一部分是将前序工段气相中的残留的氨和二氧化碳送入吸收塔，利用工艺凝液进行吸收再利用；另一部分是将前序工段液相的工艺凝液中的尿素水解和甲铵分解后回收再利用，未被吸收的气体送入吸收塔。

7. 全流程模拟

尿素工艺模拟的难点除热力学和物性难以确定外，流程也较为复杂，循环物流较多。因此，全流程模拟策略的选择也尤为关键。常用的化工流程模拟求解方法有三种：序贯模块法、联立方程法和联立模块法。联立方程法适用于流程较简单的情况，联立模块法与序贯模块法本质上相同，均是顺序对模型进行求解，确定采用序贯模块法作为全流程求解策略。中国石油尿素工艺装置全流程模拟示意图如图 3-4 所示。

二、中国石油流程模拟与生产调优

中国石油某化肥厂尿素装置是 20 世纪 70 年代从荷兰 Stamicarbon 公司引进的 CO_2汽提法尿素生产工艺技术。2005 年，通过引进荷兰 STAMICARBON 公司的并联中压技术对尿素装置进行了扩能改造，使装置的生产能力由原设计 1620t/d 提高至 2300t/d，年生产能力提高为 75.9×10^4t。

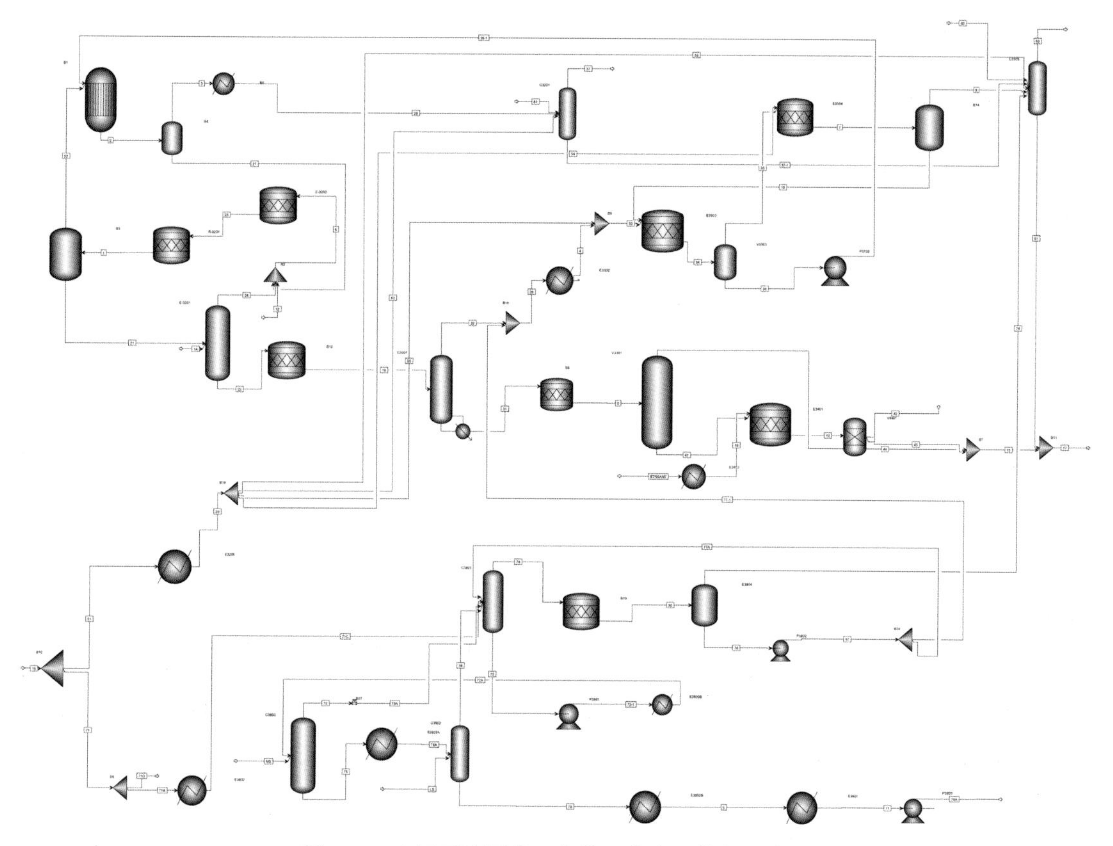

图 3-4 中国石油尿素工艺装置全流程模拟示意图

依托中国石油科技管理部能量优化重大专项，该装置开发了仿真装置模型，通过模型优化生产，目标是降低能耗，增加尿素产量，实现工艺设备的优化配置，增加经济效益。

通过流程模拟平台建立尿素装置生产过程全流程模型，针对生产中不同工况进行分析研究，寻求优化的操作条件和设备配置。在实际生产中，可根据模拟计算结果对相应工艺参数进行调整，如 CO_2 进塔温度，低负荷工况下高压系统合成塔气相氨碳比等工艺参数进行调整。模拟结果对优化生产具有指导意义。

1. 操作条件的优化研究

1）原料 CO_2 的温度

通过建立装置模型，研究原料 CO_2 进入高压汽提塔的温度对尿素产量的影响，研究结果如图 3-5 所示。

2）原料 NH_3 与 CO_2 流量比

通过建立装置模型，研究 NH_3 与 CO_2 质量流量比的变化对尿素产量的影响，研究结果如图 3-6 所示。

2. 操作条件的优化应用

模拟平台计算截图示例如图 3-7 所示。由图 3-7 可知，通过优化模拟参数，NH_3 转化率将由 31.5%提高到 32.2%，CO_2的转化率将由 46.8%提高到 47.5%，FAE(达到理想平衡的比例)由 64.5%提高到 65.8%。

根据上述操作条件的模拟优化计算结果，可对尿素装置的操作条件进行调整，如将汽提塔进料 CO_2温度、高压合成工段的氨和二氧化碳进料质量流量调整为计模拟算的优化值。合成塔转化率将得到提高，在尿素产量相近的前提下，将降低氨的消耗量。

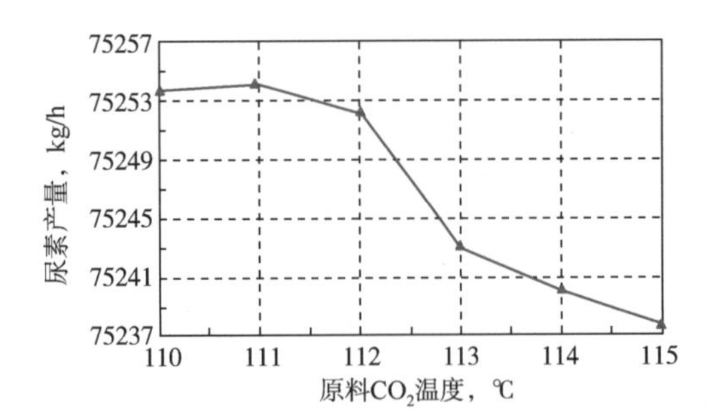

图 3-5　CO_2温度与尿素产量图

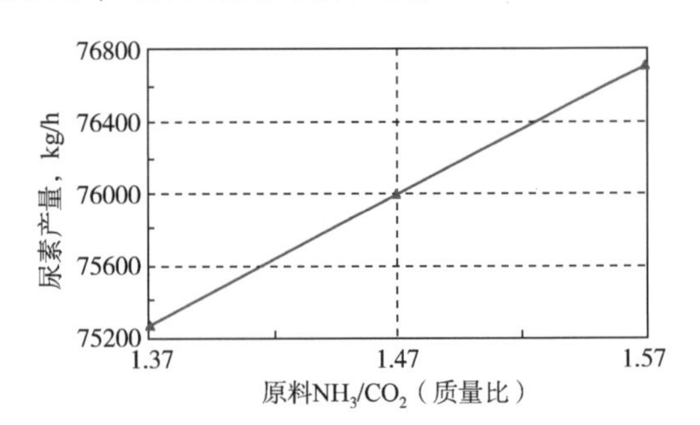

图 3-6　原料比与尿素产量的关系

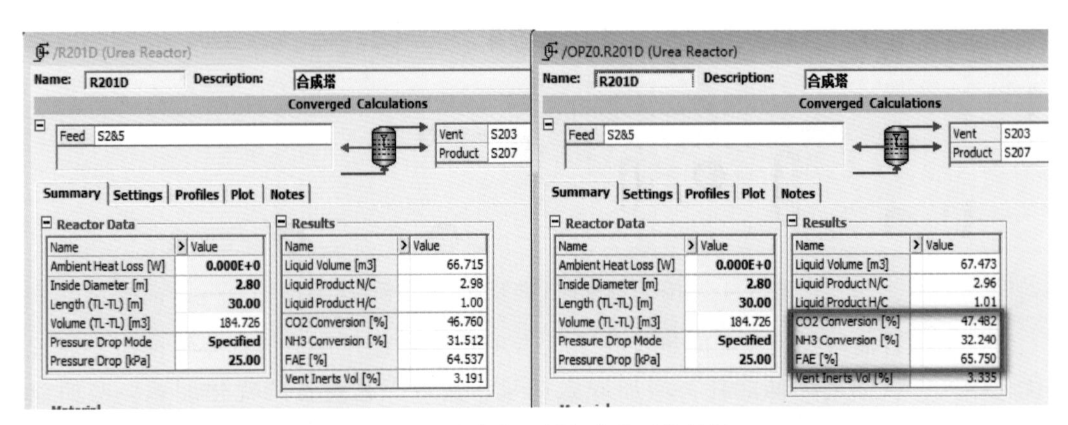

图 3-7　操作条件的模拟优化计算结果

3. 应用效果

高压系统反应的好坏，直接影响着后续低压、蒸发和水解系统的运行，高压系统合成塔气相氨碳比直接影响合成系统转化率。针对该尿素装置长期在约 50%低负荷下生产，利用流程模拟优化结果，并加强合成塔物料配比监控，通过合成塔气相氨碳比分析仪及合成塔出液分析数据，操作上同时兼顾系统压力、汽提塔出液温度，控制合成塔气相氨碳比和合成塔出液氨碳比在优化区间，可提高合成转化率，保证合成系统在最优的配比下反应。

在确保产品质量合格的前提下，优化控制汽提塔壳侧压力，提高汽提效率，降低装置氨耗。

优化控制原料二氧化碳进塔温度和反应温度，可提高汽提效率，将合成液中未反应的氨返回高压系统，以降低氨耗。

通过对不同工况的工艺参数进行流程模拟优化结果进行调整，可降低尿素产品氨耗，经济效益明显。

第四节 尿素关键设备

尿素的高压设备包括高压静设备和转动设备两类，这些设备在尿素生产流程中均占有重要的地位。其结构设计与制造工艺不仅要满足工艺流程、生产能力的要求，还要适应设备制造厂工艺及能力要求。国内制造厂有大型尿素高压静设备的制造能力，但在中国石油 80×10^4t/a 尿素装置建成之前，国内制造厂还没有此规模的高压机泵生产能力。

尿素的工艺流程对尿素设备的选材有着很苛刻的要求，尤其是对耐高压、耐高温和耐强烈腐蚀的关键设备，设备设计、选材、制造质量的优劣直接影响设备的正常运行，甚至影响整个尿素生产装置的安全可靠性。因此，对尿素关键设备的选材，特别是耐腐蚀材料的选材及设备的结构设计、制造、检验等诸多方面要有足够的重视。

一、高压静设备

1. 尿素合成塔

尿素合成塔是尿素装置的关键设备之一。目前工业上使用的尿素合成塔为衬里式高压容器，合成塔的外筒为多层容器，或为整体锻造。容器内部衬有一层耐腐蚀的不锈钢板，将筒体和尿素甲铵腐蚀介质隔离。外壳设置保温，防止热量散失。这种设备的容积利用率高，耐腐蚀材料用量少，操作方便可靠。

合成塔内流动的是气液两相混合物。大型尿素装置的合成塔内安装多孔塔板，用于防止物料返混并加强两相的接触，降低合成塔高径比到 10 以下。

合成塔结构示意如图 3-8 所示，该塔为多层包扎结构，内衬不锈钢板。反应后的液体由塔内的溢流管自塔底引出，直接进入汽提塔，不夹带气体，可保证汽提塔的进料稳定。反应的不凝气从塔顶排出。合成塔内等距安装多孔筛板，板均匀分布，材料为不锈钢。每个筛板的孔数不等但孔径相同。随着反应的进行，气量逐渐减少，孔数的减少可保证通过开孔的气速相等。在每块筛板下有气相层，把反应空间分割为串联的小室。每个小室内物料浓度近似于均匀，而上一个小室的产品浓度高于下一小室。

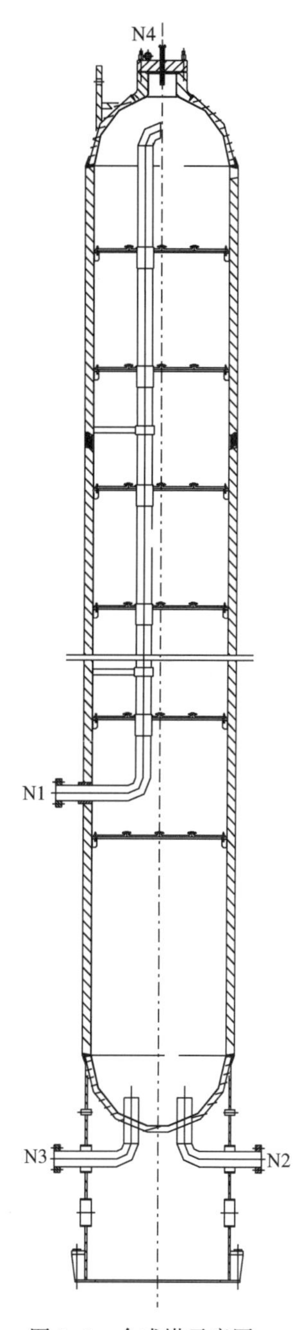

图 3-8 合成塔示意图

N1—合成塔出液口；N2—CO_2入口；N3—液氨甲铵液入口；N4—人孔

中国石油 80×10^4t/a 尿素装置中尿素合成塔塔内设有 15

块筛板，以加大汽液接触面积和防止物料返混，提高二氧化碳转化率和尿素合成塔的生产能力。

尿素合成塔设计容积大，设计压力高，其重量也大，因此其运输、安装的困难程度和所需费用在整个装置中有重要的影响；又由于它是在强腐蚀性介质的操作环境下使用，会产生由于腐蚀和密封泄漏造成的停工减产损失和较大的维修费用等问题。特别是有些企业曾经发生过尿素合成塔爆炸事故，因此对尿素合成塔合理的结构设计、主要承压元件材料及耐腐蚀材料的合理选择显得尤为重要。

中国石油 80×10^4t/a 尿素装置中尿素合成塔设备总重约 445t，以该设备为例介绍合成塔的设计条件和结构选材。

尿素合成塔的设备内径为 3m，操作压力为 14.5MPa，操作温度为 185℃。

尿素合成塔设备筒体采用多层包扎式结构，上下封头为单层球壳结构。由于设备内部操作介质的强腐蚀性，采用耐腐蚀材料作内筒，在内筒上包扎碳钢盲层后，再进行多层层板包扎，直到其层数达到设计要求为止。上下封头内表面采用带极堆焊耐蚀材料结构，根据制造厂的装备能力和制造经验，也可以采用套合衬里的多层包扎式筒体结构。

尿素合成塔顶部设有内径为 ϕ800mm 的人孔，以便进入塔内组装内件，并对衬里进行维修和检查。为了便于安装和检验，塔内筛板设计成分块式，在需要时可作为塔内人孔通道。人孔密封为不锈钢衬聚四氟乙烯(PTFE)的齿形垫结构，实践证明齿形垫片加工制造容易，安装维修方便，且用在尿素设备上具有良好的密封性能和抗腐蚀性能。此外，为保证密封垫片受力均匀和减轻装拆螺栓的劳动强度，采用液压拉伸器预紧人孔用螺栓。尿素熔融物出口管采用内溢流形式。为保证设备的安全，在衬里层与壳体间设有检漏系统，并通过检漏管引出壳体外，以便设备在制造和使用过程中对衬里焊缝的质量及腐蚀情况进行定期检测，对运行中设备的腐蚀情况进行经常性检查和监护。

设备筒体用层板材料为 SA-724B《焊接多层压力容器用调质钢板》，上、下半球形封头材料为 Q345R 板材，主要锻件选用 20MnMo 材料。塔内所有接触介质的表面(包括接管、所有内件、衬里及堆焊层等)均采用 00Cr25Ni22Mo2 不锈钢。设备的材料、详细设计、制造、检验和验收，除符合压力容器通用的标准规范外，还需执行相关的工程标准和技术规定。

2. 汽提塔

汽提塔为降膜式传质分离设备，类似立式列管换热器，换热管外为加热蒸汽，换热管内进行汽提分解过程。在换热管内，液体顺着管壁形成一层液膜，在重力作用下，自上而下流动，汽提气以一定的速率逆流而上，两相在管壁的液膜中进行传质过程。汽提过程所需的热量通过换热管壁传给物料，基本保持等温汽提分解过程。

汽提塔采用降膜式结构的重要原因是为了控制液体在汽提塔内的停留时间。为避免缩二脲生成以及尿素水解，液体在塔内的停留时间应小于 1min。

中国石油 80×10^4t/a 尿素装置中汽提塔设备总重约 227t，以该设备为例介绍汽提塔的设计条件和结构选材。

汽提塔的操作压力为：管程 14.5MPa，壳程 2.0MPa；操作温度为：管程 185℃，壳程 212.5℃。换热管规格为 31mm×3mm。

汽提塔高压侧筒体和管板分别采用整体锻件表面带极堆焊耐蚀材料结构，上下半球形封头采用厚板冲压成形，其内表面采用带极堆焊耐蚀材料结构。

汽提塔顶部和底部均设有内径为 ϕ800mm 的人孔，以便进入上下管箱内组装内件，并对衬里进行维修和检查。人孔密封形式及液压拉伸器预紧人孔用螺栓形式与尿素合成塔相同。在衬里层(如果有的话)与壳体间设有检漏系统。此外，为使甲铵在尿素溶液中得到有效的分解，每根换热管上管端设有液体分布头，分别插到每根换热管上，液体分布头下端开有三个切向小孔，尿素混合溶液通过小孔沿管壁均匀向下流动。气体则从液体分布头上部小孔导出。液体分布头与换热管之间用聚四氟乙烯垫密封。由于换热管材料与壳程筒体材料线膨胀系数有较大不同，在壳程筒体上设置膨胀节，以控制由于温差引起的轴向变形而产生的较大应力。

由于汽提塔管程内操作介质具有很强的腐蚀性，管程内所有接触介质的表面(包括接管、换热管、所有内件、衬里及堆焊层等)均采用 00Cr25Ni22Mo2 不锈钢汽提塔的材料，管程的其他部位，包括筒体和上下管板材料为 20MnMo 锻件，上下半球形封头材料为 Q345R 板材，其他主要锻件材料为 20MnMo。

壳程筒体材料为 Q345R，主要锻件材料为 16Mn，接管材料为 20 号钢，膨胀节材料为不锈钢。

设备的选材、详细设计、制造、检验和验收需符合压力容器通用的标准规范和相关的工程标准、技术规定。

二氧化碳汽提法的汽提塔结构示意图如图 3-9 所示。

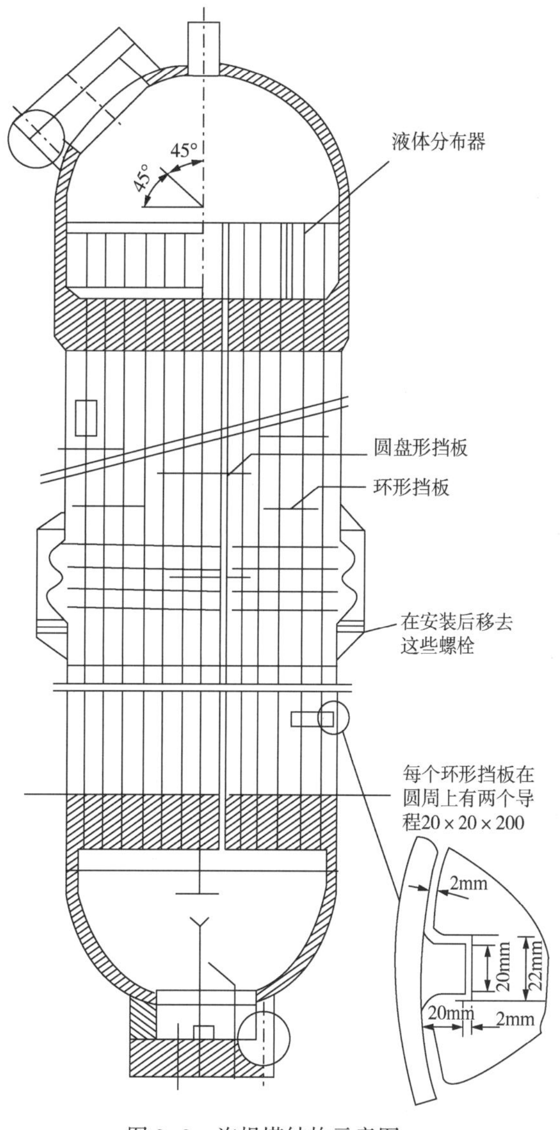

图 3-9 汽提塔结构示意图

3. 甲铵冷凝器

高压系统热量回收过程在高压甲铵冷凝器完成，汽提气和高压液氨喷射泵送来的 NH_3 及甲铵液混合后从顶部进入。以上气液混合物经分布器后进入冷凝管，在管内气相的 NH_3 和 CO_2 反应生成甲铵，反应放出的热量传给壳侧热水产生低压蒸汽，为后序工序提供热源。

甲铵冷凝率取决于热量的移出的量。热量移出量用副产蒸汽压力调节，甲铵冷凝率控制在 80%左右，留一部分未冷凝的 NH_3 和 CO_2 气进入合成塔用以维持合成反

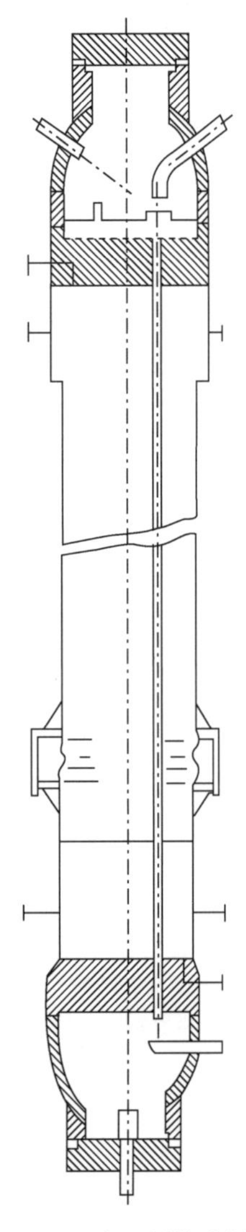

图 3-10 高压甲铵冷凝器结构示意图

应的热平衡。管内甲铵液温度上部略高于下部，因为上部冷凝的甲铵液含水量较下部高。而在壳侧由于静液位引起沸点升高，下部水温略高于上部，因而刚进壳侧的热水不处于沸腾状态。在未沸腾区内，传热效率很低。补入蒸汽能加速进入沸腾状态，提高传热效率。

甲铵冷凝器管程接触工艺物料，操作条件为高温、高压，管程侧结构采用碳钢材料和尿素级不锈钢 00Cr25Ni22Mo2 的复合结构，复层可以采用堆焊或衬里结构，结构示意图如图 3-10 所示。

甲铵冷凝器顶部和底部均设有人孔，由于换热管材料与壳程筒体材料线膨胀系数差别较大，在壳程筒体上设置膨胀节，以控制由于温差引起的轴向变形而产生的较大应力。

中国石油 80×10^4t/a 尿素装置中甲铵冷凝器设备总重约 200t，该设备的设计条件和结构选材如下：

甲铵冷凝器的操作压力为：管程 14.5MPa，壳程 0.44MPa；操作温度为：管程 178℃，壳程 147℃；换热管规格为 25mm×2.5mm。

甲铵冷凝器结构设计和主体材料同汽提塔的设计。高压侧筒体和管板分别采用整体锻件，上下半球形封头采用厚板冲压成形，其内表面采用带极堆焊耐蚀材料结构。

甲铵冷凝器顶部和底部均设人孔，在壳程筒体上设置膨胀节。程内所有接触介质的表面，包括接管、换热管、所有内件、衬里及堆焊层等，均采用 00Cr25Ni22Mo2 不锈钢。

二、转动设备

尿素装置中需要转动设备输送的工艺介质种类较多，有液氨、氨基甲酸铵、熔融尿素、尿素溶液、冲洗水等，应用工况多变，种类复杂。转动设备的型式、部件材料以及密封方案的选择基于应用工况也不尽相同，其中最典型的是需要在高压工况下运行，关键转动设备有：二氧化碳压缩机、液氨泵和甲铵泵。

长期以来，由于这些关键设备工况条件苛刻，国内制造厂商设计、制造能力有限，大多依赖进口，特别是随着装置规模扩大，对动设备的可靠性及能耗指标要求越来越高，相应的国外厂商报价也随之大幅上涨。中国石油与国内技术领先的转动设备厂商合作，实现了 80×10^4t/a 尿素装置转动设备的国产化，大幅降低了设备投资。

1. 二氧化碳压缩机

二氧化碳压缩机用于给二氧化碳原料气进行增压，送至合成塔完成尿素合成反应。

20 世纪 60 年代之前，尿素单套装置生产能力较小，二氧化碳压缩机多选用多级、对称平衡式布置的往复式压缩机，后续随着工艺技术发展，部分生产装置还选用过离心式压缩机+往复式压缩机的方案。

往复式压缩机相较于离心式压缩机，其效率较高，在进行气量调节时出口压力波动很小，但压缩机组占地面积较大，机械机构复杂，易损部件多，维修工作量大，在线稳定运行周期相对离心式压缩机较短，一般为了保证装置的连续运行，需要设置备机。因此随着装置规模的发展以及大型透平机械技术的突破，在近期大型尿素装置中，尤其是 80×10^4t/a 以上规模，二氧化碳压缩机均选用离心式压缩机，相较往复式机组，离心式压缩机有如下优点：输出气量连续稳定，无脉冲；机组运转平稳，振动小；机组易损零件少，机组在线稳定运行时间长；机组内部无润滑，工艺气体不会被污染；可直接使用汽轮机驱动，对于能够自产蒸汽的生产装置，可以更有效地利用蒸汽，达到节能的目的。

二氧化碳压缩机主要特点及难点有：流量小，排出压力高；多缸串联、系统复杂；对系统压力波动敏感，常引起喘振；分子量大，马赫数高，振动大；过流部件材料要求高；级间密封、平衡盘密封和轴端密封易失效；机组噪声大。

大型尿素装置中的二氧化碳离心式机组，选用 2 缸 4 段压缩，高压缸通过增速箱与汽轮机连接，参见图 3-11 的典型布置。二氧化碳压缩机组气量大，压比高，通常需要选用高的圆周速度来降低压缩级数，但过高的圆周速度受到材料强度、气流马赫数的限制，如马赫数过高则会降低机组效率，使得性能曲线变陡；机组通常由低压缸、汽轮机、齿轮箱和高压缸四部分组成，机组轴向尺寸较长，机组轴系的临界转速的问题较复杂，易发生超差振动；高压缸流量小，叶轮流道窄，压力波动易产生喘振，总体说来机组运行状况相对较复杂。在 20 世纪 90 年代前，二氧化碳机组主要依赖进口。国外主要供货商有新比隆、三菱、德莱塞兰等。随着大型压缩机的技术引进、吸收与创新，以沈鼓集团/新锦化机为代表的国内压缩机厂商，在 20 世纪 90 年代后已经陆续为国内外的多套化肥装置提供了多台二氧化碳机组，各机组运行状况良好，我国已经有能力为百万吨规模的尿素装置提供成熟可靠的国产化二氧化碳机组。

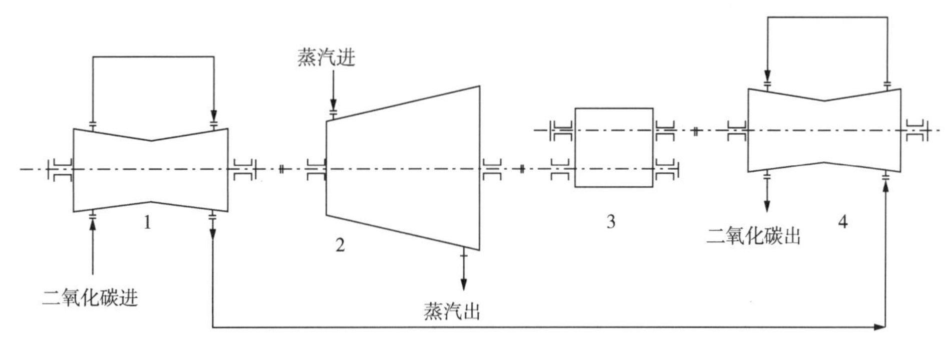

图 3-11　CO_2压缩机典型布置示意图

1—低压缸；2—汽轮机；3—齿轮箱；4—高压缸

80×10^4t/a 尿素装置中的国产化二氧化碳机组的形式及技术特点如下：

机组为 2 缸 4 段压缩，由汽轮机驱动，低压缸为水平剖分壳体，轴承箱体与下壳体为一体，进出口风筒与压缩机壳体焊接连接；高压缸选用径向剖分的筒式缸体，内壳体多选用水平剖分；高/低压缸均为背靠背布置，以平衡轴向力；隔板为水平剖分；径向轴承选用可倾瓦轴承，推力轴承选用金斯伯雷式轴承，高/低压缸轴端/级间密封均选用迷宫密封；在本机组选型中，国内制造厂商选用了全新的 NF/G 级模型级，并通过 CFD 等辅助软件分析，对流道进行了优化，减少摩擦损失，最终的气动方案相较于原模型级提高了机组运行效率近3%，最终的机组效率达到了84.6%、75.8%、75.1%、66.7%，达到了国际先进水平。此外，通过对定期强迫振动现象(激振)的所有潜在源进行分析，进一步明确了机组的转子设计，解决了单轴双支机组易发生的气流激振现象。还按照标准进行了横向临界转速分析、轴系扭振分析、大型压缩机叶轮可靠性分析，保证了机组的转子力学性能，现机组在该装置中运行平稳，工艺/机械性能均达到了设计指标，为装置运行提供了良好的支持。

80×10^{4}t/a尿素生产装置的二氧化碳机组技术方案及规格/参数见表3-2。

表3-2　80×10^{4}t/a尿素装置二氧化碳机组主要参数

参数	二氧化碳机组			
	2MCL707		2BCL356	
段数	1	2	3	4
体积流量，m^3/h	44117	43806	43313	43313
进口压力，kPa(绝压)	140	694	2332	7895
出口压力，kPa(绝压)	718	2406	7920	15206
分子量	42.44	42.97	43.32	43.32
多变效率,%	84.6	75.8	75.1	66.7
总功率，kW	6298		3809	
首级叶轮直径，mm	700	700	350	335

2. 液氨泵和甲铵泵

大型尿素装置中液氨泵用于对液氨升压至17MPa左右后送入高压甲铵喷射器，作为甲铵喷射器的动力液，引射高压高温的甲铵液，两者的混合液最终一起进入尿素合成塔。甲铵泵则用于将吸收塔底回收的加氨溶液升压至15MPa左右，经甲铵预热器预热后送至高压甲铵冷凝器。

液氨泵与甲铵泵的型式有往复式柱塞泵(简称往复泵)、高速部分流泵与中速多级离心泵。对其结构形式的选择起主要影响作用的是尿素装置的生产能力与合成塔的压力。在20世纪70年代以前，尿素生产大都为水溶液全循环工艺，合成塔压力很高(约20MPa)，且装置生产能力较小，液氨泵基本上使用往复式柱塞泵，甲铵泵也多选用往复式。在此工况下，往复泵的应用有如下特点：往复泵效率可高达90%，远高于多级离心泵的运行效率，但流量调节不如离心泵便捷，而且如选用液力变矩器来实现调速，则会降低整个泵组的效率值，从而提高整个泵组的能耗；流量存在脉动，出口流量不如离心泵稳定，出口管路设计需考虑脉动流量的冲击，避免管路系统出现共振的现象；结构复杂，占地面积大，易损件多，维修工作量大，初次投资及维护费用高。往复泵每年的日常维修费用是离心泵的5倍左右。

基于以上往复泵的特点，在20世纪70年代以后，大型尿素装置中的液氨泵甲铵泵多选用离心泵。相较于往复泵，离心式泵组有如下特点：泵组效率随着装置规模的提升相对提高，可以达到60%左右；出口流量稳定，通过出口阀即可完成流量调节；结构相对简单，占地面积较小，易损件主要为机械密封，维修工作量小。

离心泵有中速多级离心泵与高速部分流泵泵可以选择。

中速多级离心泵转速在6000r/min左右，其泵壳体为双筒体，外筒体多为锻造的圆筒体，内筒体多为轴向剖分，便于检修。叶轮为8~10级叶轮，采用背对背布置，平衡轴向力。轴承选用滑动轴承，泵组配置润滑油站来提供压力润滑油。

高速泵则转速在14000r/min左右，单壳体，根据扬程选用单级/双级叶轮，其叶轮为直线辐射状，叶轮单级扬程较高。不设密封环，较有密封环的泵可适当提高泵在整个生命周期内的运行效率。受高转速的影响，需要在叶轮入口设置诱导轮以提高泵的抗汽蚀能力。泵组配置润滑油站来提供压力润滑油。

液氨泵及甲铵泵的主要特点有：流量小，扬程高；机封方案和机封冲洗方案的设置较复杂，在满足机组/密封运行需求的同时，还需考虑冲洗介质与工艺系统介质的关系；甲铵泵运行工况苛刻，需要设置前置增压泵来确保甲铵泵的稳定运行；液氨泵为低温运行，甲铵泵工艺介质易结晶，泵组系统的设置需考虑到开车/运行/维护的特点。

在中国石油80×10^4t/a尿素装置中，由国内厂家供货的高压液氨泵/甲铵泵的相应规格及技术参数见表3-3和表3-4。

表3-3 液氨泵技术规格表

名称	介质相对密度	流量 m^3/h	扬程 m	压力		转速 r/min	效率 %	密封方案	轴功率 kW	电动机功率，kW
				吸入，MPa	排出，MPa					
液氨泵	0.588	117	2696	2.35	17.9	6750	62	Plan54	898	1120

表3-4 甲铵泵技术规格表

名称	介质相对密度	流量 m^3/h	扬程 m	压力		转速 r/min	效率 %	密封方案	轴功率 kW	电动机功率，kW
				吸入，MPa	排出，MPa					
甲铵泵	1.2	65	1230	0.53	15	6000	55	Plan32	483	630

液氨泵体采用BB5形式，外壳体垂直剖分，内壳体采用双蜗壳设计，平衡径向力，吸入涵采用分流片，保证流场稳定；流道布置紧凑合理，配置背对背布置10级叶轮。在转子设计及临界转速分析中，充分考虑了实际运行中转子浸没在输送介质时，泵内口环间隙对泵轴起到支撑作用，湿态转子的运行，对转子动力学特性产生的影响。泵组通过齿轮箱增速由电动机驱动，并配置润滑油站、循环水站，以及泵组在线监测系统，对泵组的关键参数(轴振动、轴承温度、密封水压力、润滑油温度和压力等)进行监测，通过DCS系统对泵组进行控制。

甲铵泵体采用BB5形式，外壳体径向剖分，内壳体为轴向剖分的多级自平衡式结构，主要过流部件材质选用双相钢，泵组设置前置增压泵，改善主泵的入口汽蚀条件，通过齿轮箱增速，配置润滑油站、冲洗水站，以及泵组在线监测系统，对泵组的关键参数(轴振动、轴承温度、润滑油温度和压力等)进行监测，通过DCS系统对泵组进行远程监测与控制。

以上甲铵泵和液氨泵已在自主建设的80×10^4t/a尿素装置中顺利投入使用，各项技术指标均达到了设计目标。对于打破国外供货商在此类产品市场上的垄断地位有着重要意义。在此之后，国内多套大型尿素装置也选用了国产的液氨泵和甲铵泵，这些装置陆续完成建设，投入生产运行，进一步证明国内制造厂商具备了对于此类产品的生产能力。

第五节　节能降耗措施

尿素装置的能耗除了原料氨和二氧化碳消耗外，影响能耗水平的制约因素主要体现在蒸汽消耗、电力消耗和冷却水消耗等方面。另外，尿素生产关键设备，如氨泵、甲铵泵、二氧化碳压缩机的功耗也对整个尿素装置的能耗有较大影响，这些重点用电设备采用节能型设备可以使装置的电耗降低。诸如合成塔塔板、高压洗涤器加填料、解吸塔内件、精馏塔与吸收塔高效填料、提高换热器传热效率等方面都可以采用新技术进行针对性改造。

仪表的准确性、装置管理水平的高低都对尿素装置的能耗有较大影响。仪表的安全可靠可以给工艺操作带来很大的保障，尤其是分析仪表的准确性对于工艺指标优化有很强的指导意义。

化肥装置注重长周期生产，假如工艺管理不严格，工艺指标超标没有得到及时有效的处置，设备存在的隐患没有得到有效的监控和控制导致非计划停车，将会给装置的稳定运行带来很大影响，尤其是停车开车期间工艺气大量放空，对于节能降耗是十分不利的。开停车多和工艺波动是造成物耗能耗高的一个重要因素。

一、国产化尿素装置的节能改造

降低尿素装置能耗的首要条件是减少非计划停车，在装置稳定运行基础上优化工艺指标，使各工艺参数符合设计值。

(1) 降低二氧化碳的温度，减少压缩机功耗。根据尿素装置改造的经验，可以通过改造换热流程来降低从合成氨装置来的原料二氧化碳的温度，降低同等负荷条件下的压缩机蒸汽消耗。

(2) 给低调水系统增加低调水副线及调节阀。在低调水流量和温度的操作过程中，低调水泵进口容易吸入量不足而抽空，出口管线低调水从充液槽溢流管线大量漏出，使得低调水量不足。改造给低调水系统增加了副线及调节阀。

经过技术改造后，低调水的流量和温度调控效果良好，没有出现低调水量不足的状况，避免了低调水泵吸入口抽空和充液槽溢流管线大量漏出等问题。

(3) 高压冲洗水泵回流管线改造。原高压冲洗水泵循环管线是回到蒸汽冷凝液储槽，在装置停车或生产期间，启动高压冲洗水泵冲洗确认高压排放管和冲洗点时，由于高压冲洗水泵出口总管及高压冲洗点单向阀内漏，在冲洗过程中容易造成高压物料倒入蒸汽冷凝液储槽，使蒸汽冷凝液电导超高，污染蒸汽。为了避免高压物料倒入蒸汽冷凝液储槽，将高压冲洗水泵的循环管线改至回碳铵液储槽。

改造后，杜绝了因高压冲洗水泵出口总管及高压冲洗点单向阀内漏，在冲洗过程中容易造成高压物料倒入蒸汽冷凝液储槽，避免了污染蒸汽的现象发生。

(4) 低点排尽导淋接至密闭排放管线。原低点排尽导淋就地排放，既造成环境污染，又浪费物料，增加成本。为了节能降耗，提高环保清洁生产水平，通过技改将就地排放改造，引入密闭排放管线，将残留物料回收至碳铵液储槽。改造后，杜绝了现场乱排乱放的现象，既节能又环保，对装置的环保清洁生产起到了一定的促进作用。

二、原有尿素装置的节能改造

中国石油某化肥企业利用升温型热泵回收余热，取得了很好的节能效果。

热泵是一种利用低品位热源，实现将热量从低温热源向高温热源泵送的循环系统，是回收利用低温位热能的有效装置，具有节约能源、保护环境的双重作用，工作流程如图 3-12 所示。

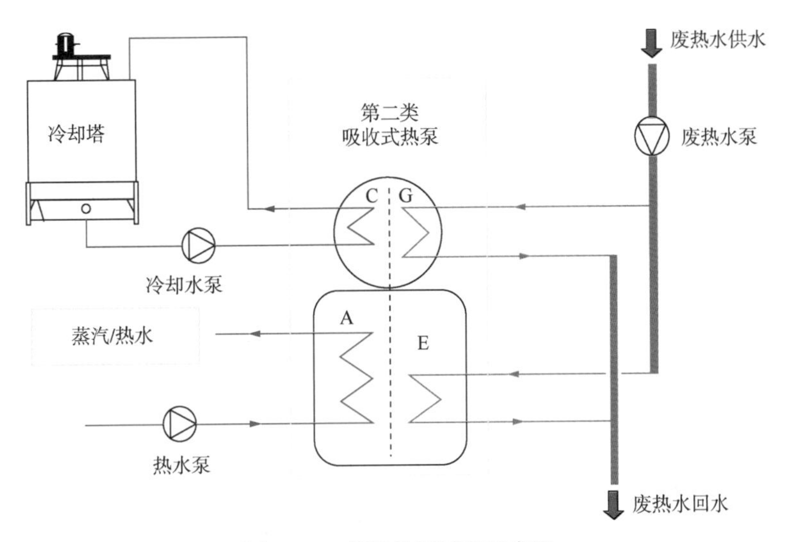

图 3-12 低温热泵原理示意图

升温型热泵是利用大量的中温热源产生少量的高温有用热能，即利用中低温热能驱动，用大量中温热源和低温热源的热势差，制取热量少于但温度高于中温热源的热量，将部分中低热能转移到更高温位，从而提高了热源的利用品位。目前吸收式升温型热泵使用的工作介质主要为 $LiBr-H_2O$ 或 NH_3-H_2O，其输出的最高温度不超过 150℃。升温能力 ΔT 一般为 30~50℃，增热性能系数为 1.2~2.5，升温性能系数为 0.4~0.5。

尿素生产过程中，存在大量的吸热和放热过程，其中解吸水、低调水等部位的热量需要用循环冷却水换热，才能及时将热量带走。

尿素低压冷凝器循环水冷却器为板式换热器，换热面积 33.5m^2，热负荷 11.43×10^6kcal/h，原冷却器采用装置区内循环水换热，将来自第一高压氨加热器的物料由 64℃冷却到 55℃，其中循环水消耗量为 956m^3/h。改造后通过新增加高效板式换热器与原冷却器串联，在冬季可以将冷却器循环水退出，来自第一高压氨加热器的物料直接用板换和采暖系统供热水换热，将温度降到 55℃满足工艺要求，热量被供热水回收后，送供热站热泵系统。在余热回收系统中，来自尿素界区的余热管线通过管网与装置区供热站采暖系统热泵机组对接，通过升温型热泵回收来自尿素装置的余热，将温度较低的低品质供热水转化为高品质的热源加热采暖用水，供厂区采暖，不足的部分热量用尖峰加热器热量补充。尿素装置余热系统回收投运后，可以将废水冷却器和低压冷凝器循环水冷却器的循环水退出，可节约循环水消耗量1131m³/h，缓解了尿素装置循环冷却水量的不足。余热系统回收投运后，可以回收废水冷却器和低压冷凝器循环水冷却器的余热加热装置区采暖用水，减少加热站低压蒸汽的消耗，将节约的低压蒸汽供装置区采暖。利用吸收式升温热泵将大量低品质热能进行集中回收，不仅可以解决冬季采暖期低压蒸汽不足的问题，还能减少循环冷却水用量，减轻冬季循环水装置的负荷，起到节能降耗的作用。

第六节　材料与防腐

一、尿素生产物系的腐蚀机理及影响因素

众所周知，尿素生产的工艺介质具有强烈的腐蚀性，尿素技术的发展是与尿素生产用材料和防腐方法的研究紧密相连的[9]。对尿素生产来说，其腐蚀主要集中在高压和中压设备、甲铵泵、管道、阀门及主厂房、造粒塔建构物上[11]。

1. 尿素生产用材腐蚀特征

尿素生产中的介质有液氨、氨水、二氧化碳、尿素溶液、水、蒸汽、碳酸铵溶液、氨基甲酸铵溶液和尿素甲铵溶液。其中腐蚀性最强的介质是高、中压下的甲铵液和尿素甲铵液。它们对材料的腐蚀具有如下特征。

1）全面腐蚀

尿素甲铵液对金属材料的腐蚀一般表现为均匀腐蚀。其特点是整个金属表面或大块金属表面失去金属光泽，变得粗糙而均匀减薄。例如，尿素合成塔衬里和高压圈其他高压设备封头衬里均呈现出全面腐蚀、均匀减薄的倾向。由于这种腐蚀是金属材料均匀减薄，因此设备和管件在设计时需要考虑一定的腐蚀裕度，以避免造成突然破坏的恶性事故发生。

金属材料在尿素甲铵液中的腐蚀速率，与材料表面形成钝化膜的质量和溶液中溶解氧量有着密切的关系。在工艺介质中不加氧情况下，铬镍不锈钢处于活化腐蚀状态。在有足够氧的情况下，不锈钢和钛才能够维持钝化状态，使腐蚀速率降低到工程允许的程度。例如尿素甲铵液温度不大于190℃，且溶解有足够的氧，00Cr17Ni14Mo2、00Cr17Ni14Mo3、0Cr17Mn13Mo2N、1Cr18Mn10Ni5Mo3N、00Cr18Ni5Mo3Si等含铬18%级的不锈钢的腐蚀速率在正常情况下均小于0.1~0.2mm/a；含铬25%级的不锈钢00Cr25Ni5Mo2、00Cr25Ni22Mo2、000Cr26Mo等以及工业纯钛TA1、TA2、钛合金TC4等的腐蚀速率比含铬18%级的不锈钢约低一个数量级。但是，当操作中出现超温、断氧、硫化物含量高等非正常条件时，腐蚀速率会成倍地增加，即使是尿素级不锈钢00Cr17Ni14Mo2和00Cr25Ni22Mo2的腐蚀速率也曾分别达到100mm/a和30mm/a。

2）晶间腐蚀

尿素甲铵液对不锈钢具有很强的晶间腐蚀能力，对焊接接头的熔合线也具有很强的刀状腐蚀能力。溶液中硫化物和水含量增加会加剧晶间腐蚀的程度。尿素甲铵液会使不锈钢产生敏化态和非敏化态的晶间腐蚀。

敏化态晶间腐蚀的产生是由于不锈钢在敏化态时在晶间析出了碳化铬Cr23C6，不锈钢

的敏化温度范围是450~850℃。由于铬的扩散速度小于碳的扩散速度，在晶间形成或析出Cr23C6后，碳很快补充到晶间附近，而铬则来不及扩散到晶间，在继续析出Cr23C6后，就造成产生晶间贫铬区，贫铬区的优先腐蚀，导致产生晶间腐蚀。

晶间腐蚀特点是腐蚀从表面沿晶间向内部深入发展，外观露不出腐蚀迹象，但在金相显微镜下观察，可明显地看到晶间呈现网状腐蚀，金属严重降低强度和延伸性。

一般认为，含碳量低于0.03%的超低碳不锈钢具有良好的抗晶间腐蚀能力，但是在实际中仍然存在产生碳化铬析出而导致敏化态晶间腐蚀的现象。

在尿素甲铵液中，不锈钢会由于晶间硅、磷等元素的偏析富集而产生非敏化态的晶间腐蚀。

防止晶间腐蚀的措施：

采用超低碳不锈钢。例如00Cr17Nil4Mo2、00Cr17Ni14Mo3、00Cr25Ni5Mo2等含碳小于0.03%；00Cr25Ni22M02的含碳量则低于0.02%。尿素用不锈钢设备均应采用超低碳不锈钢。

采用良好的固溶处理。不锈钢的固溶处理，空冷不能满足要求，尽可能采用水冷，以得到最佳的固溶处理效果。

采用含铬量25%的焊接材料。如用25-22-2型焊接材料，可以取得比较理想的耐蚀效果。

采用氩弧焊技术进行不锈钢的焊接和补焊，这样与电焊相比可减小线能量的输入，从而可减轻焊接接头的敏化程度。

3）选择性腐蚀

尿素甲铵液对具有奥氏体—铁素体双相组织的不锈钢(简称双相钢)及其焊缝具有较强的选择性腐蚀能力。既能产生奥氏体选择性腐蚀，又能产生铁素体选择性腐蚀。这种腐蚀的特点是首先从奥氏体—铁素体晶粒边界开始，即从复相晶间腐蚀开始，然后向某一相发展。向奥氏体一侧发展就形成奥氏体选择性腐蚀，向铁素体一侧发展就形成铁素体选择性腐蚀。选择性腐蚀在腐蚀形貌上和晶间腐蚀有些相同，但是两者区别是，选择性腐蚀是优先把某个相或组织腐蚀掉，而晶间腐蚀则是沿着晶间进行腐蚀渗透。

通常尿素甲铵液中氧含量的多少与双相钢发生何种选择性腐蚀有关。在含氧量较充分的尿素合成塔溶液中，双相钢易产生铁素体相的选择性腐蚀，在停车封塔时合成塔内溶液中氧含量下降，则易产生奥氏体相的选择性腐蚀。

在尿素甲铵液中，含铬高的铁素体要比含铬低的奥氏体具有更高的耐蚀性。然而双相钢的焊缝在尿素甲铵液中却容易产生铁素体选择性腐蚀。

不锈钢在高温下，铁素体对碳元素的溶解度较大，如果急冷，碳就会过饱和地溶解在铁素体里。如果缓慢冷却，铁素体会产生分解。焊缝是从高温熔融温度自然缓慢地冷却下来的，焊缝中容易存在铁素体，并在冷却过程中就已经有了不同程度的分解，这就是为什么焊缝常常易产生铁素体选择性腐蚀的原因。

在存在奥氏体和铁素体双相情况下，影响铁素体选择性腐蚀的主要因素在于铁素体本身的性能，而不在于铁素体的含量多少。

4）应力腐蚀破裂

金属在腐蚀与拉应力的同时作用下会产生应力腐蚀破裂。在尿素生产装置中曾多次发生过应力腐蚀破裂事故，例如尿素合成塔衬里和塔板、汽提塔液体分配头、高压洗涤器管箱堆焊、高压冷凝器上管板堆焊层、CO_2压缩机三段冷却器、高压 CO_2冷却器等设备都出现过应力腐蚀破裂。在这些事例中，均发现裂纹中有氯离子集聚的现象。这些事实说明，在一定条件下，尿素甲铵液或冷却水中存在氯离子对不锈钢会大大提高应力腐蚀破裂的敏感性。应力腐蚀的形态是设备表面出现各式各样的裂纹。

为了防止尿素不锈钢设备产生应力腐蚀破裂事故，应严格禁止氯离子进入设备，进入尿素甲铵液，严格控制蒸汽中氯离子含量和冷却水中氯离子含量等。

5）腐蚀疲劳

在交变应力和介质腐蚀的共同作用下，会引起不锈钢材料的腐蚀疲劳破裂，例如柱塞式甲铵泵缸体、振动的高压不锈钢管道、液体进口管的挡板、分布器的焊缝、单向阀弹簧等部位均易产生腐蚀疲劳破裂。

提高设备材料的腐蚀疲劳寿命的办法是：在设备结构设计上应尽可能避免应力集中和采用耐腐蚀性能好的材料。

6）磨蚀

这是金属表面同时受到流体介质的磨损和腐蚀而产生破坏的一种形态。它包括湍流腐蚀、冲刷腐蚀、汽蚀腐蚀和摩振腐蚀等。

湍流腐蚀经常发生在汽提管上，汽提法流程中汽提塔的汽提管上部离管口一定距离范围内(0.5~2m)，管内流体介质速度很高，接近湍流态，而产生湍流腐蚀，在这段距离内列管的腐蚀速度远远大于其他部位。控制或减轻这种磨蚀的办法是：在工艺设计上尽量减小单根列管的流体负荷；采用耐磨蚀性能好的材料。

冲刷腐蚀是由于高速液体对弯头、三通、阀芯、阀座等产生机械冲刷作用而破坏不锈钢或钛表面钝化膜，并妨碍其再钝化，因而腐蚀速率明显增加。例如各种尿素工艺流程中，从高压到中压的高压差减压阀，尿素合成塔顶部出口衬钛管道等均存在严重的冲刷腐蚀。

为减轻冲刷腐蚀，一是要在设计上降低尿素甲铵液的流速；二是采用抗冲刷腐蚀性能好的材料。

汽蚀腐蚀是当离心泵或柱塞泵发生汽蚀时，在与气泡接触处的微小表面上受到高达数百个大气压的冲击力，破坏金属钝化膜，使之遭受腐蚀，并加快其腐蚀速率，从开始点蚀到最后把壁面蚀穿。在离心泵泵壳和叶轮入口处常见到这种腐蚀形态。

摩振腐蚀发生在两个部件同时承受载荷相接触表面的振动和滑动之处。在此，因摩振作用而破坏了金属表面的钝化膜，使暴露的金属出现活化腐蚀，而后再钝化，又再被破坏，直至摩振部位腐蚀穿透。例如尿素生产中的管壳式换热器，有的换热管在折流板处产生过这种摩振腐蚀破坏事故。

7）缝隙腐蚀

缝隙腐蚀形态为沟缝状，是孔蚀的一种特殊形态。

在尿素设备内的螺栓与螺帽之间、塔板与筒体壁之间、法兰连接面、设备结构中的滞流区或垢层下等缝隙处，介质由于其滞流或是死区，因腐蚀作用消耗了其中的氧，使缝隙处成为缺氧区，缺氧加速了腐蚀速度。

在设备设计和制造中应尽量避免产生缝隙，或是必要时选用抗缝隙腐蚀性能好的材料是减轻缝隙腐蚀的有效措施。

8）孔蚀

铝(如高压尿素设备的密封垫)、不锈钢和钛在尿素甲铵液介质中均会发生孔蚀。孔蚀往往发生在介质滞流区或死区，因而孔蚀与缝隙腐蚀常常同时发生。孔蚀的原因有的是因为溶液介质中含有硫化物或氯离子，吸附在滞流区的金属钝化膜表面，取代表面吸附的氧，产生可溶性金属化合物。有的是因不锈钢的夹杂物和析出相而引起孔蚀。有的是因焊缝熔池在冷却过程中凝固的气道遭到了腐蚀，出现了许多焊肉针孔形态的孔蚀。

9）端晶腐蚀

尿素甲铵液有较强的端晶腐蚀能力。这种腐蚀发生在不锈钢的端面(例如钢板的边缘、螺栓的螺纹，列管的端面等)。端晶腐蚀实际上是晶间腐蚀的一种形式。提高不锈钢材料的质量和耐蚀性是减轻端晶腐蚀的最主要措施。

10）氢脆

在尿素甲铵液中常采用奥氏体不锈钢。由于氢在奥氏体钢中的溶解度较大，氢溶入钢中所产生的氢脆作用不明显，因此尿素用钢一般不考虑氢脆问题。

但是，氢在 α 钛中溶解度非常低($20\times10^{-6}\sim200\times10^{-6}$)，氢与钛有较大的亲和力，当含量超过溶解极限时，会产生氢化钛析出相，使钛产生氢脆。因此在钛制尿素设备中应考虑氢脆问题。

钛材已广泛用作尿素合成塔衬里和汽提塔的列管等，其耐尿素甲铵液的腐蚀性优于不锈钢。

引起钛产生氢脆的原因主要是电化学腐蚀过程中阴极反应所产生的活泼原子氢，能够进入钛中。在介质溶液中当氧含量降低得很多时，阴极反应主要表现为析氢反应，容易造成钛的氢化。例如国内某台尿素合成塔内衬钛板作为防腐层，在一次泄漏事故中未及时停电，导致尿素甲铵液泄漏到钛衬板和壳侧碳钢之间夹层，形成腐蚀电池，钢首先作为阳极遭到严重腐蚀，消耗了夹层介质中的氧，这时钛衬里成为阴极，发生阴极析氢反应，原子氢进入钛中，生成氢化钛析出物。经过一个多月后，泄漏处的衬里钛层含氢量高达 600×10^{-6}，钛产生了严重氢脆，焊接修理非常困难而不得不报废，造成巨大的经济损失。

钛表面如有铁的污染或机械划痕，在尿素甲铵液中也会产生腐蚀电池。因此尿素设备用钛的含铁量应控制在一个低水平范围内，如小于0.10%是较好的。

2. 尿素生产腐蚀机理

对尿素生产腐蚀机理研究中，普遍认为工艺过程中的中间产物的化学性腐蚀和高温高压下介质的电化学腐蚀是导致腐蚀材料的最主要原因。

1）中间产物的化学性腐蚀

(1) 氨基甲酸根的腐蚀。在对 CO_2-H_2O 系、NH_3-H_2O 系、$Ur-H_2O$ 系对不锈钢腐蚀研究中，未发现有腐蚀。但当 CO_2-H_2O 和 NH_3-H_2O 混合后，在温度大于100℃、高中压下，对不锈钢有强烈的腐蚀性。这是因为氨基甲酸根具有还原性，能阻止钝化型金属表面氧化膜的生成，使金属产生活化腐蚀。介质中甲铵浓度越高，其腐蚀性越强；温度越高，其腐蚀性越大。

(2) 氰酸根的腐蚀。在高温下尿素水溶液中存在着尿素异构化反应，氰酸根具有强还原性，使钝化型金属在其中不易形成钝化膜而出现严重的活化腐蚀。

(3) 形成氨的络合物。在高温高压下，尿素甲铵液中的氨会与不锈钢中许多元素的氧化物形成络合物，氧化镍、氧化铬和氧化铁在氨水溶液中溶解与氨生成络合物，从而破坏了不锈钢表面的氧化膜，失去了钝化，呈现出活化腐蚀。

(4) 形成羰基化合物。不锈钢在尿素甲铵液中由于与介质发生了羰基化反应，生成了金属的羰基化合物，镍较易形成羰基镍。从而金属自身溶解于介质中而出现腐蚀。

2）电化学腐蚀

尿素甲铵液是 $NH_3-CO_2-H_2O-Ur$ 多元物系，含有多种离子，在高温高压下是强电解质，具有较强导电性。因此与尿素甲铵液相接触的金属表面形成无数个微电池。在尿素实际生产过程中均存在着电化学腐蚀，不锈钢和钛既可能产生活化腐蚀，又可能维持电化腐蚀。

二、尿素装置主要设备选材

由于尿素甲铵溶液的腐蚀性，与介质相接触的设备及管线要选择合适的材料。

(1) 尿素合成塔衬里选材。当合成塔操作温度不大于 190℃时，衬里材料一般选用 316L(尿素级)、00Cr25Ni22Mo2N、SAFUREX、R4、R5(尿素级)；当操作温度为 190~210℃时，衬里材料选用钛材；当操作温度为 205~230℃时，衬里材料选用锆材。

(2) 汽提塔管材。在 CO_2汽提、双汽提及 ACES 工艺中，汽提温度小于 195℃时，管材选用 00Cr25Ni22Mo2N、DP3、DP12(尿素级)、SAFUREX。在氨汽提工艺中，汽提温度小于 210℃时，管材选用钛、双金属锆管。

(3) 高压甲铵冷凝器管材选用 316L(尿素级)、00Cr25Ni22Mo2、DP3、DP12(尿素级)、SAFUREX。

(4) 高压洗涤器管材选用 316L(尿素级)、00Cr25Ni22Mo2N、SAFUREX。

(5) 高压管路材料选用 316L、316L(尿素级)、SAFUREX。

三、腐蚀监测

为了保证设备的经济寿命期，除了对管理和操作提出严格的规定和要求之外，还必须制定严格的腐蚀监测措施。

1. 化学分析腐蚀监测

在尿素生产过程中，金属材料产生各种形态的腐蚀，其腐蚀产物有的呈灰分样沉积在材料表面或死角结构处，但是镍元素形成氨的络合物而溶解在尿素甲铵液中，为此，采用分析中间介质或成品尿素中的 Ni 含量来监测腐蚀是十分有效的。

要求每日成品尿素平均试样测定 Ni 含量最大值不大于 0.2mg/kg，每天分析 1 次。

腐蚀监测值：成品尿素 Ni 含量不得超过下列指标：

80%~100%负荷连续两天超过 0.25×10^{-6}；

65%~80%负荷连续两天超过 0.30×10^{-6}。

2. 仪器检测

化学分析腐蚀监测是宏观监测，即只知道腐蚀程度，而不知道具体腐蚀部位。为此需临时停车检修或计划大修时，对主要设备的重要部位进行仪器检测，以确定腐蚀部位的腐蚀速度、腐蚀特性和形态，为腐蚀诊断提供数据，进而制定具体的修理方案。

一般 95%以上的腐蚀缺陷是通过宏观检查发现的，除了用 3~5 倍放大镜对容器内部与尿素甲铵液相接触的部位，尤其焊接部位及其热影响区进行宏观检查外，还需要进行必要的仪器检测，包括磁探仪检测、测厚仪测厚和铁素体含量的测定。

3. 在线腐蚀监测

利用在线腐蚀监测仪可以连续地测定出运行设备的材料腐蚀情况。这种仪器由安装在设备内的探针电极和面板式二次仪表组成。探针电极材料与设备材料相同。其原理是基于电化学极化阻力测量和电位监测，直接以数字显示出探针电极的瞬时腐蚀速度和设备材料的腐蚀状态(活化或钝化)。上海化工研究院开发的CS型腐蚀在线监测仪已成功地应用于多个大型尿素装置的高压设备上。

四、氧气防腐和双氧水防腐

1953年，斯塔米卡邦公司发现加氧可以防止铬镍钼不锈钢在尿素甲铵液中腐蚀之后，尿素工业取得了来源广、价格较便宜的各种耐蚀不锈钢，从而得到飞速发展。随着工艺技术的进步，需要采用耐高温尿素甲铵液的材料，如钛、锆等，但它们也是氧化型材料，需要氧来形成氧化膜防腐层。

1. 氧气(空气)防腐

1）氧气在尿素甲铵液中的溶解度

在CO_2汽提法尿素装置的正常工况条件下，尿素合成塔液相溶解氧为80mg/kg左右，汽塔液相溶解氧为20mg/kg左右；低压分解塔尿液中溶解氧为4~5mg/kg，低压甲铵液中溶解氧为2~3mg/kg。

2）氧对金属腐蚀速度的影响

尿素甲铵液中的氧含量对金属的腐蚀作用有双重影响，它既是阴极的去极化剂，又是阳极的缓蚀剂。对于表面能生成完整致密钝化膜的金属(不锈钢、钛)，后者占主导地位；对于表面不能生成完整致密钝化膜的金属(如银、铅)，则前者作用占主导地位，因此液相中氧含量对不同金属的腐蚀率是不同的。

为使金属材料产生钝化，介质中要求的最低氧含量是不同的：

00Cr17Ni14Mo2的临界氧含量大于10mg/kg；

00Cr25Ni22Mo2N的临界氧含量为5~10mg/kg；

Ti的临界氧含量约为3mg/kg；

0Cr17Mn13Mo2N的临界氧含量约为2mg/kg；

3）尿素生产中的加氧量及加氧部位

在尿素生产过程中，向系统加入氧是为了设备材料的防腐，但氧对尿素生产有两大不利之处：

氧(或以空气形态)随CO_2气进入尿素合成塔，占据了一定的空间，使液相在塔内停留时间减少，因而降低了CO_2转化率。一般CO_2纯度每降低1%，总合成率可降低0.6%左右。

氧气和系统中可能存在的可燃性气体，如氢气在一定条件会形成燃爆性气体，危及设备和人身安全。

为了防止氢氧混合气体的燃爆，一般以空气代替纯氧加入原料CO_2气中。

2. 双氧水防腐

由于设备结构上的原因或工艺过程的缘故，当气相中的氧很难到达某些不锈钢部位，这些部位的氧化膜不能及时得到修复时，就会受到严重的腐蚀。在这种情况下，可将双氧水注入流经这些部位的液相介质中作为材料的防腐剂。采用双氧水有两个优点：一是双氧水在高温下分解出活性氧原子，氧原子是很强的氧化剂；二是双氧水注入液相介质中，会很快扩散溶解，均匀分布。

在 CO_2汽提法尿素工艺中，腐蚀最严重处是汽提塔换热管，可向局部系统补注双氧水，从而将加入原料 CO_2中的氧量降低到 0.20%~0.25%，一方面可以降低 CO_2压缩机的功耗或增加尿素生产能力；另一方面可降低尾气的燃爆性，提高生产安全度。加入介质中的双氧水量为注入点处的液相含 5~10mg/kg 活性氧原子。

五、尿素装置建构筑物防腐

尿素生产过程中跑、冒、滴、漏出来的氨水、碳化氨水、尿素溶液、油类等对建筑物、构筑物具有一定的腐蚀作用[12]。如果防腐措施不当，其破坏性严重。所以建筑防腐也是十分重要的。

尿素生产过程中排出物氨水、碳化氨水等呈碱性，对建筑材料有缓慢的腐蚀。尿素在干湿交替条件下对多孔性建筑材料有膨胀腐蚀作用，这是因为化学介质与建筑材料的组分发生化学反应，生成体积膨胀的新生成物，因而在材料中产生内应力，使材料结构破坏；当尿素溶液渗入材料的孔隙中积聚后又脱水结晶，固态结晶尿素体积膨胀，产生内应力，破坏材料结构。

尿素装置建构筑物的防腐除了基础、地面和设备基础外，还有造粒塔、厂房等重点设施。

1. 造粒塔建筑防腐

造粒塔是非金属的化工设施，受到尿素粉尘的膨胀腐蚀，其防护十分重要。

1）塔体

造粒塔塔壁一般采用液压滑模施工或现浇，混凝土内掺加一定量的减水剂，出模后的塔壁喷涂养护剂，以利于提高塔身的耐腐蚀性能。

掺加减水剂的密实混凝土在施工前必须做好充分的施工准备，根据工程设计的要求选择水泥品种，确定骨料级配，选择减水剂品种及其掺用量和计量方法，选择养护剂的品种及确定施工程序等。

造粒塔内壁采用环氧玻璃钢或其他涂料做防腐面层。涂料可以选用氯磺化聚乙烯、聚氨基甲酸酯、环氧聚氨基涂料等。

2）操作层楼面

楼面应做好坡度，坡度为 5‰~10‰，坡向地漏。

楼面可以是水磨石面层或耐酸瓷砖面层。块材面层采用树脂胶泥砌筑并勾缝，块材面层下必须做整体防腐隔离层。在墙面和楼面交接处，防腐隔离层必须向墙体上延伸 300mm 以上。

3）刮料层

采用刮料机的刮料层可用花岗岩片石砌筑，用树脂胶泥砌筑和勾缝，也可用耐酸瓷砖作面层。

4）内表面防护

如用钢漏斗，则其内表面防护一般采用聚氨基甲酸酯、氯磺化聚乙烯，钢漏斗背面及支柱用环氧沥青防腐。

5）内墙壁防腐

造粒塔外壁及楼梯间内墙壁宜涂刷氯磺化聚乙烯防腐漆。

2. 厂房防腐

主厂房的梁和柱宜涂刷氯磺化聚乙烯漆防腐。

生产厂房如采用钢结构，梁、柱、板均需涂刷氯磺化聚乙烯防腐漆。

第七节 生产排放及处理措施

在尿素生产过程中，伴有废液、尿素粉尘和含氨尾气的排放，以及检测仪表的放射源射线辐射。对此需要进行治理和防护，达到回收有用物质和保护环境的双重目的。

一、工艺废液处理

尿素工艺废液可分为外来性废液和自生性废液两种。

外来性废液来源于二氧化碳压缩机级间冷却分离器，主要是水、溶解的二氧化碳、汽缸油及微量的来自合成氨装置脱碳工序的脱碳溶液等。外来废液送至污水处理工序。

自生性废液是指蒸发冷凝液和开停车排放的清洗液，其中含水、氨、二氧化碳、尿素和缩二脲。水的来源主要是尿素反应生成水和喷射器的驱动蒸汽凝液，这些水最后带入蒸发工序而被蒸发出来，蒸发过程中的副反应以及机械夹带使得一些氨、二氧化碳、尿素及缩二脲也进入蒸发冷凝液。一般每生产 1t 尿素，则产生 380～530kg 蒸发冷凝液，其组成(质量分数)大致为：尿素 0.4%～2%、氨 3.5%～5.5%、二氧化碳 2%～3%，其余为水。蒸发冷凝液中的尿素和氨必须加以回收，以降低尿素产品的氨耗，减轻或消除对环境的污染。处理方式是水解解吸法，即首先使蒸发冷凝液脱氨，然后使废液中的尿素分解为氨和二氧化碳，再经第二次脱氨，所得残液中氨和尿素均可达到痕量，直接排放对环境无污染，也可回收作为工厂循环水补充水或锅炉给水。

1. 解吸原理

解吸是吸收的逆过程。吸收时需要高压和低温，而在解吸时是低压和高温操作。

为了实现解吸应设法降低解吸组分在气相中的分压，或者提高液相的平衡分压，脱除水中 NH_3 和 CO_2。例如，采用溶液加热汽化法、向液相通入惰性气体汽提法、减压解吸法、蒸汽直接加热汽提法等，蒸汽直接加热汽提法是尿素工业常用的解吸方法。

对解吸的要求一是解吸后的废液应不含氨，以降低尿素的氨耗；二是解吸气含水量应最少，以利于实现全系统的水平衡。

为了达到解吸废液中不含氨，首先要从技术经济角度来确定解吸压力。

一般解吸塔的操作压力比吸收系统高 0.05MPa，以便解吸气直接送入吸收系统而得到回收，这样流程简化，操作方便。

2. 水解原理

低浓度的尿素水溶液在足够高的温度下通过水解，能够把尿素含量降到很低的水平。

反应如下：

$$NH_2CONH_2+H_2O=2NH_3+CO_2$$

在一定温度下，尿素水解速度与其浓度成正比。

图 3-13 为水解温度对尿素水解残余量的影响[11]，图 3-14 为进料组分对尿素水解所需时间的影响[11]。

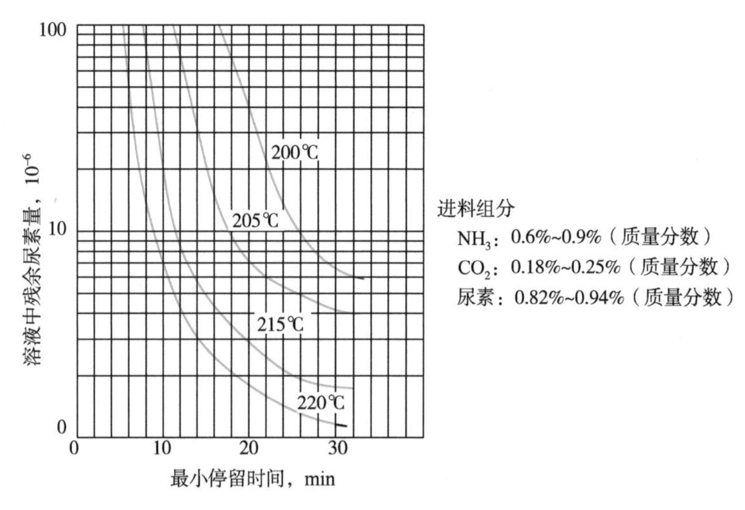

图 3-13 水解温度对尿素水解残余量的影响

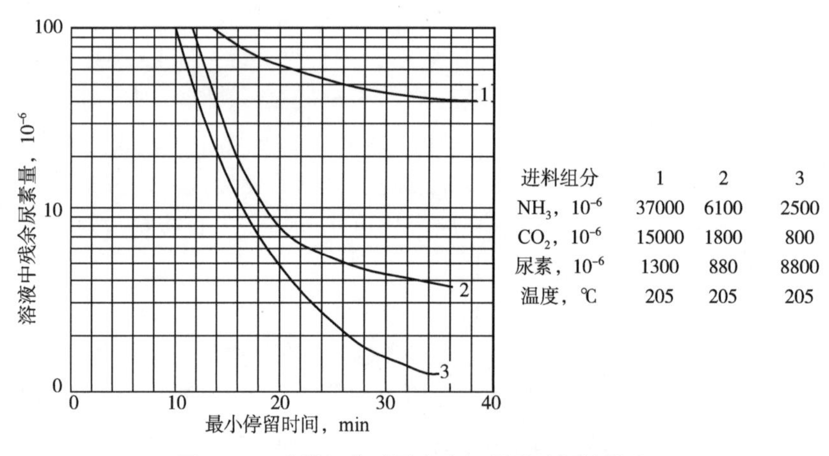

进料组分	1	2	3
NH_3，10^{-6}	37000	6100	2500
CO_2，10^{-6}	15000	1800	800
尿素，10^{-6}	1300	880	8800
温度，℃	205	205	205

图 3-14 进料组分对尿素水解所需时间的影响

3. 工艺冷凝液水解解吸处理法

下面以立式尿素水解器为例，介绍逆流水解解吸流程。并流水解是早期的技术，效果不好，已经被淘汰。水解解吸流程如图 3-15 所示。

工艺冷凝液先进入第一解吸塔脱除溶解的 NH_3 和 CO_2，然后进水解塔，塔底通入高压蒸汽以提高温度促进水解反应，水解后气相和液相分别从塔顶和塔底流出。在塔内自上而下始终存在着尿素水解和 NH_3、CO_2的解吸过程。塔底排出液中尿素含量很低。再经第二解吸塔汽提，进一步逐出 NH_3和 CO_2，最终解吸废液含尿素和 NH_3量分别只有 1~5mg/kg。

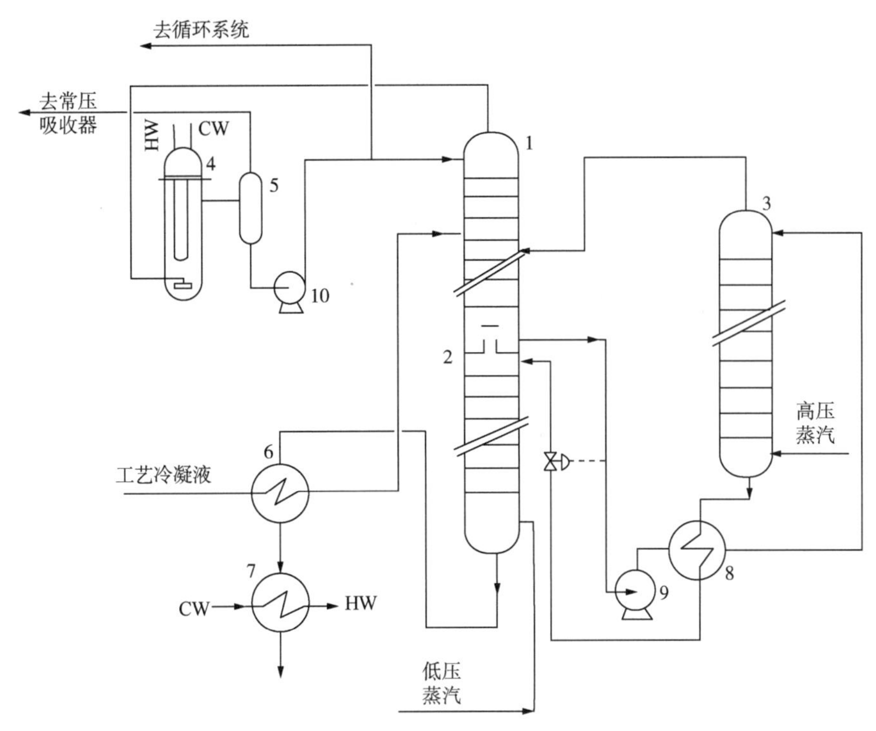

图 3-15　逆流水解解吸流程示意图

1—第一解吸塔；2—第二解吸塔；3—逆流式水解塔；4—回流冷凝器；5—液位槽；6—解吸塔换热器；7—废水冷却器；8—水解塔换热器；9—水解塔给料泵；10—回流泵；CW—循环冷却水给水；HW—循环冷却水回水

二、粉尘治理

尿素造粒塔排气、颗粒尿素的转运、散装尿素的贮存以及尿素包装过程均含有或产生尿素粉尘。粉尘粒度为 0.1~20μm，尿素粉尘排入大气，会造成对大气环境的污染，粉尘弥漫于操作岗位，对人体呼吸系统产生危害。因此造粒塔粉尘和包装粉尘需治理。

1. 造粒塔粉尘治理

无论是机械通风还是自然通风的造粒塔，每吨尿素所需冷却空气量是相当大的，达 6000~10000m^3。如果造粒塔排气未能达到当地环保法规的排放标准，就需要粉尘治理设施。

填料塔除尘装置适用于已有机械通风造粒塔的粉尘治理；喷雾除尘装置可用于自然通风或机械通风造粒塔。

中国石油 80×10^4t/a 尿素装置中造粒塔采用湿式除尘，湿式除尘是利用解吸废液与尿素粉尘充分接触形成的液滴，经气液分离器分离下来，进入循环液中，循环液中尿素含量达到约 10%浓度后返回尿素生产系统。

2. 包装粉尘治理

包装除尘系统有集中干式除尘系统和真空单机除尘器两类。

1）集中干式除尘系统

大型尿素包装厂房有 6~8 条包装线，可以设置集中干式除尘系统，即包装厂房只设有一套干式气体净化设备，在包装机的包装口、自动秤进料处、尿素贮斗进料口等各个粉尘产生点用风管连接起来送至净化设备。

干式集中除尘系统的缺点是通风系统管道长，阻力大，各吸风口风量不均匀，吸湿后易结块而产生堵塞，使用效果一般较差。

2）真空单机除尘器

真空单机吸尘器与自动定量包装机配套使用，可以消除尿素在称量和装袋过程中产生的粉尘。

通过抽风机将含尘气体从箱体下半部的进风口吸入箱内，由扁布袋过滤器进行过滤，尿素粉尘被截留在滤袋外表面，已净化的气体通过过滤袋进入出风口，排入室内，也可接管排至室外。随着运行时间的增加，滤袋外表面黏附的粉尘不断增加，从而过滤阻力增大，通过振打电动机和振打横杆进行定时振打滤袋清灰，使粉尘抖落到集尘箱内。

该除尘器的特点是体积小，清灰、换袋方便。滤袋采用涤纶布制作，沾尘不易结块，滤袋内衬不锈钢弹簧丝网，过滤效率高。

三、工艺尾气处理

由于尿素生产用原料 CO_2气体及液氨中均含有惰性气体，为了防止设备材料的腐蚀，又向工艺系统添加防腐空气，因此尿素生产中存在着工艺尾气，其数量随着原料 CO_2气体的纯度、防腐空气加入量而变化。由于尾气中含有氨，所以对工艺尾气需加以处理，其目的是尽量回收氨，提高氨利用率，降低生产成本，尽量减少氨损失，防止对环境的污染。在工艺尾气处理过程中，需要注意防止尾气燃爆。

根据不同的排放压力，尾气有高压、中压、低压和常压洗涤法。中压洗涤法只在有中压系统的尿素装置中设置。

1. 高压洗涤法

以 CO_2汽提法尿素生产工艺为例，原料 CO_2气体采用脱 H_2方法，CO_2中残存 H_2量低于0.01%(体积分数)，出尿素合成塔的尾气送往高压洗涤器的浸没鼓泡段，然后在填料洗涤段用低压回收系统来的甲铵液洗涤，出高压洗涤器的工艺尾气气体组分属于非燃爆性气体，再经过低压或常压洗涤，可直接排入大气。

2. 低压洗涤法

在二氧化碳汽提工艺中，高压洗涤器出口的尾气中含有较多的氨，需要送至操作压力为0.3~0.6MPa的低压吸收塔中，进一步用工艺冷凝液和蒸汽冷凝液洗涤，回收其中的氨。

3. 常压洗涤法

当原料 CO_2气体未采取精脱硫措施，且高压圈设备材料要求添加较多的防腐空气时，CO_2中氧含量会有0.5%~0.8%。在中压洗涤回收时，如果全部除去氨，中压尾气就进入爆炸极限内，因此，中压尾气含有的较多氨，需在常压洗涤段进行除氨处理。为防止产生燃爆，此时可向常压洗涤尾气中补加蒸汽、氮气或其他可燃气体，如天然气等，来缩小混合气体的爆炸上下限，使气体组分落在非爆炸区。

四、γ射线防护

尿素合成塔、汽提塔、甲铵分离器液位测量已经广泛采用γ射线液位计。常用的放射源有钴-60和铯-137。钴-60和铯-137的原子核从较高能级跃迁到较低能级时，放出γ射线，产生γ衰变。γ射线不带电荷，没有质量，是一种电磁辐射，它的波长很短，电离作用较弱，但穿透能力很强。

如果不采取有效的防护措施，放射性物质将对人体造成辐射损伤。辐射不仅可以扰乱和破坏机体细胞、组织的正常代谢活动，而且可以直接破坏细胞和组织结构，对人体产生白血病、恶性肿瘤、生育力降低、寿命缩短等躯体损伤效应，以及流产、遗传性死亡和先天畸形等遗传损伤效应。

尿素生产过程中对γ射线的防护，主要采取如下措施：

设计选用安全型放射性物质强度剂量。尿素合成塔和汽提塔在正常生产情况下（尿素甲铵液密度大于水密度），外壁处的剂量率远远低于GB 18872—2002《电离辐射防护与辐射源安全基本标准》[13]的规定值，因此是安全的。但是在停车状态下，合成塔外壁处的剂量率较大，因此在停车检修时，操作人员和检修人员在正对放射源的地方不要停留过长时间，停留时间应做记录备查。

如果尿素合成塔外壁剂量率过大，则应采取铅板隔离屏蔽措施，用以减弱γ射线强度。

钴源和铯源需贮存在特殊设计的射源库房间里，有专人保管和监视。

尿素工厂的生产、维修、分析等部门接近放射源的人员，需每年进行医学健康检查，并载入个人档案。

第八节　过程检测及关键控制回路

尿素生产过程中的尿素甲铵液和碳铵液腐蚀性强、易产生结晶，原料液氨和过程中的气相介质易燃易爆，为此对一次测量仪表提出了较高要求。不但要求仪表应具有较高的耐腐蚀性能、较高的灵敏性，而且为防止堵塞要有特殊的结构，同时要有合理的过程控制方案。

一、过程检测

尿素生产中的过程检测仪表包括温度、压力、流量、物位检测仪表及成分分析仪表等。

1. 温度检测仪表

双金属温度计主要用作就地安装测温仪表，其优点是体积小、价格便宜、刻度清，且具有一定抗震性，测量范围在-80～600℃，保护套材为00Cr18Ni10，适用于水、蒸汽、液氨、尿液、稀甲铵液等介质的测温。由于尿素生产区域中存在工业腐蚀性环境，因此宜选用防护型双金属温度计，常用的有工业热电偶和铠装热电偶。

1）工业热电偶

尿素生产中常用镍铬—镍硅热电偶。

用于高压尿素甲铵液介质测温时，管路或设备要焊有热电偶保护套管，保护套管材料与管路或设备材料相同，以免介质腐蚀热电偶保护管；热电偶可直接与被测介质接触，保护管材质依不同被测介质性质而选用，不得选用含铜、锌、铅及其合金材料。

2）铠装热电偶

铠装热电偶是由热电偶丝、绝缘材料和金属管三者组合并经拉伸而成的组合式热电偶，其外径可以做得很小，响应速度快，具有良好的机械性能，可耐强烈的振动和冲击。

尿素生产中由于温度参数的重要性而广泛应用隔爆型铠装热电偶，采用绝缘形测量端，对于要求温度滞后性小的场合，铠装热电偶外径可选用 3～5mm，保证时间常数小于 5s。

2. 压力检测仪表

尿素生产中常用压力检测仪表有：液柱式 U 形压力计，用于测量常压 CO_2气体压力和蒸发系统的真空度；普通弹簧压力表，用于测量水、蒸汽、蒸汽冷凝液、压缩空气、仪表空气、氮气等非腐蚀介质的压力；氨用压力表，用于测量液氨和气氨压力；防爆型带电接点氨用压力表；隔膜式耐蚀压力表，用于检测氨、甲铵液、尿素溶液等腐蚀性强、易凝固介质的压力。

尿素生产区域环境中含氨，冷却水和蒸汽冷凝液中也含氨，所以禁止使用含铜、锌、铅及其合金的压力检测元件。

腐蚀性介质在螺纹间隙中会产生间隙腐蚀，因此对隔膜压力表应选用法兰连接形式。高温型用于测量温度较高介质的压力，例如在尿素合成塔顶部测量塔内压力，此处温度高达 190℃。

压力检测点取在振动的设备或管道上时（例如 CO_2压缩机末级出口管道，往复式氨泵、甲铵泵出口管道等）则需要安装减振罐或一定长度的毛细管来消除脉冲对仪表的影响。

3. 流量检测仪表

液体流量用常规孔板或转子流量计测量，但应注意介质的结晶和气化。液氨的流量测定多采用漩涡流量计，其基本误差为±0.5%～±1.5%，它的特点是可以长期提供 0.15%的重复性，是一种设有可动磨损部件的节流装置，日常维护工作量小，可靠性强。现在已广泛用于液氨计量。

由于液氨的密度受温度影响较大，因此液氨用旋涡流量转换器需带有温度补偿。

4. 物位检测仪表

尿素生产中的中低常压塔、槽容器液位检测仪表有玻璃管（板）式、浮力式、差压式、电容式液位计。对于高压设备则采用 γ 射线液位计和雷达液位计。

1）射源选用

尿素生产装置的 γ 射线液位计常用的射源有钴-60 和铯-137。目前，铯-137 选用的较多，钴-60 大多用于容器壁较厚的场合。

射源半衰期：钴-60：5 年（每年衰减 12%～14%）；铯-137：33 年（每年衰减 2%～3%）。

2）尿素合成塔的液位检测

由于尿素合成塔压力高，塔壁厚，塔径较大，液位变化也大，因此一般不采用点源，而选择棒源或条源，如图 3-16 至图 3-18 所示。

当闪烁计数器安装在尿素合成塔顶部气体出口管处时，由于管道壁厚仅为合成塔壁厚的 1/10 左右，因此射源强度相对要小一些。

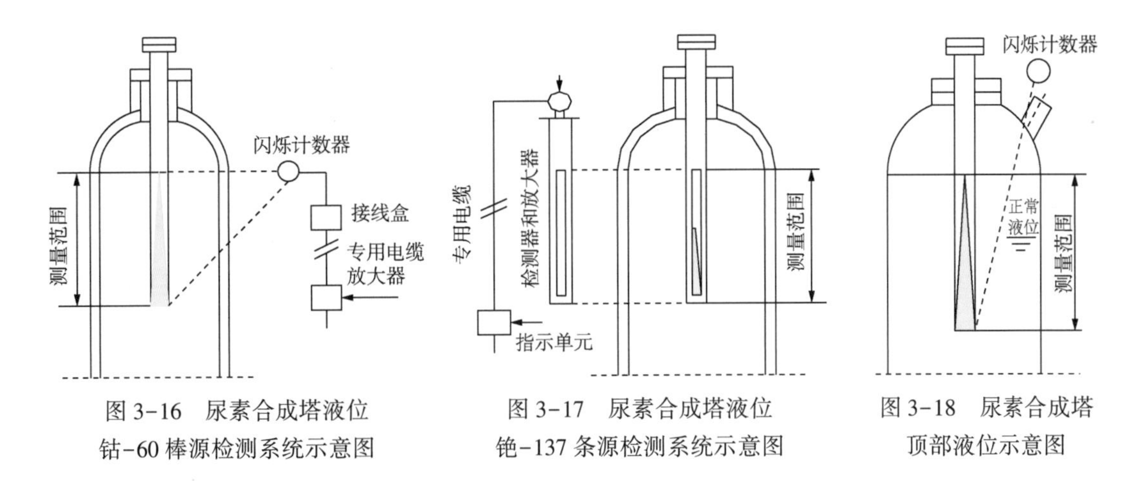

图 3-16　尿素合成塔液位钴-60 棒源检测系统示意图

图 3-17　尿素合成塔液位铯-137 条源检测系统示意图

图 3-18　尿素合成塔顶部液位示意图

3）汽提塔的液位检测

汽提塔底液位检测系统如图 3-19 和图 3-20 所示。

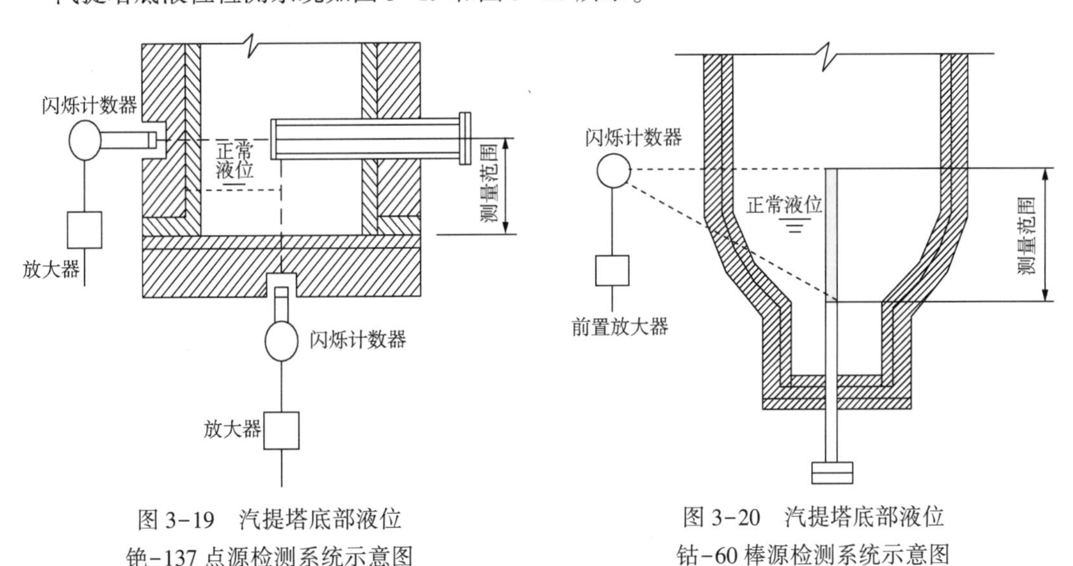

图 3-19　汽提塔底部液位铯-137 点源检测系统示意图

图 3-20　汽提塔底部液位钴-60 棒源检测系统示意图

5. 成分分析仪表

使用在线分析仪表是为了及时了解尿素生产过程中的反应情况。

1）CO_2中氧含量分析

如果 CO_2气体中氧含量低于控制值，则会引起尿素合成高压圈设备材料的腐蚀；如果加氧量过高，则影响尿素合成率及中压放空惰性气体时增加氨损失。

通常采用磁导式氧分析器。如热磁式氧分析器或磁压式氧分析器，氧含量分析范围为 0~1.5%。

2）H_2/O_2分析

在对 CO_2原料气采用脱氢处理时，则需对脱氢后的 CO_2气体中的 H_2/O_2含量分别进行分析。氧分析的目的与上述相同；氢分析目的是监视脱氢效果，以防氢气带入尿素合成塔导致尾气处理时形成 H_2/O_2燃爆性气体。

分析氢采用热导式氢分析器，氢含量分析范围为0~0.05%(体积分数)。

3) NH_3/CO_2气体分析

在尿素生产中，根据尿素合成塔出塔气相中NH_3/CO_2物质的量比，则可计算出液相中NH_3/CO_2物质的量比，可用于判断尿素合成塔内的转化率及反应情况。

二、过程控制

随着自动化技术的进步，尿素生产的过程控制自动化水平迅速发展，由常规控制过渡到应用集散控制系统，向优化控制方向发展。

1. 常规控制

尿素生产中用于温度控制的调节器应是具有比例积分微分调节规律的调节器(PID)；对于一般的液位控制，可以使用比例调节器(P)。如重要的液氨贮槽的液位控制，则要采用比例积分调节器(PI)；对于压力和流量的控制则采用比例积分调节器(PI)。

2. 集散控制系统的应用

集散控制系统(Distributed ControlSystem，DCS)自20世纪70年代开始在尿素工厂中推行。80年初开始将DCS系统应用于国内的大、中型尿素装置，取得了明显的经济效益，如降低原料液氨和蒸汽的消耗；生产更加稳定，增加了在线运行时间；消除了由于不同班组的操作习惯给工艺造成的差异，减少了操作失误；产品中缩二脲含量降低等。集散系统对降低能耗不明显，但是对降低氨耗增加产量是非常显著的。集散系统普遍应用在大、中、小型尿素装置，已经取代老的常规控制系统。

3. 优化控制

尿素生产过程控制可以通过手动或自动实现，根据控制目标，调节控制器的给定值，通过主要的过程参数控制生产过程以取得最佳效果，即优化控制。

尿素合成过程的控制，涉及的关键变量和因变量包括：

关键变量：生产能力、进塔NH_3/CO_2、合成塔顶部惰性气体压力、洗涤器顶部惰性气体压力、合成压力、合成塔顶部液位、汽提塔效率、汽提塔底部液位等。

因变量：NH_3进料量、CO_2进料量、低压蒸汽产量、洗涤器热负荷、汽提塔壳侧蒸汽压力、合成塔出液阀的开度、洗涤器的排出空气量、汽提塔底出液流量等。尿素生产过程中的部分控制回路见表3-5。

表3-5 尿素生产过程部分控制回路

序号	调节系统名称(关键变量)	调节系统构成说明	备注
1	O_2含量控制	串级加前馈，控制空气流量	
2	高压系统NH_3/CO_2控制	多比值、串级加前馈，控制氨泵转速	
3	CO_2量控制	三串级加前馈，构成压缩机调速系统	
4	合成塔液位控制	串级加前馈，控制出料阀	
5	洗涤器惰气量控制	串级加前馈	
6	高压系统压力控制	串级控制	
7	高压蒸汽控制	多比例控制系统	

参 考 文 献

[1] 王文善. 尿素工学·尿素[M]. 北京：化学工业出版社，2013.

[2] 袁一，王文善. 化肥工学丛书·尿素[M]. 北京：化学工业出版社，1997.

[3] Frejacques M. The industrial synthesis of urea[J]. Chimie et Ind，1948，60(1)：22.

[4] Mavrovic I. Improve urea reactor efficiency[J]. Hydrocarbon Processing，1998，77(4)；137-138，140.

[5] Durish W，et al. Contituent and component mersurement and calculations of the VLE of the tenary system carbon dioxide-ammonia-water under urea synthesis conditions[J]. Chimia，1980，34(7)，314.

[6] Irazoqui H A，Isla M A. Simulation of a urea synthesis reactor. 2. reactor model[J]. Ind，Eng. Chem Res，1993(32)：2671.

[7] 沈华民. 尿素体系等压相图及其应用[J]. 中氮肥，1991(2)：1-11.

[8] 泸州天然气化工厂尿素车间. 尿素生产工艺[M]. 北京：石油化学工业出版社，1978.

[9] 衣守志，陶九华，杜书田. 对应态基团贡献法估算芳烃衍生物蒸气压[J]. 南开大学学报(自然科学版)，2004，37(4)：20-24.

[10] Li Ping，Ma Pei-Sheng，Yi Shou-Zhi，et al. A new corresponding-states group-contribution method(CS-GC) for estimating vapor pressures of pure compounds[J]. Fluid Phase Equilibria，1994，101(1). 101-119.

[11] 化学工业部化工机械研究院. 腐蚀与防护手册·化工生产装置的腐蚀与防护[M]. 北京：化学工业出版社，1991.

[12] 中华人民共和国国家发展和改革委员会. 尿素造粒塔设计规定：HG/T 20672—2005[S]. 北京：中国计划出版社，2005.

[13] 中华人民共和国国家质量监督检验检疫总局. 电离辐射防护与辐射源安全基本标准：GB 18872—2002[S]. 北京：中国标准出版社，2003.

第四章　装置生产管理

中国石油氮肥生产企业历经40多年的发展，工艺技术和装备水平取得重要突破，生产管理水平不断进步，数字化转型工作有序开展，企业的经济效益和竞争能力不断提升。本章主要介绍生产企业在生产技术管理、设备管理、安全生产管理等方面相关内容，分享先进控制、信息化系统应用等相关经验。

第一节　生产技术管理

氮肥企业生产涉及易燃、易爆、有毒、腐蚀性介质，包含高温高压输送、低温深冷分离、催化和非催化化学反应等工艺过程。生产技术管理是确保装置“安、稳、长、满、优”运行的重要基础，是装置风险识别、风险消减、降低排放的关键因素。氮肥企业生产技术管理的核心内容为提高产品质量，降低装置消耗，确保装置安全、稳定、长周期运行，充分发挥生产潜力，取得最大经济效益和社会效益。

一、关键工艺参数管理

1. 一段蒸汽转化炉水碳比控制

一段蒸汽转化炉的水碳比是指进行转化反应时，加入的蒸汽分子数与原料烃的碳原子总数之比。天然气的组成包含甲烷、乙烷和丙烷等烃类，当与水蒸气反应时，乙烷相当于两个甲烷，丙烷相当于三个甲烷，其余烃类照此类推，因此需根据天然气组成求出每一分子气体所含有的总碳原子数再与水蒸气相比，这样才能计算合理的水碳比。

水碳比越高，即过量水蒸气越多，越有利于甲烷的转化。如果最终转化率一定，提高水碳比可以降低二段转化温度，但需要消耗更多蒸汽，继而增加蒸汽发生所需热量和一段蒸汽转化炉的燃料消耗。

水碳比的确定不仅与转化工序相关，还涉及以下几个方面：首先转化采用过量的水蒸气，也是为了满足后续变换单元的需要。如果水碳比过低，变换单元还需要补充水蒸气。如果转化工序水碳比过高，将在变换单元产生冷凝液，这是不允许的。其次，转化工序转化气的热量从转化气预热回收器到脱碳单元的再生塔再沸器，陆续得到回收，所以过剩的水蒸气并没有浪费，在确定水碳比时应全面平衡全厂的热量利用。最后，过量水蒸气是防止炉管以及后续设备管道析炭的重要手段。

综上所述，水碳比的控制通常根据工厂的具体条件综合考虑，正常操作时水碳比的控制范围通常在2.7~3.2。

合成氨装置生产运行中，当需要提高装置负荷时，首先应提高蒸汽加入量，然后提高原料天然气加入量。当装置减负荷时，首先应降低原料天然气加入量，然后降低蒸汽加入量。水碳比过低会因析炭使催化剂遭受损坏，合成氨装置生产运行过程中，任何时候水碳比不应低于2.5，水碳比低于2.5将会触发联锁系统使一段蒸汽转化炉系统停车。

2. 氨合成塔氢氮比控制

进入合成工序新鲜气的氢氮比通常控制在3左右，原因是氢气与氮气按3：1的物质的量比在氨合成塔内反应。由于在氨合成塔内获得最大转化率的氢氮比为2.7~3.0，因此氨合成塔入口合成气的氢氮比可以略小于3。操作过程中氢氮比发生波动会导致氨合成塔的温度随之变化，同时影响合成回路的稳定操作。

氢氮比的调节主要通过二段转化炉加入空气量来调整。中国石油自主合成氨节能流程采用减轻一段蒸汽转化炉负荷、将转化负荷移向二段转化炉的工艺达到节能的目的，一方面允许提高二段转化炉出口气中未转化的甲烷含量，同时在二段转化炉添加了过量空气来维持二段转化系统的热平衡，过量氮气通过氢回收系统脱除。氢回收装置将回收的高压氢和低压氢分别送至合成气压缩机不同压力段，与来自甲烷化单元的新鲜气混合压缩后，送至合成回路。

二段转化炉加入空气量的多少可以立即在二段转化炉出口温度上反映出来，但这不能作为控制炉温和出口甲烷含量的手段，因为空气量是由合成塔入口合成气的氢氮比决定的。新鲜气氢氮比的微小变化会导致合成塔入口合成气氢氮比的较大偏离，因此需要根据氨合成反应最佳化要求的温度、压力、气体组成等工艺参数，实时调节二段转化炉的空气加入量，即氢氮比与二段转化炉加空气量的优化控制。中国石油乌鲁木齐石化公司、宁夏石化公司均通过先进控制(APC)技术，实现了合成回路入口新鲜气以及氨合成塔入口合成气氢氮比稳定控制。

3. 尿素合成的氨碳比控制

尿素合成进料的氨碳比(物质的量比)一般在3.0~3.7。氨是尿素合成反应的原料，提高进料的氨碳比，可以提高反应的转化率。过剩氨还可以与甲铵脱水反应产生的水结合，也促使平衡向生成尿素的方向移动。在通常的工艺条件下，氨碳比每增加0.1，转化率提高0.5%~1.0%。

氨碳比低于设计值时会造成转化率降低，高于设计值时，虽然提高了反应的转化率，但是物系的饱和蒸气压也随氨碳比的升高而升高，容易造成高压圈超压，同时也增加了未反应氨的循环量，加大了回收工序的负荷和能耗。

4. 尿素合成水碳比控制

尿素合成进料的水碳比(物质的量比)一般在0.4~0.6。水是尿素合成反应的产物之一，水的加入不利于甲铵脱水生成尿素。在尿素的生产工艺中，都有一定量的水随同未反应的氨和二氧化碳返回尿素合成系统，使得转化率有所下降，因此，应尽可能降低返回系统的水量。在通常的工艺条件下，水碳比每增加0.1，转化率降低1.5%~2%。

二、全厂蒸汽平衡

大型合成氨装置工艺系统与蒸汽系统相互影响、紧密结合。全厂蒸汽平衡的设计基于全厂能量综合利用最优，并确保装置在开车阶段、低负荷生产、正常生产、工艺及设备联锁、紧急停车、计划停车等各个工况下，蒸汽系统和工艺系统均处于安全、可控状态。

根据工艺生产需要，大型合成氨装置蒸汽管网通常设置高压过热蒸汽、中压过热蒸汽、低压蒸汽三个等级。三个蒸汽等级的操作压力和操作温度根据工艺系统和全厂蒸汽平衡配置，不同合成氨装置略有不同。

中国石油自主技术建设的“45/80”大氮肥装置采用如下蒸汽等级：

高压蒸汽：12.2MPa，510°C；

中压蒸汽：4.9MPa，385°C；

低压蒸汽：0.44MPa，167°C。

高压过热蒸汽来自二段转化出口废热锅炉、变换废热锅炉及合成气废热锅炉产生的饱和蒸汽，并经高压蒸汽过热器及一段蒸汽转化炉对流段蒸汽过热器过热得到。装置正常运行时，副产的高压过热蒸汽总量约为270t/h。为满足全厂开车需要，并补足正常生产时所需约80t/h蒸汽量，设置了一台燃气高压锅炉，其最大产汽量约130t/h。高压过热蒸汽用户主要有天然气压缩机汽轮机、合成气压缩机汽轮机和氨压缩机汽轮机。其中合成气压缩机汽轮机为抽凝式汽轮机，天然气压缩机汽轮机和氨压缩机汽轮机为背压式汽轮机。

中压蒸汽来自天然气压缩机汽轮机和氨压缩机汽轮机的背压汽以及合成气压缩机汽轮机的抽汽。中压蒸汽管网用户主要有一段转化、工艺冷凝液汽提及工艺空气盘管保护用工艺蒸汽，合成氨装置工艺空气压缩机汽轮机、高压锅炉给水泵汽轮机的驱动蒸汽，以及尿素装置二氧化碳压缩机汽轮机的驱动蒸汽。其中工艺空气压缩机汽轮机为凝汽式，高压锅炉给水泵汽轮机为背压式，二氧化碳压缩机汽轮机为抽凝式。

背压式中压汽轮机产生的低压蒸汽用于脱氧槽、全厂伴热及除盐水站等用户。

为了实现全厂能量综合利用最优，合成氨装置将合成塔出口工艺余热回收分为两部分，高温位余热副产高压饱和蒸汽，低温位余热预热锅炉给水，实现了工艺余热温位合理利用。

三、开停车管理

氮肥装置开停车过程复杂，统筹做好开停车工作是大型氮肥装置管理的难点，也是保障安全生产的重点。合成氨生产工艺涉及的化学反应多，工艺流程长，且以气相过程为主，缓冲时间有限；尿素合成反应复杂，前后工序有很多流股互相关联循环，所以对装置操作与管理要求较高，开停车过程必须做到组织科学严密，准备充分完善。

合成氨与尿素装置中每个工序的操作均与上下游工序、公用工程装置的操作互相关联、互相影响。在开停车过程中，工艺参数会发生大幅变化，每个工序的开停车操作都要及时通知其他所有工序，特别是涉及公用工程、上游原料的供应和最终产品的处理和输出等工序和装置；这些相关工序的信息也应及时反馈给本工序的负责人。

为了保证工艺装置运行中的安全，只要装置内某工序开始开车，该装置就应开始执行正常操作时的安全程序，特别是装置内明火操作和焊接工作的管理。

1. 开车管理

大型氮肥装置中，合成氨装置的产品液氨与二氧化碳是尿素装置的原料，所以需要在合成氨装置投运后再开启尿素装置。如果运行中出现氨合成工序短期停车，而转化、脱碳工序均正常运行，且液氨罐区有足够的液氨存量时，也可维持尿素装置运行。

合成氨装置中涉及的催化反应多，开车前必须保证催化剂按设计要求装填并保护良好。装置的开车过程需要同催化剂升温还原的过程同步进行，必须遵循催化剂厂商所要求的程序操作，也可请催化剂厂商人员指导和参与。

开车前，合成氨装置中蒸汽发生系统和MDEA脱碳单元需要进行化学清洗。转化废热锅炉、变换废热锅炉、合成废热锅炉、汽包和连接管道需用锅炉给水或冷凝液冲洗循环、碱洗，最后用水除去残留的碱性物质，以除去设备制造过程中残留在系统内的油或脂类。MDEA脱碳单元的操作对于污染物十分敏感，任何残留的油脂均可导致溶液发泡，因此原始开车前，需要经过冷水洗、热水洗、热碱洗，最后再用除盐水清洗。

合成氨装置的开车需要先建立蒸汽管网，随后按转化、脱碳、氨合成的流程顺序开车。条件具备时，MDEA脱碳单元可提前建立溶液循环，氨冷冻单元在氨压缩机具备启动条件后也可提前运行。当具备外部氢气供应时，还可提前进行低温变换催化剂的升温还原。采用预还原型氨合成催化剂，可以减少氨合成催化剂升温还原的时间。脱碳工序开车后，已产出CO_2产品，可根据氨合成工序开车情况，安排二氧化碳压缩机的开车和尿素高压设备的升温、钝化，升温过程必须按照升温曲线缓慢进行。通过以上措施，采用中国石油氮肥技术的45×10^4t/a合成氨、80×10^4t/a尿装置实现了从投料起9天产出液氨产品，14天产出尿素产品的优秀记录。

2. 停车管理

正常停车过程中，尿素装置一般先于合成氨装置停车，而公用工程和辅助设施的停车则根据具体情况考虑。

正常情况下，合成氨装置停车过程通常需要先将装置负荷降至约50%，随后将弛放气、脱碳闪蒸气等停止进入燃料气系统，排放至火炬，接下来按顺序关闭合成气压缩机、将低温变换反应器隔离、停止向二段转化炉供工艺空气、停止天然气供应，最后停止一段蒸汽转化炉蒸汽供应并缓慢减压。

尿素装置的正常停车过程首先需要保证高压和低压排放管线畅通，将装置负荷降低至70%，随后停氨泵，将高压系统封塔，最后停止CO_2进料。紧急停车时，高压系统封塔，如果故障可以在48h内排除并重新开车，则可保持压力，否则应将高压系统排放，高压系统封塔时间不超过48h。停车时需特别关注结晶问题，必须做好甲铵与熔融尿素管线的伴热和冲洗工作。

氮肥装置设有百余个安全联锁保护功能，开工锅炉系统跳车、一段蒸汽转化炉水碳比低低、天然气供应不足等均会导致装置大范围紧急停车。由于蒸汽量不足导致水碳比低是装置最重要的安全联锁之一，所以在装置运行中，如果蒸汽量不足而蒸汽发生设备仍正常运行，可尝试增加开工加热炉负荷；如蒸汽量仍不足，可将尿素装置停车，并停止或减少向尿素装置供蒸汽；如蒸汽量仍不足，可将除天然气脱硫、蒸汽转化和蒸汽发生单元以外的部分停车，将低温变换反应器隔离，工艺气在脱碳工序前的位置排至火炬，这些措施可以减少装置停车与再次开车的时间，提高经济效益。

第二节　设备管理

氮肥装置工艺流程复杂，工艺过程涉及高温高压，工艺介质易燃、易爆、有毒且具有腐蚀性，关键设备结构复杂、材料选择种类多。设备运行安全可靠是正常生产的重要保障，在设备设计、制造、检验、使用管理等方面国家均有非常严格的规定，而各企业对设备的使用管理也建立了成熟的体系和严格的制度。本节重点介绍氮肥企业对一段蒸汽转化炉、氨合成塔、尿素高压设备的管理及废热锅炉运行监控要求。

一、一段蒸汽转化炉管理

1. 正常生产中的监控措施

一段蒸汽转化炉为负压操作，负压由引风机提供，负压通过控制器调节引风机入口挡板来控制。在系统运行平稳、工况正常的情况下，一段蒸汽转化炉的运行参数必须控制在正常控制指标范围内。

定期对天然气进行全组分分析，以掌握天然气组分变化及含硫情况。当发现天然气组分变重，总碳上涨并超过临界值(可根据在线仪表显示判断)时，应立即将水碳比提高，必要时适当降低负荷并联系质检部门加样分析以防止催化剂析炭。

观察炉膛内火焰燃烧情况，随时进行调节，在调节烧嘴的燃烧量时应注意防止转化管产生热区，应保持火焰正确形状，任何时候都应避免火焰扑向炉管。检查转化管运行情况，正常时转化管表面应为暗灰黑色，若发现异常，如个别炉管出现通红、花斑、道斑等现象，应立即联系、上报，并视情况将其所对应的烧嘴考克调小或关闭，使其降温。

2. 开停车的管理要求

一段蒸汽转化炉停车时，必须将所有烧嘴根部阀关闭，炉膛置换 15min 以上方可重新点火。系统开停车时，严格控制系统升、降压速率。工况正常时及开停车期间严禁负荷、压力、温度大幅波动。在催化剂升、降温时，其速率应按照升降温曲线进行。

一段蒸汽转化炉的烘炉，根据检维修程度的不同分为三种情况：炉膛内耐火材料经过整体更换或局部修补；炉膛内耐火材料未经更换或修补，但停车时间较长，炉膛内温度已降至常温；在短期停车过程中炉内并未熄火，或在紧急停车后炉内虽熄火但可迅速点火，且炉膛温度较高。以上三种情况，所采取的烘炉方法及升温速率应各有针对性。

在上述三种情况下的烘炉操作过程中均应遵守以下原则：

(1) 多点烧嘴，保持较小的根部阀开度，控制燃料气压力在要求范围内。

(2) 点燃烧嘴时应均匀点火，保持炉膛内热量分布均匀。

(3) 烘炉过程中，在未建立氮循环回路之前，应以炉膛温度指示为准，在建立氮循环之后，则应以出口温度指示为准。

(4) 在调火过程中应使火焰保持良好的刚性，火焰笔直，呈蓝色，无挠动、舔管现象，炉内烟气应保持清晰、透亮、无浑浊感，炉管呈暗灰黑色。

(5) 如出现外壁超温、烧红等现象应将火焰调至最小，必要时可将火焰熄灭，并详细记录熄火前后的壁温变化情况。

3. 一段蒸汽转化炉的测温及检查

对一段蒸汽转化炉的炉管及炉体外壁进行测温并记录，炉管外壁温度正常操作时应控制在要求的范围内，若发现个别炉管超温，应立即熄灭相关烧嘴火焰并检查原因。

对个别运行不正常的炉管测温记录，同时注意调节烧嘴火焰避免超温。对个别炉体外壁温度偏高区域应减小其对应烧嘴的火焰，必要时可熄灭火焰。

正常巡检时，检查一段蒸汽转化炉炉管上法兰，上、下集气管焊缝，对流段各盘管弯头、焊缝、法兰是否有泄漏现象，发现泄漏及时联系、上报。

4. 一段蒸汽转化炉催化剂的装填及日常运行维护

一段蒸汽转化炉是合成氨装置的关键设备，而炉管又是转化炉中最重要的部件。延长炉管的寿命对一段蒸汽转化炉的使用具有极为重要的意义。除了工艺参数的控制外，炉管内催化剂的装填质量也直接关系到炉管的使用寿命。催化剂的装填必须严格按照专项规程进行，防止因装填不当出现催化剂破碎粉化、局部架桥、炉管压降相差大等问题。一般情况下应注意：

（1）不论采用何种方式，都要避免催化剂从高处直接落入炉管底部。一般自由下落高度不超过500mm。

（2）转化炉管较长，数量较多，装填过程必须采用分层装填方式进行，每一层装填完毕后对所有炉管装填情况进行测量检查。

（3）催化剂通常要装满每根炉管，炉管间压力降偏差在±5%以内，而且床层高度偏差在规定范围内，否则必须卸出催化剂并重新装填。

（4）装填前后要对炉管的伸缩量进行对比和记录，同时在运行过程中也要按时检查弹簧吊架、配重，观察炉膛内炉管颜色外观等，以验证炉管是否正常运行。

催化剂在日常运行时应注意：

（1）严格工艺管理，按照指标要求精心控制各项参数。

（2）若在工况正常无大幅调整情况下发现一段蒸汽转化炉压差变化较大时，应及时联系仪表人员检查仪表变送器，以确保指示准确无误。

（3）正常工况下，水碳比控制在规定的范围并尽量接近下限操作，使催化剂在较低压差下运行。

（4）开、停车时尽量避免蒸汽升温状态时间维持过长，造成催化剂被钝化。

（5）开、停车过程中应注意升、降压速率，严禁超过规定要求，以避免催化剂粉化加剧。

（6）若催化剂已出现析炭现象，可按照温和再生、强制再生等方法进行烧炭处理。

部分合成氨装置曾经出现过一段转化催化剂使用过程中硫中毒现象，分析原因主要是原料气中硫含量的波动、转化前的脱硫系统运行不稳定、开停工过程工艺操作上的问题、对全硫的检测手段不全等。

硫中毒多发生在停工后的重新开工过程中。主要表现为一段蒸汽转化炉出口转化气中CH_4含量上升、出口气可检测到硫、燃料消耗量减少，严重时炉管颜色不均匀，出现花斑。如果是轻微的硫中毒，可以在保证脱硫系统正常运转情况下，维持低负荷高水碳比运行，使催化剂恢复活性。当硫中毒比较严重时，可采用氧化还原的办法再生。

一段转化催化剂出现硫中毒后，虽然可以再生处理，但催化剂所吸附的硫并不能完全脱除干净，工艺条件剧烈变化时可能又会表现出来。因此，要严格管理开停工的工艺处理过程，及时跟踪脱硫系统各项参数，监控进入一段蒸汽转化炉的原料气硫含量，以减少和避免出现催化剂的硫中毒。

5. 转化管的检测

鉴于转化管的损坏失效多为蠕变造成。目前国内转化管的检测也是关注蠕变的因素，考虑材质的变化辅以晶像分析。转化管检测工艺一般为：炉管表面清理、仪器调试、接清洁水、检测。检测方法为超声波检测评判。关于炉管超声检测的分级，参考相关技术规范，炉管损伤级别的评定一般分 A、B、C 三个级别，其中 C 级表明炉管在正常情况下，已不能安全服役一个大修周期，必须更换。

转化管一般设计使用周期为 10×10^4h，若工艺控制得当，不超温的情况下，同时定期检测，使用寿命可得到较大的延长。

6. 一段蒸汽转化炉耐火衬里

由于目前金属材料技术已经比较成熟，一段蒸汽转化炉的主要问题更多反映在耐火衬里方面，主要体现为热量损失较大和耐火衬里失效造成的设备损坏。耐火陶瓷纤维是以 SiO_2、Al_2O_3为主要成分且耐火度高于 1580℃的纤维状隔热材料的总称，具有导热系数低、化学稳定性好、体积密度小、耐热震性能好、热容量低等特点，应用广泛。国内一段蒸汽转化炉陶瓷纤维衬里出现问题的主要原因为：陶纤析晶、纤维收缩导致损坏、陶纤收缩导致金属材料超温等。中国石油氮肥生产企业对拱顶拐角部位、炉顶及过渡段墙衬里、炉墙耐火砖与陶瓷纤维模块连接部位、炉砖膨胀缝、托砖板部位结构等部位进行了技术改进，取得了很好的效果。

二、氨合成塔管理

1. 氨合成催化剂装填、还原

不同型式的氨合成塔催化剂的装填方式各不相同，须制定详细的装填方案。氧化态的催化剂并不具备催化活性，使用前必须经过还原活化处理。还原的主要影响因素有：温度、压力、空速、水汽浓度、氢浓度等。催化剂升温还原前制定详细的升温还原方案，根据不同型号催化剂的特点，对于催化剂的升温期、还原初期、还原主期和末期，根据其出水特点可分别给出相应的还原曲线。总的原则是高空速、高热负荷、高氢、低水汽、低平面及轴向温差以及尽可能低的压力。一般以出塔气中水汽浓度达到 0.01%(体积分数)下，认为催化剂还原结束。如果全塔均采用预还原催化剂，可以减少催化剂升温还原时间，装置可尽快投入正常生产。由于氧化态催化剂还原所消耗的时间非常长，装置由此产生的能耗物耗已远远超出了采用预还原催化剂节省的费用，且预还原催化剂的制备技术也越来越成熟，运输及装填也没有大的风险，因此国内合成氨生产企业多采用预还原催化剂。

2. 氨合成塔开停工管理

一般来说，金属材料随温度的下降有一个从塑性到脆性的突变，因此无论进行水压试验或者是开工都必须在温度超过某一数值后才可以升压。为避免氨合成塔低温冷脆，在冬季开工时首先要进行暖塔操作，避免合成塔筒体材质超过其对应温度下的屈服极限和强度极限。开停工过程严格按照升降压速率进行操作，控制各项工艺指标和执行有关操作规程，防止超温、超压运行。氨合成塔停车时必须充氮气保证塔内正压，防止空气进入损坏催化剂。

3. 氨合成塔定期检查

氨合成塔通常每次停工检修时进行一次外部检查，更换催化剂时进行一次内部检查。

外部检查主要是检查筒体外表面是否完好，对塔壁表面的锈蚀情况（深度、位置）要拍照录像加以记载，同时检查设备的基础。内部检查重点检查内外塔壁、焊缝及连接处的情况，清洗塔内壁锈蚀物至露出本体光泽为止，进行内壁腐蚀及使用状况的宏观检查。检查筒体和焊缝、密封承压面凹角处是否有裂纹，在塔内壁上选点进行硬度测试。用千分尺测塔内径并用深度游标卡尺做腐蚀深度检查，如对塔的局部有怀疑时，还应做金相检查或局部刮去金属进行化学分析。更换催化剂时进行一次脱碳分析（分别从塔上、中、下取样），对筒体焊缝及上盖、下封头进行超声波探伤，对塔体相连的高压管道逐根进行端口内壁检查，并测其内径、外径和壁厚，同时进行磁粉探伤。对三通、弯头、法兰、螺栓、螺母、垫圈等管件逐一进行检查，必要时进行部分磁粉探伤，检查进出口及管线阀门，应特别注意裂纹的检查。应保证化学成分及金相组织不发生变化，如有裂纹经消除后应满足强度要求以及主螺栓的预紧力。

4. 氨合成塔的工艺控制

大型合成氨装置的氨合成塔虽然有轴向塔、径向塔及轴径向塔等不同型式，但是在工艺控制上，仍然以温度、压力、空速、进口气组成、氨净值等几个方面为主。

合成氨反应是可逆放热反应，催化剂的床层温差和热点温度是关键控制参数，在开停工过程中容易发生因空速过低、气体分布不均匀引起局部过热，造成催化剂烧结而失去活性。通过床层温度的自动控制和异常状态的操作控制，严格控制催化剂的床层热点温度在510℃以内，确保氨合成塔能够实现长周期、安全运行。

氨合成塔进出口压力差会因为反应气体流量的波动而变化，当压差超过设计值时，合成塔内件气体流道就会因压力差导致变形损坏。氢氮比是造成反应系统波动的主要原因，理论上最佳氢氮比为3，实际生产上，综合考虑催化剂上氮的吸附，氢氮比控制略小于3较为合适。惰性气体来源于新鲜合成气，因合成气制备和净化方法不同，惰性气体含量也不相同，但惰性气体循环含量通常不要超过3%。控制好氢氮比、惰性气体含量和压缩机的稳定运行，防止合成塔气体流量和压差大幅波动，是氨合成塔长周期、安全运行的基本保障。

氨合成催化剂的活性会受到氧化物、硫化物等有害物质的侵害。更换催化剂的成本非常高昂。可通过对上游单元气体成分进行在线和定期生产控制分析，防止有害物质进入塔内。氨合成催化剂的运行寿命正常情况下在10年以上，有的大型氨厂已使用超过20年，活性仍然保持良好，这与氨合成系统尤其是氨合成塔的工艺控制密切相关。原则上，要保证新鲜合成气中的纯净度，杜绝硫、磷、砷及其化合物，避免氧及氧化合物、润滑油等，新鲜气一般规定 $CO+CO_2$浓度不大于0.001%（体积分数）。

三、废热锅炉运行监控

合成氨装置在转化、变换以及氨合成工段都会产生大量的反应热，一般利用废热锅炉来回收余热副产高压或中压蒸汽。因材质特殊、运行条件苛刻，很多厂家的废热锅炉都出现过内漏、外漏而被迫更换的情况，因此，要加强废热锅炉运行管理和监控。热应力导致列管变形，加剧了磨损和腐蚀，造成管束局部率先出现漏点。通过改造锅炉水除氧设备，加强锅炉水质管理，采取干燥防腐方案，优化生产操作等措施，保证废热锅炉安全运行。

严格控制锅炉给水、炉水各项水质指标，进行定期排污和连续排污。锅炉水质长期不合格，可能导致整个系统的铁腐蚀、换热管结垢等现象，造成锅炉列管出现腐蚀穿孔泄漏。

对废热锅炉工艺参数加强管理，避免温度、压力等超出设备材质运行的极限，缩短其使用寿命。按照规程控制开停工过程的温度、压力的升降速率，减轻由于工艺条件大幅波动对其造成的冲击。

定期通过检测判断其运行状况。对于是否发生内漏，可根据废热锅炉管程壳程两侧压力的不同，针对性取样分析。一般对于转化废热锅炉，工艺气侧压力低，可通过分析工艺气中是否存在炉水药剂来判断；对合成废热锅炉，水侧压力低，可通过分析炉水中是否有氢、氨等的漏入来判断。在检测到废热锅炉出现管束泄漏后，可根据具体情况决定是否继续运行或坚持到大修时停工处理。对泄漏部位、泄漏介质制定检测频率，了解掌握泄漏变化，为下一步采取措施提供依据。

在紧急停工时，蒸汽系统将会发生波动，容易造成汽包液位大幅变化，当汽包液位低导致废热锅炉内没有液体，废热锅炉将会瞬间过热，发生机械损坏。因此要杜绝汽包干锅的现象发生。

四、尿素高压设备管理

1. 生产过程中腐蚀控制

尿素高压系统反应温度高，工作的介质有尿素、甲铵、氨、二氧化碳、氰酸、氰酸铵等，在这样的环境下，必然产生腐蚀现象，主要的腐蚀类型有：晶间腐蚀、应力腐蚀、均匀腐蚀和冷凝腐蚀等，因此在生产过程中应做好以下腐蚀控制：

（1）系统的镍含量控制。正常生产的过程中，一般通过监测合成塔出口液相、汽提塔出口液相、精馏塔出口液相介质中镍含量及成品尿素的镍含量来监控尿素装置的腐蚀情况。如果在生产过程中出现成品尿素镍含量连续超标，应该对系统进行全面的镍含量分析，确认腐蚀发生的部位。如果腐蚀比较严重，应考虑系统排放进行重新钝化。在装置开工高压系统出料、汽提塔出液、超温及封塔后出料，都要对装置全系统物料做镍含量分析。

（2）高压设备的温度及高压系统 NH_3/CO_2、H_2O/Ur 控制。操作温度对尿素合成塔、汽提塔及高压甲铵冷凝器的腐蚀影响比较明显。高温能增加活化态的金属，从而加速材料的活化反应。在正常生产中要严格控制高压设备的反应温度在指标范围内。

高压系统的液相介质中，当溶液中氨含量增加时，溶液的酸性减弱、碱性增强，从而减少了 NH_2COO^- 和 NCO^- 在介质中的浓度和停留时间，设备的腐蚀速率会下降。因此在生产过程中适当提高 NH_3/CO_2 可以抑制高压设备的腐蚀。氨汽提工艺中合成塔的 NH_3/CO_2 控制在 3.56 左右，二氧化碳汽提工艺的 NH_3/CO_2 控制在 2.89 左右，两种工艺的反应温度差别不大，一般二氧化碳汽提工艺高压设备的腐蚀速率要高于氨汽提工艺。

尿素甲铵液在高温高压下会产生氰酸铵，水的存在会使其离解，产生腐蚀性强的氰酸根，从而加剧设备的腐蚀。另外高压系统的 H_2O/Ur 升高会导致高压系统反应温度的升高，一定程度上会加大高压设备的腐蚀速率。

（3）氧含量控制。尿素高压设备耐腐蚀用材大都为奥氏体不锈钢，属于钝化型金属。正常生产过程中，设备内部的耐蚀层表面处于钝化状态形成稳定氧化膜。发生腐蚀的根本原因是还原性物质与钝化膜反应，导致钝化膜的损耗，失去了设备防护的能力。在正常生产过程中防腐钝化膜的生成和损耗是一个动态过程，系统的氧含量控制在一个合适的范围，就能够保证钝化膜的生成和损耗处在动态的平衡中。如果在生产过程中钝化膜受到一定的损坏，在不超过氧加入量控制上限的条件下，适当提高防腐空气的加入量，可以逐步修复损坏的钝化膜。如果钝化膜受到严重损坏，自身不能够修复，系统需要排放后重新钝化。也有采用尿素高压系统加入 H_2O_2取代防腐空气进行钝化的方法，由于 H_2O_2氧化性强、钝化效果好，不需加入空气，使二氧化碳压缩机中 CO_2流通量增加，同时调温水温度降低，高压放空损失减少。

正常生产时，CO_2中的氧含量控制在大于 0.5%（体积分数），要依据成品尿素的镍含量及系统监测的结果进行调整。但也要避免加入过量的氧，对设备造成损害。

(4) 尿素生产中杂质的控制要求。原料二氧化碳中硫化物以无机硫（H_2S）和有机硫（COS）形态进入高压系统，COS 在尿素甲铵液中会发生水解反应生成 H_2S，H_2S 与氧作用生成 H_2SO_x（有脱氢系统的装置，二氧化碳中的硫化物与氧发生燃烧反应后生成 SO_2），在溶液中就存在 HS^-、S^{2-}和 SO_x^{2-}等强还原性酸性离子，它们与不锈钢表面接触，破坏氧化膜。同时反应会消耗一部分氧，降低了氧对氧化膜的修复作用。因此，进入高压系统的物料硫含量应尽可能低，原料二氧化碳中硫含量一般控制在小于 $2mg/m^3$。当硫化氢含量在一定范围内，增加氧含量能够修复被硫化物破坏的氧化膜，但硫化物含量超过 $15mg/m^3$时，即使增加氧含量，氧化膜也难以被修复。

合成氨生产原料的不同，导致 CO_2中含硫量也不同，对于以天然气为原料的生产装置，因生产工艺要求，一般硫含量都比较低。对于以煤和渣油为原料的生产装置，虽然有相应硫脱除工艺，但硫含量相对还是比较高，因此这类企业要严格控制 CO_2中的硫含量。

合成氨生产工艺过程决定了液氨里基本不带有硫、氯离子等有害物质，但应防止生产过程中转动设备的润滑油进入系统。另外，也应避免催化剂粉进入液氨系统，尤其在氨合成催化剂进行更换后。

尿素甲铵液、蒸汽及蒸汽冷凝液中含有的氯离子，会导致高压设备不锈钢的应力腐蚀破裂或孔蚀，因此应严格禁止氯离子进入设备。应防止高压甲铵冷凝器、高压洗涤器蒸汽冷凝液中的氯离子浓缩而造成氯离子的聚集。在日常生产中，要密切关注蒸发系统表面冷凝器、蒸汽及冷凝液换热器等采用冷却水换热的换热器是否存在泄漏。蒸汽冷凝液及调温水要定期进行氯离子分析，氯离子浓度指标不得大于 0.5×10^{-6}，否则应置换至控制范围内。高压甲铵冷凝器壳侧蒸汽冷凝液要定期排污，防止氯离子富集。对于存在氯离子有可能富集的高压甲铵冷凝器壳侧，高压调温水要定期检查并排放置换。

(5) 高压设备腐蚀监控。尿素高压设备的腐蚀监测、检测方式包括在线监测（在线 pH 计、电感或电阻探针、电化学探头、在线测厚等）、化学分析、定点测厚、腐蚀挂片、红外热测试、露点测试等。通过在特定的监测点安装在线分析仪，动态监控尿素高压设备的腐蚀率，如 CS-1/CS-2 系列。定期进行系统镍含量及每天成品尿素镍含量分析。对易腐蚀的部位要定点测厚，建立可以追溯的记录，并对监测数据进行评估分析。

2. 高压设备的腐蚀检查

(1) 宏观检查：尿素高压设备主要通过放大镜用肉眼检查设备内部耐蚀层（含衬里及堆焊层）、耐蚀层焊缝、换热列管口及其内壁热影响区、换热列管管束—管板角焊缝、内接管及其焊缝、内件及其焊缝、人孔密封面(含法兰及法兰盖)。通过对耐蚀构件钝化状况(颜色、粗糙度、金属颗粒脱落程度等)、变形程度、宏观缺陷的特征、腐蚀迹象发展变化规律等现象的观察、分析，实现对腐蚀类型及腐蚀程度的综合判定。

(2) 渗透检测(PT)：检查设备内部衬里焊缝，按照 NB/T 47013.5—2015《承压设备无损检测　第 5 部分：渗透检测》执行。

(3) 换热列管涡流检测：通常情况下，对 100%列管进行涡流检测，涡流检测又分为涡流探伤和涡流测厚。一般以换热管缺陷底部深度达到标准样管厚度 20%开始记录，换热管缺陷底部深度达到标准样管厚度 80%要进行堵管。涡流测厚中，应记录列管最薄截面壁厚的平均值为该列管壁厚数据。

检测评判分为 A、B、C、D 四级。A 级：缺陷深度为列管壁厚的 20%~40%；B 级：缺陷深度为列管壁厚的 40%~60%；C 级：缺陷深度为列管壁厚的 60%~80%；D 级：缺陷深度为列管壁厚的 80%以上或穿透。其中，C、D 级缺陷列管需进行堵管处理。

(4) 铁素体含量测量：检查设备内部耐蚀层焊缝(含带极堆焊层、手工焊条电弧焊焊道和手工钨极氩弧焊焊道)、换热列管管束—管板角焊缝、内接管焊缝、内件焊缝、人孔密封面堆焊焊道、设备内部耐蚀衬里母材、内件母材、内接管母材。对检测中发现耐蚀堆焊层厚度小于 5.0mm、铁素体含量大于 0.10%的区域，需进行堆焊修复处理后方可使用。焊接合格标准为焊缝组织中铁素体含量不大于 0.6%，母材的铁素体含量不大于 2%。

(5) 超声波测厚：超声波能够检测的构件厚度大且灵敏度高、速度快、成本低，还能进行定位和定量。检查设备内部耐蚀衬里、内件(含内部接管、中心溢流管、塔盘、溢流筒、进液挡板、防爆板、分配板等)的厚度。它既可以检测材料或构件的表面缺陷，又可以检测其内部，尤其是对裂纹、分层等平面状缺陷具有很高可靠性及检出能力。

(6) 内窥镜检查：用于观察管束内表面是否存在腐蚀情况。

3. 高压设备的修复

(1) 衬里、堆焊层及管口腐蚀修复：打磨衬里环、纵焊缝熔合线至露出金属光泽，PT 检验无缺陷后，用手工氩弧焊进行堆焊，覆盖住焊肉，新焊肉高 2mm 左右。在焊接环节应严格控制线能量输入，做到“小电流、低电压、窄焊道、快速焊”，尽量减小焊接热影响区晶间腐蚀倾向。

(2) 换热管修复：目前尿素高压换热器换热管修复主要有两种：①拔管再生。拔管方法有两种，一是管内攻丝，拧入丝杆，用油压拔管专用工具将管子拔长；二是焊接一段短管，再用油压拔管工具拔管。拔管要确认管子外径减少是均匀的，且拔长后屈服极限只有微小变化，材料的金相也没改变。焊缝及热影响区是腐蚀行为最复杂、最集中的区域，焊接是整个拔管再生修复技术的关键。②换热管的接管。将要修复的列管、管板焊缝和贴胀区去除，使用专用液压拔管器将管子拔出，将壁厚小于一定值或有缺陷的管子截去，处理管子拼接坡口。用专用器具将两段管对接在一起，保证其同心度，用专用焊接装备焊接。处理完的换热管接管焊缝 100%PT 检验，并检查管内壁是否有缺陷。

4. 高压设备的检验

尿素高压设备按照容规要求进行定检、年检、月检，并定期进行安全附件和高压设备检漏孔检查。

(1) 定检：尿素高压设备的检验周期按 TSG 21《固定式压力容器安全技术监察规程》相关规定执行，一般以定检报告评级结论确定下次定检日期。因特殊情况导致压力容器不能按期进行定期检验，应按相应的管理程序评审和报批，并报设备所在地质量技术监督局备案后延期检验。对延期检验的压力容器进行监控，做好记录，并制定可靠的安全保障措施。

(2) 年检：尿素高压设备的年度检查按照 TSG 21《固定式压力容器安全技术监察规程》7.2 条的内容要求进行。年度检查工作完成后，应当进行压力容器使用安全状况分析，并且对年度检查中发现的隐患及时消除。

(3) 月检：每月对尿素高压设备进行一次安全检查，月度检查内容主要为压力容器本体及其安全附件、装卸附件、安全保护装置、测量调控装置、附属仪器仪表是否完好，各密封面有无泄漏，以及其他异常情况等。

(4) 安全附件检查：每月至少进行一次安全阀检查，检查内容包括是否泄漏，铅封是否完好；切断阀是否全开并铅封完好，外观检查表面是否腐蚀；排气管是否畅通完好；检查压力表、温度计、液位计、防爆板是否完好，并做好记录，对出现的缺陷应及时予以消除。

(5) 高压设备检漏孔检查：汽提塔、高压甲铵冷凝器、高压洗涤器、合成塔的检漏孔应当定期检查，不建议采用蒸汽作为检漏介质，避免蒸汽冷凝导致有害物质的富集，可以采用氮气或空气。检漏检查时，高压设备内部压力需高于检查介质的压力。

5. 高压设备开停工过程的管理

(1) 尿素高压设备升温控制：尿素装置建立蒸汽系统时，控制高压设备的升温速率，一般低于 100℃时的升温速率为 10~15℃/h，合成塔的塔顶与塔底温差不能大于 30℃。

(2) 升温、钝化要求：尿素高压设备达到升温钝化条件后，钝化时间不得小于 8h。钝化过程中要确保高压系统有一定的氧含量。

(3) 蒸汽冷凝液、工艺冷凝液监控：蒸汽冷凝液电导率不得大于 25μS/cm，否则应进行系统各点分析、查漏。工艺冷凝液中氯离子应小于 0.5mg/L，定期监控蒸发系统冷凝液。

(4) 高压设备泄漏检查：定期进行高压设备封头泄漏检查，确保保温完好。

第三节　安全生产管理

大型氮肥装置中涉及的危险物料众多，无论是原料、产品、中间产物，甚至排出的废水、废气大多都是易燃、易爆、有毒的，同时工艺过程和设备复杂，操作条件涉及高温、高压和腐蚀环境，所以安全生产管理在大型氮肥装置中至关重要，需要根据化肥厂的危险识别因素，有针对性地设置安全设施、制定完善的安全管理措施，以保证装置安全生产。

一、危险、有害物质辨识

1. 危险物料的辨识

合成氨装置生产过程中使用和产生的主要物质有：原料和燃料天然气，转化气、变换气中的氢气(H_2)、氮气(N_2)、一氧化碳(CO)和二氧化碳(CO_2)，合成气中的氢气(H_2)和氮气(N_2)，液氨罐储存的液氨(NH_3)，原料气加氢脱硫过程中产生的硫化氢(H_2S)、装置一次加入的镍催化剂等。

尿素装置生产过程中使用和产生的主要物质有：原料氨(NH_3)和二氧化碳(CO_2)，中间产物甲铵(NH_2COONH_4)、产品尿素，防腐使用的双氧水(H_2O_2)。

装置主要危害物料包括：天然气、甲烷、一氧化碳、氢气、硫化氢、氨和氮气等。其中，天然气、甲烷、氢气、硫化氢等甲类物料的蒸气与空气可形成爆炸性混合物，遇明火、高热能引起燃烧爆炸。与氧化剂能发生强烈反应。流速过快，容易产生和积聚静电。硫化氢蒸气比空气重，能在较低处扩散到相当远的地方，遇火源会着火回燃。

2. 危险化学品的辨识

装置涉及的危险化学品为天然气氨、二氧化碳、一氧化碳、硫化氢、氢气、双氧水、氮、镍催化剂。其中，氨、天然气、甲烷、硫化氢、氢气、一氧化碳为重点监管的危险化学品，且氨、硫化氢、一氧化碳属于高毒化学品。

3. 危险、有害因素辨识结果

1）装置存在的主要危险因素

主要危险因素有火灾、中毒和窒息、锅炉等压力容器爆炸、其他爆炸、触电、高处坠落、机械伤害、灼烫、物体打击等伤害。

2）生产过程中的危险、有害因素

(1) 人的不安全行为，主要包括从业人员安全意识差、安全管理粗放、违章操作等。

(2) 物的不安全状态，主要包括设备与设施缺陷、防护缺陷、标志缺陷。

(3) 管理缺陷，主要包括对物(含作业环境)性能控制的缺陷，对人为失误控制的缺陷，工艺过程、作业程序的缺陷。

(4) 环境因素，包括通道不畅、采光照明不良、作业场所空气不良、室内地面滑、作业场地狭窄、恶劣气候等。

二、安全设施设置

安全设施分为预防事故设施、控制事故设施、减少和消除安全生产事故及环境事件影响设施。

1. 预防事故设施

预防事故设施包括离散型过程控制系统(DCS)、安全仪表系统(SIS)、火灾报警系统(FAS)、可燃气体/有毒气体检测系统(FGDS)和电视监控系统(CCTV)、安全卫生监测系统等监测报警设施；安全防护罩、防雷接地、防静电接地、防高(低)温及防灼烫设施、防腐防渗、电气过载保护等设备安全防护设施；电气仪表防爆、惰性气保护等防爆设施；防噪声和振动、通风、护栏、除尘等作业场所防护设施；安全色、安全标志、职业卫生警示等安全警示标志等。

2. 控制事故设施

控制事故设施包括安全阀、止回阀、阻火器等泄压和止逆设施；应急电源、火炬排放、事故排水、紧急停车系统和仪表联锁等紧急处理设施。

3. 减少和消除安全生产事故及环境事件影响设施

减少和消除事故影响设施包括防火堤、建构筑物防火防爆及耐火保护、消防设施、事故淋浴洗眼器、应急照明，作为重大危险源的液氨储罐应具有放空排放气回收处理及消防喷淋系统。在外排水上设有三级防控设施。当突发事故事件出现有毒有害污染介质外泄时，应立即采取区域隔离隔绝或全线停车等措施，充分利用消防设施稀释溶解，现场依托各环保设施(隔油池、地下氨水槽、火炬、应急池等)进行回收或处理。

近年来中国石油氮肥企业陆续实施了锅炉烟气的脱硫脱硝、超低排放及尿素造粒塔尾气粉尘治理等环保项目，为周边和谐的生态环境做出了积极贡献，展示了中国石油良好的企业形象。

三、安全管理措施

1. 安全管理组织机构

企业制定 QHSE 管理体系，质量安全环保管理部门负责安全管理工作，各装置车间设专职安全管理人员，负责装置的日常安全管理、日常安全检查、现场监督等工作。安全生产管理机构的设置和专职安全生产管理人的配备满足《安全生产法》等法律法规的要求。

2. 安全生产责任制、安全管理制度、操作规程的建立和执行

1）安全生产责任制的建立和执行

企业结合 HSE 管理体系要求，依据《安全生产法》制订《安全生产责任制》及《安全生产责任清单》，规定公司领导安全职责、职能部门安全职责、车间干部和员工安全职责和全体员工基本安全职责，覆盖生产的各部门各岗位，齐全可靠。

2）安全生产管理制度的制定和执行

企业建立安全教育、安全检查、安全检修、危险化学品安全管理、职业卫生、消防等各项安全生产管理制度，定期开展 QHSE 审核。不断强化直接作业环节安全管理，制定完善作业环节安全管理标准涵盖动火作业、进入受限空间作业、高处作业、破土作业、临时用电作业、施工作业、安全检修等各项安全管理标准，并全面实施作业许可(电子化票证)，采用作业预约、人脸识别、手持机现场确认审核等信息化管理手段，有效地保证了企业的安全生产。

3）安全技术规程和作业安全规程的制定和执行

编制各装置工艺技术操作规程，操作规程包含装置重点关键设备的操作规程，指导岗位人员的操作和装置异常状态下的处理。作业前利用安全分析工具对作业各步骤进行分解，项目负责人和作业人员进行充分风险识别，制定安全防控措施，专职安全检查人员检查落实安全措施实施情况，确保作业过程安全可控。

4）应急预案的制定和演练

企业根据存在的固有风险，依据《生产安全事故应急预案管理办法》《生产经营单位安全生产事故应急预案编制导则》制定突发事件总体应急预案及专项应急预案，全面贯彻落实“安全第一、预防为主、综合治理”的方针，规范应急管理工作，提高突发事件的预防能力，应急救援反应速率和协调水平，增强综合处置重特大事件的能力，预防和控制次生灾害的发生，保障企业员工和社会公众的生命安全，最大限度地减少财产损失、环境污染和社会影响。制定年度应急演练执行计划，实行公司、二级单位、属地车间三级应急演练方式，提高全体员工应急演练水平。

5）重大危险源管控

企业依据《安全生产法》《危险化学品安全管理条例》《危险化学品重大危险源监督管理暂行规定》制定诸如液氨储罐等重大危险源管理标准，严格按照要求每三年委托第三方进行一次安全评估，对装置存在的固有风险防范措施的有效性进行全面评估，确保重大危险源运行依法合规。

6）主要负责人、安全管理人员安全生产知识和管理能力

主要负责人、分管负责人和安全管理人员均应具备安全管理能力，并需取得由安全生产监督管理部门颁发的主要负责人和安全生产管理人员安全生产知识和管理能力考核合格证。

7）其他从业人员应掌握安全知识、专业技术和应急救援知识

按国家相关规定和企业标准对从业人员定期进行培训和安全教育，制定员工培训管理办法。对工程技术人员进行专项的危险与可操作性分析（HAZOP）、保护层分析（LOPA）、工作前安全风险识别（JSA）等安全分析工具的培训，提高技术管理人员在生产活动中风险辨识能力，确保装置安全平稳运行。所有与健康安全环境直接有关的岗位操作人员及外来入厂人员应接受健康安全环境基本知识与基本技能培训，合格后方可上岗或入厂。岗位操作人员应进行专业知识培训和实际技能鉴定，合格者持证上岗。符合国家规定范围内的特种作业人员，上岗前必须经主管部门组织专业培训，取得权威机构颁发的操作证后方可上岗，并定期接受复审。

实行三级安全教育（厂级、车间级、班组级）和专业培训，从业人员了解装置的安全生产基本知识，安全生产规章制度和劳动纪律，工作环境及危险因素，所从事岗位可能受到的职业伤害和伤亡事故，所从事工种的安全职责、操作技能，自救互救、急救方法、疏散和现场紧急情况的处理，安全设备设施、个人防护用品的使用和维护，预防事故和职业危害的措施及应注意的安全事项等。从业人员经培训考核合格后持证上岗。

第四节　先进控制和信息化技术应用

氮肥企业通过生产执行系统（MES）、先进过程控制系统（APC）、企业资源计划系统（ERP）、设备资产管理（EAM）等信息技术的综合应用，在生产执行、生产管理、经营管理、决策分析等方面结合企业自身实际需求以及具备的内部基础和外部环境，把与生产管理、过程控制、资产管理紧密相关的信息化作为重点内容和主要方向，有效提升了企业的平稳生产运行水平和经营管理效率，提高了产品质量，实现了降本增效，助力企业实现效益最大化。

一、先进控制的应用

大型氮肥生产具有工艺复杂、高温、高压、易燃、易爆、有毒等特性，需要可靠有效的检测方法与控制手段来保证安全生产和高效平稳运行。化工自动化技术融于氮肥行业各个方面，已成为氮肥企业提高效益和市场竞争能力的有效手段。过程控制也从传统控制发展为现代的先进控制及优化控制。

1. 先进控制及其特点

先进控制(APC)是对不同于常规单回路控制的控制策略的统称，用于处理采用常规控制效果不好，甚至无法控制的复杂工业过程。先进控制最具有代表性的技术是“多变量预估控制”，它与常规控制有两点不同之处：第一，它是对被控对象(如反应器等)进行多变量控制而不是单回路控制，而且被控变量也由传统的温度、压力、流量、液位四大参数转变为产品质量指标和设备负荷的控制，有效提高了整个装置的平稳性，为卡边操作、挖掘生产潜力、提高生产效益创造了条件；第二，对于合成氨生产过程，应用预估控制技术可降低工厂操作数学模型精度要求。

先进控制通常用于处理复杂的多变量过程控制问题，如大时滞、多变量耦合、被控变量与控制变量存在着各种约束等，可使控制系统适应实际工业生产过程动态特性和操作要求。

2. 合成氨装置的先进控制

中国石油多套合成氨装置结合装置运行特点及控制难点，针对转化系统控制、氢氮比控制等管理难点进行分析，对影响装置平稳率及氨产量的控制点采用数学模型建立各系统的先进控制器，提高装置的自动控制水平，降低操作人员的劳动强度，实现装置安全、平稳生产，节能降耗，提高装置的综合经济效益。

合成氨装置的控制系统是一个较为复杂的多变量系统，为适应这一情况，需采用多层次的分层控制结构，如图 4-1 所示。采用的主要技术包括：基于机理分析与测试辨识相结合的生产装置动态建模技术；多变量模型预测控制技术；多控制器协调优化技术；复杂控制技术等。

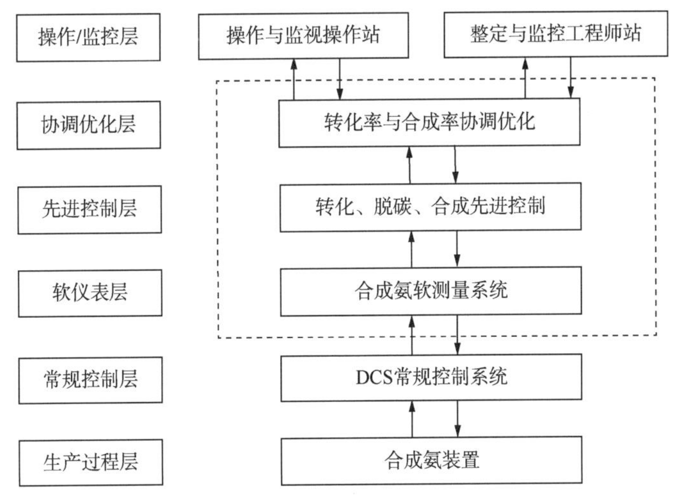

图 4-1　先进控制系统结构示意图

选择在合成氨工艺生产中具有代表性的转化工序、净化工序、氨合成工序分别建立如图 4-2 所示的先进控制结构。

(1) 转化工序先进控制器。建立转化工序先进控制器是保证操作指标在设计范围内，确保安全生产；优化水碳比、空碳比；平稳控制一、二段转化炉温度和汽包液位；优化操作参数，实现节能增效。

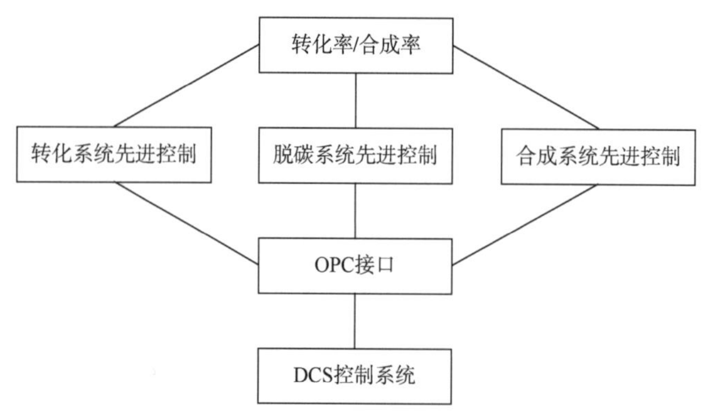

图 4-2　先进控制结构示意图

（2）净化工序先进控制器。建立净化工序先进控制器为平稳控制冷箱液位，减少液位波动，提高自动控制率，使系统操作平稳。

（3）合成工序先进控制器。建立合成系统先进控制器为平稳控制氢氮比、系统压力、氨合成塔温度等。

1）转化系统先进控制

转化系统的一段蒸汽转化炉甲烷的转化率受天然气组成、反应温度、水碳比等因素影响，而二段转化炉温度受一段蒸汽转化炉转化率、空碳比等因素影响，因此一段蒸汽转化炉、二段转化炉的温度控制是一个多变量、耦合性强的工艺体系，需要采用 APC 多变量模型预测，建立生产过程中各个控制变量、操作变量、干扰变量的数学模型，对一段蒸汽转化炉、二段转化炉出口温度进行优化，从而把二段转化炉出口的残余甲烷量控制在一个较理想的范围内，降低合成氨生产的能耗。

控制中需要在线实时计算一段蒸汽转化炉出口甲烷含量、二段转化炉出口甲烷含量，刷新周期为 10s。通过一段蒸汽转化炉出口温度优化控制，通过调节燃料气流量，引入水碳比和原料气流量的干扰因素，建立以一段蒸汽转化炉出口温度为目标的强干扰模型，实现延长炉管使用寿命、降低燃料消耗的目的。

2）净化系统先进控制

对于采用深冷工艺进行合成气深度净化的工艺，通过采用先进控制系统，可以克服上游工序扰动，平稳控制冷箱液位及后续操作，保证安全生产，并降低操作员操作强度。

净化系统先进控制通过调节膨胀机入口前阀位开度和膨胀机进出口压差作来控制冷箱液位，避免了液位大幅波动的现象，这样有利于冷箱内气液相稳定，也为下游工序的稳定操作创造了有利条件。

3）合成系统先进控制

氢氮比是氨合成反应的关键控制指标，受系统负荷、空碳比、组分等诸多因素影响。采用先进控制后，直接通过调节氢氮比，使合成塔操作平稳。

由于氮气在二段转化炉加入，而最终体现在氨合成塔入口，中间流程长，导致滞后时间很长。采用先进控制系统，集成多变量预测控制器、模糊控制器、Smith 控制器、自适应控制、智能控制等先进控制技术，解决了氢氮比控制中多变量、强耦合、大滞后、大惯性、强非线性等过程的控制问题，提高了大型合成氨装置氢氮比控制的快速响应与准确性，可减少能量消耗和设备损耗，节约生产运行成本，最大限度地发挥装置的生产能力[1]。

二、MES 系统在氮肥装置的应用

MES 的上线投用，为大型氮肥生产企业的智能物联提供了一个坚实的智能化数据平台。对于企业生产、安全环保、计量、质量、工艺、设备等的支撑和提升作用越来越大，提高了企业基础生产过程数据的集成度，加强了对整个生产执行过程的监督，提高了生产的稳定性、安全性和生产受控的管理水平，降低了生产成本。

MES 系统由多个模块组成，可以为企业提供生产计划管理、生产调度管理、生产过程数据收集、质量管理、库存管理、数据集成分析等功能，此系统可以应用于不同办公环境下的生产装置，满足生产过程的多种需求。MES 在企业的信息系统中承担了连接管理层和生产层的桥梁作用，实时收集生产过程数据，并进行分析和处理，最终对整个生产过程进行优化。

MES 的核心是集成，通过对企业上层经营计划管理与下层生产过程控制管理的有效集成，将企业的生产和经营集成为一个高效运转、自动化的整体。MES 将经营目标转化成生产过程中的操作目标，通过反馈执行结果，不断调整和优化，形成一个周期性的从生产经营到生产运行和过程控制的高效能闭环系统。ERP 系统可以从 MES 中获取到生产成本、制造周期以及产出时间等实际生产数据，还可以从 MES 中取得生产定单的实际状态，企业当前的实际生产能力情况，以及企业生产内容变化的相互约束关系。DCS 过程控制可以对生产的工艺参数进行优化。同时 MES 也需要从 ERP 或 DCS 中获取到自身需要的数据，这些数据可以保证 MES 在生产中的正常运行，实现化工企业上层管理与下层生产之间信息的有效集成。

三、设备管理信息技术

1. 设备综合管理平台

设备综合管理平台(EIM 系统)是设备基础数据的综合性管理平台，它主要包括设备档案、装置设备运行管理、材料检修计划管理、故障检维修记录管理、仪表计量设备管理、人员管理、事故时间管理、材料出入库管理、系统的使用评价等模块。

设备档案管理将设备分为不同类别并根据类别显示设备参数。除输入参数等基本信息外，还把关于此台设备的原始文档及过程文档进行录入，便于对日常故障维修分析提供判断依据。

故障及检维修记录管理将日常的维修记录根据周检维修计划录入，录入时强调数据的及时性、完整度。记录伴随着设备的完整生命周期。

设备的启停记录包括设备运行初始值设置和设备启停记录。通过设备的启停记录，充分体现备件及检维修的质量情况，可以帮助筛选备件供应商，控制检维修过程。

计划部分由月度检维修计划、材料备件计划(包括急件计划)组成。检修计划内容包括：项目明细、检修计划项目物料，计划按照设计好的流程审批实施，分为车间级和厂级检维修计划的审批。通过流程的设计来控制检维修项目的数量及配件的质量，使效益最大化。

系统的使用评价包括两部分：用户操作统计报表、应用评价。用户操作统计报表涉及的内容主要包括：人员登录统计、设备台账统计、设备运行的统计、计划统计、出入库统计、上传文档统计等多类。应用评价包括：常用用户比，操作频繁度、及时性，数据完整度，业务数据增量，应用覆盖度五部分，系统每月统计一次，中国石油对统计结果进行排序。系统的使用评价模块为设备的过程管理提供依据。

2. 设备点检仪管理系统

设备点检仪管理系统成功结合了普通点检仪的数据采集、数据测量以及上位机软件的数据分析功能，使得点检员在现场也能够查询历史记录并根据当前数据进行分析、判断，及时制定设备维护方案，实现在线运行转动设备的管理规范化、数据有效化及信息共享化。将设备点检仪管理系统与企业已采用的设备EIM管理信息系统、现场总管管理系统等进行有机的结合，可使企业生产管理信息系统的功能得到大大加强。

管理人员可根据生产现场的实际情况通过系统软件自由地编制巡检计划，计划编制完成后管理人员可将计划发送至巡检器。巡检人员按照巡检器上接收到的计划要求，在规定时间去执行规定的任务，完成任务后巡检人员将已存储在巡检器内存中的数据上传至计算机。管理人员即可获得即时数据信息，并可通过系统提供的多种分析处理功能，对数据进行分析处理。

系统使管理人员可以及时掌握设备“健康”及生产运行状态，以及工作人员的工作状况，并且使数据电子化达到无纸化管理，使管理工作达到经济、科学、实效管理的目的，使生设备的运行达到“安、稳、长、满、优”的管理目标。

3. 特种设备管理系统

特种设备管理系统智能化内容包括：(1)建立特种设备(包括压力容器、压力管道等)台账，同时检验检测单位可将压力容器及压力管道的检验检测报告直接上传至该系统中；(2)创建“原创腐蚀监测与管理决策系统”，建立定点测厚台账，有效促进容器管道的腐蚀监控；(3)通过对一段蒸汽转化炉以及高温设备管红外测温，将测温结果导入EAM系统，创建数据库，为高温设备管道运行系统提供可靠的管理依据，目前已扩展到用红外监测电动机运行的异常发热点、机泵等动设备的温度分布、协助动设备状态监测以及对在运管道腐蚀减薄点的分析判断，通过EIM留存远红外照片通过人为比对分析判断异常变化；(4)通过对天然气管道法兰红外测漏，将测漏结果导入EAM系统，创建数据库，为天然气管道安全运行提供保障；(5)通过在线测厚系统以及在线测漏系统实施监测腐蚀较大的高危管道，为高危管道安全运行提供可靠的保障。

4. 多元可视化系统

为了方便日常检修和大检修的管理，生产企业采用多元可视化检修管理系统，包括实景工厂、设备台账、检修管理、违章管理、合同管理、检修专项管理、检修相关配置和系统设置等八大功能模块。

多元可视化检修管理系统将新建检修计划与合同相关联，开工前完成计划的批量提交和审批操作，过程涉及技术交底资料准备、技术交底双方(建设方与施工方)确认、检修动态过程记录及节点验收等内容，并以检修计划完工确认为终点，从而实现了“日常检修计划工单全生命周期数据”的记录、统计与痕迹化管理。

检修计划的审核根据需要采取不同层级的审核。在确定检修计划施工企业后，车间技术人员与施工企业负责人，以日常检修工单台账为基础，借助拍照、视频功能，进行可视化安全、技术交底，对检修设备的关键部位、安全关注点进行拍照说明，并附加文字注释，实现更精准、更便捷的技术交底方式。

参 考 文 献

[1] 戴雪燕，闫小斌，雷跃强，等. 大型合成氨装置实现先进控制提升工厂智能建设步伐[C]//第十六届宁夏青年科学家论坛石化专题论坛论文集，银川，2020.

第五章　大型氮肥项目经济性分析

以天然气为原料和以煤为原料的大型氮肥项目因其原料成本及公用工程消耗不同，其经济效益也有所不同。通过对不同原料路线的大型氮肥项目进行经济性分析，比较不同原料路线项目的盈利能力、经济效益及影响经济效益的敏感性因素，同时对原料及产品进行可承受价格的分析，可以对不同原料路线大型氮肥项目的经济性有更为全面的认识。

第一节　经济性分析简介

项目的经济性分析，是在现行会计规定、税收法规和价格体系下，通过财务效益与费用(收益与支出)的预测，编制财务报表，计算评价指标，考察和分析项目的财务盈利能力、偿债能力和财务生存能力，据此判断项目的财务可行性，明确项目对财务主体及投资者的价值贡献。

经济分析是项目前评价的重要组成部分，是投资项目决策的重要依据，在项目或方案比选中起着重要作用，也可配合投资各方谈判，促进平等合作等。

经济分析应遵循的基本原则为：费用与效益计算口径的一致性原则；费用与效益识别的有无对比原则；动态分析与静态分析相结合，以动态分析为主的原则；基础数据确定的稳妥原则[1]。

经济分析的主要内容包括：选择分析方法；识别财务效益与费用范围；测定基础数据，估算财务效益与费用；编制财务评价报表和计算财务评价指标进行财务评价，主要包括盈利能力分析、偿债能力分析和财务生存能力分析；进行盈亏平衡分析和敏感性分析[2]。

第二节　项目经济性分析

一、经济性分析的依据

1. 分析依据

经济性分析的依据主要为国家发展和改革委员会、住房和城乡建设部印发的相关规范、国家相关税法以及行业内相关参数等，包括《建设项目经济评价方法与参数》(第三版)、《中华人民共和国增值税暂行条例及实施细则》以及《中华人民共和国企业所得税法》等。同时相关参数的选取参考了《中国石油天然气股份有限公司建设项目经济评价参数》(2020)等文件资料。

2. 基础数据与参数的确定

1）项目规模及投资

以大型氮肥项目的常规经济规模为分析基准，即合成氨规模为 45×10^4t/a，尿素规模为 80×10^4t/a。气头氮肥项目是中国石油以天然气为原料的 45×10^4t/a 合成氨、80×10^4t/a 尿素项目；煤头氮肥项目是国内某个以煤为原料的 45×10^4t/a 合成氨、80×10^4t/a 尿素项目。

基于以上规模，根据经验数据估算，以天然气为原料的项目建设投资按照 26 亿元考虑，以煤为原料的项目建设投资按照 35 亿元考虑。

2）项目计算期

项目计算期是指对项目进行经济评价应延续的年限，包括建设期和运营期。评价用的建设期是指从项目资金正式投入起至项目建成投产止所需要的时间。建设期的确定应综合考虑项目的建设规模、建设性质(新建、扩建和技术改造)、项目复杂程度、当地建设条件、管理水平与人员素质等因素，并与项目进度计划中的建设工期相协调。评价用运营期应根据多种因素综合确定，包括行业特点、主要装置(或设备)的经济寿命期，考虑主要产出物生命周期、主要装置物理寿命、综合折旧年限等。氮肥项目财务评价通常采用的建设期为 1~4 年，运营期为 15~20 年。

经济性分析将项目计算期确定为 18 年，其中建设期 3 年，生产期 15 年。投产后第一年、第二年生产负荷分别达到设计能力的 80%、90%，第三年达到 100%负荷。

3）基准收益率

经济性分析中参考行业相关规定，基准收益率取 10%。

4）折旧及摊销

按照中国石油发布的经济评价参数规定，氮肥项目的固定资产折旧采用综合折旧年限法计算，折旧年限为 14 年，预计净残值率按固定资产原值的 3%计算。无形资产及递延资产按规定期限平均摊销，无形资产摊销年限 10 年，递延资产摊销年限 5 年。

5）各项费用

经济性分析中工资及福利费按照全厂定员 460 人计，平均工资及福利费以 8 万元/(人·年)核算。修理费费率按固定资产原值(扣除建设期利息)的 2%计算；其他制造费用按固定资产原值的 1%计算；其他管理费用按 3.5 万元/(人·年)计算；其他销售费按销售总额的 1%计。

6）各项税率及利润分配

经济性分析中根据国家税务总局 2019 年第 14 号关于深化增值税改革有关事项的公告，2019 年 4 月 1 日起，尿素增值税为 9%，天然气及新鲜水增值税为 9%，其他投入物增值税税率为 13%。所得税率根据《中华人民共和国企业所得税法》(2007)规定计取，企业所得税率为 25%。税后利润中提取 10%的法定盈余公积金，剩余作为股东分红、未分配利润、偿还借款等。

7）资金筹措

经济性分析中的资本金比例均按照投资的 30%考虑，其余通过银行贷款解决，贷款利率按照央行公布的最新贷款利率，长期贷款利率 4.9%，流动资金贷款利率 4.35%。运营期内的贷款利息作为财务费用计入总成本。

二、氮肥项目的收入分析

营业收入是指销售产品或提供服务所取得的收入。在评价中，通常假定当年的产品(扣除自用量)当年全部销售，即当年商品量等于当年销售量。氮肥项目营业收入的估算依据，主要包括全厂的物料平衡、产品数量及规格、产品销售价格等。产品价格应为企业出厂价格，并应注明是否含增值税，同时保证投入与产出的价格口径一致。

经济性分析中尿素价格及销售收入见表 5-1。

表 5-1　产品售价及销量表

产品	含税价，元/t	不含税价格，元/t	产量，10^4t/a	销售收入，万元
尿素	1700	1560	87.12	135875

三、氮肥项目的成本分析

1. 原料成本分析

新建大型氮肥项目应充分考虑原料的可得性和价格，通常应靠近原料产地天然气田或煤矿。天然气价格可按从气田输送至厂区的到厂价格计取，含税价 1.55 元/m^3，不含税价 1.42 元/m^3。煤价则按照从煤矿坑口输送至厂区的到厂价格计取，含税价 290 元/t，不含税价 257 元/t，煤炭热值按照 24MJ/kg 的烟煤为基础进行核算。

项目的外购原料、包装袋及催化剂的成本比较见表 5-2，价格均为不含税价。

表 5-2　外购原料、包装袋及催化剂的成本比较

序号	项目	单价	价格单位	以天然气为原料			以煤为原料		
				年消耗量	消耗单位	成本，万元	年消耗量	消耗单位	成本，万元
1	天然气	1.42	元/m^3	478	10^6m^3	67972			
2	煤	257	元/t				98	10^4t	25184
3	包装袋	2.22	元/袋	1751	10^4 个	3891	1751	10^4 个	3891
4	催化剂及化学品					3723			1600
5	合计					75587			30675

从外购原料、包装袋及催化剂的成本比较来看，以天然气为原料生产尿素的成本高于以煤为原料生产尿素的成本，主要是因为天然气的原料成本远远高于煤的成本。

2. 公用工程的成本分析

项目的外购公用工程主要是新鲜水和电，价格均为不含税价，成本比较见表 5-3。

表 5-3　公用工程成本比较

序号	项目	单价	价格单位	以天然气为原料		以煤为原料	
				年消耗量	成本，万元	年消耗量	成本，万元
1	新鲜水	1.96	元/t	4443100	873	9900000	1945
2	电	0.31	元/(kW·h)	167642600	5201	257921600	8002
3	合计				6074		26106

从公用工程的成本比较来看，以天然气为原料生产尿素消耗的公用工程成本低于以煤为原料的公用工程成本，主要是以煤为原料需要消耗更多的水和电。

3. 总成本费用分析

遵循国家现行《企业会计准则》和《企业会计制度》的相关规定，总成本费用是指在一定时期(一般指一年)为生产和销售产品或提供服务而发生的全部费用。项目的总成本包括生产成本和期间费用，即管理费用、财务费用和销售费用[2]。

由于年总成本是变化的，分析中按照各年平均总成本进行分析。表 5-4 中通过对总成本的分项分析，原材料在成本中所占比重最大，其次是折旧。因此原料及投资额是成本控制的重点。

表 5-4　总成本主要项目分析表

序号	项目	以天然气为原料的氮肥项目		以煤为原料的氮肥项目	
		成本，万元/a	占总成本比例,%	成本，万元/a	占总成本比例,%
一	生产成本	110187	93.56	97654	90.16
1.1	原材料费	74075	62.90	30062	27.76
1.2	燃料及动力	5953	5.05	30623	28.27
1.3	工资及福利费	5520	4.69	5520	5.10
1.4	维修费用	4993	4.24	6353	5.87
1.5	折旧	17015	14.45	21735	20.07
1.6	其他制造费用	2631	2.23	3361	3.10
二	管理费用	3132	2.66	5507	5.08
2.1	摊销费	624	0.53	2824	2.61
2.2	安保基金	631	0.54	807	0.74
2.3	其他管理费用	1610	1.37	1610	1.49
2.4	安全生产费	266	0.23	266	0.25
三	财务费用	3123	2.65	3817	3.52
3.1	长期借款利息支出	2852	2.42	3581	3.31
3.2	流动资金借款利息支出	271	0.23	236	0.22
四	销售费用	1332	1.13	1332	1.23
五	总成本	117774	100	108309	100

从成本对比分析来看，以天然气为原料的总成本高于以煤为原料的总成本。主要原因在于原料成本，即天然气成本远高于煤炭的成本，天然气原料成本占总成本的 63%，而煤的原料成本仅占总成本的 28%。

总成本中另一项比例较大的是折旧，由于以天然气为原料的项目投资低于以煤为原料的项目投资，因此以天然气为原料的折旧低于以煤为原料的折旧。

四、经济效益分析

通过对收入和成本的对比分析，对不同原料的项目进行现金流和盈利能力分析，其经济效益指标见表5-5。

表5-5 经济指标对比表

序号	经济指标	以天然气为原料	以煤为原料	备注
1	总投资，万元	281523	386311	
1.1	建设投资，万元	259000	360000	
1.2	建设期利息，万元	13482	18467	
1.3	流动资金，万元	9041	7844	
2	销售收入，万元	133158	133158	各年平均值
3	总成本，万元	117774	108309	各年平均值
4	销售利润，万元	15067	24543	各年平均值
5	所得税，万元	3767	6136	各年平均值
6	税后利润，万元	11300	18407	各年平均值
7	贷款清偿期，a	7.46	6.84	不包括建设期
8	总投资收益率,%	5.35	6.35	
9	资本金净利润率,%	13.61	15.66	
10	所得税前内部收益率,%	13.14	12.90	
11	所得税前净现值，万元	50970	64533	折现率为10%
12	所得税前投资回收期，a	8.83	8.89	包括建设期
13	所得税后内部收益率,%	11.73	11.32	
14	所得税后净现值，万元	27071	28005	折现率为10%
15	所得税后投资回收期，a	9.33	9.43	包括建设期

从经济效益指标来看，在确定的原料和产品价格体系下，以天然气为原料和以煤为原料的税后财务内部收益率均高于基准折现率10%，表明在不考虑融资方案时两个项目均具有一定的盈利能力和经济效益。以天然气为原料的氮肥项目的内部收益率高于以煤为原料的氮肥项目，表明当天然气价格较低时，天然气制氮肥项目经济效益更好。

五、敏感性分析

敏感性分析通常是改变一种或多种不确定因素的数值，计算其对项目效益指标的影响，通过计算敏感度系数和临界点，判断项目效益指标对它们的敏感程度，进而确定关键的敏感因素。

敏感性分析以气头氮肥为基础，通过对建设投资、原料成本、销售价格和生产负荷几个方面进行单因素敏感性分析，分别计算项目效益指标对其敏感程度，详见表5-6及图5-1。

表 5-6　以天然气为原料的氮肥项目的敏感性分析表

变化因素	变化幅度,%	内部收益率,%		敏感度系数	
		所得税前	所得税后	所得税前	所得税后
建设投资	-10	15.08	13.38	-1.48	-1.41
	-5	14.08	12.52	-1.42	-1.36
	0	13.14	11.73	0.00	0.00
	5	12.27	10.98	-1.33	-1.27
	10	11.45	10.28	-1.29	-1.23
原料成本	-10	17.38	15.13	-3.23	-2.90
	-5	15.38	13.52	-3.41	-3.06
	0	13.14	11.73	0.00	0.00
	5	10.60	9.70	-3.86	-3.46
	10	7.68	7.13	-4.16	-3.92
销售价格	-10	8.02	7.47	3.89	3.63
	-5	10.70	9.73	3.71	3.41
	0	13.14	11.73	0.00	0.00
	5	15.40	13.58	3.44	3.16
	10	17.51	15.32	3.33	3.07
生产负荷	-10	11.01	9.93	1.62	1.54
	-5	12.10	10.84	1.59	1.51
	0	13.14	11.73	0.00	0.00
	5	14.15	12.58	1.53	1.46
	10	15.12	13.40	1.51	1.43

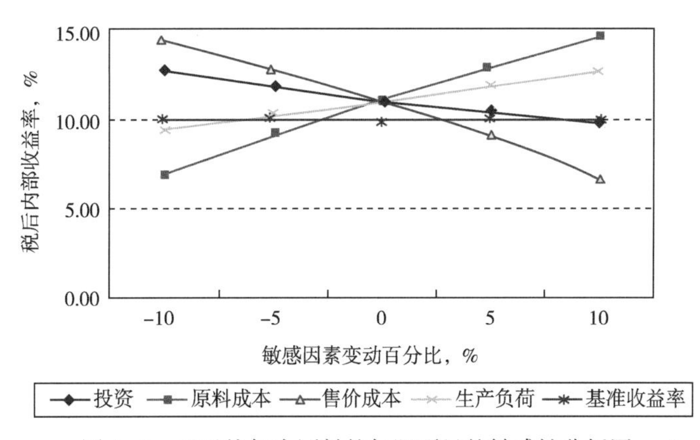

图 5-1　以天然气为原料的氮肥项目的敏感性分析图

通过敏感性分析可知，当建设投资、原料成本、销售价格、生产负荷在-10%~10%区间内变化时，内部收益率的变化幅度有所差别。产品价格和原料成本的变化导致内部收益率变化最大，表明项目对产品价格及原料成本变化最为敏感；建设投资的变化对项目的内部收益率影响次之；生产负荷的变化对项目的内部收益率影响最小，是最不敏感的因素。由此可见，产品价格和原料价格是该项目的重要敏感因素。

六、原料的可承受价格分析

从经济指标及敏感性分析来看，大型氮肥项目的经济效益主要取决于原料及产品的价格，因此分析原料和产品的可承受价格可以对不同项目的盈利能力有更深入的认识。

以尿素含税价格1700元/t，项目基准收益率10%为基础，可以反推原料的可承受价格。

当原料为天然气时，可承受的天然气价格为1.7元/m^3(含税价)，不含税价格为1.56元/m^3。当天然气价格低于可承受价格时，项目具有较好的经济效益。

当原料为煤时，可承受的煤价为332元/t(含税价)，不含税价格为294元/t。当煤价低于可承受价格时，项目具有较好的经济效益。

七、尿素的可承受价格分析

尿素价格是影响项目经济效益的另一重要因素。尿素作为农业生产必需的生产资料，其价格受农作物的施肥需求和国家相关调控政策的影响较大。

以天然气含税价格1.55元/m^3为例，项目基准收益率10%为基准，反推尿素可承受价格为1626元/t(含税价)，不含税价格为1492元/t。当尿素产品价格高于可承受价格时，项目具有较好的经济效益。

以煤含税价格295元/t为例，项目基准收益率10%为基准，反推尿素可承受价格为1630元/t(含税价)，不含税价格为1495元/t。当尿素产品价格高于可承受价格时，项目具有较好的经济效益。

八、经济性分析结论

大型氮肥项目的经济效益主要取决于产品和原料的价格，由于尿素价格受国家相关调控政策的影响，尿素项目的经济效益不会很高。当尿素价格一定时，项目经济效益则主要取决于原料的可得性及原料价格。如能够获得可靠的天然气来源及较有竞争力的价格，以天然气为原料的大型氮肥项目仍具有一定的盈利能力和经济效益。

参 考 文 献

[1] 国家发展改革委，建设部. 建设项目经济评价方法与参数[M]. 3版. 北京：中国计划出版社，2006.
[2] 注册咨询工程师(投资)职业资格考试参考教材编写委员会. 现代咨询方法与实务[M]. 北京：中国统计出版社，2020.

第六章　氮肥技术展望

氮肥技术经过一百余年的发展，取得了令人瞩目的成就，已成为最先进、成熟的化工生产技术之一。虽然目前世界氮肥总量增幅放缓，但仍是保障国民经济发展的基本化工产品。氮肥技术的可持续发展是未来化工行业实现节能降耗和绿色低碳的重点之一。本章以安全、健康、绿色、环保的产业发展理念，阐述了合成氨和尿素技术的未来发展趋势和前沿技术研究方向。

第一节　合成氨技术展望

粮食的刚性需求及其战略地位决定了合成氨的战略性地位。虽然随着 21 世纪生物固氮等新技术的进步，化肥在农业上的使用量在逐步减少，但随着新兴材料产业的发展，合成氨在工业中的使用量将不断增加。因此，合成氨工业仍是不可替代的传统工业，需通过技术进步不断得到持续发展。

超大型化、绿色低碳、数字智能、新技术应用，将是未来合成氨技术的主流发展方向。

一、超大型化

大型化规模技术是实现合成氨装置的集约布局、节能降耗、安全环保的重要方式[1]。目前世界上最大的以天然气为原料的合成氨装置规模为 3300t/d，依靠工艺技术和材料的进步，进一步增加单系列合成氨装置的规模，是降低装置投资和能耗的有效方法。对于以天然气为原料的合成氨工艺，为了限制一氧化碳变换、二氧化碳脱除工序的设备尺寸，蒸汽转化压力需要进一步增加，如当装置规模从 3300t/d 增加至 4700t/d 时，转化压力需要提高约 0.5MPa，提高压力可以进一步降低综合能耗，降低合成气压缩机能耗，减少设备尺寸，有利于 CO_2 的吸收而减少 MDEA 溶液使用量，但是不利于蒸汽转化反应的进行。天然气压缩机、空气压缩机的功率与装置规模同比例增加，但这些设备都已经在空气分离等工业装置中有应用经验[2]。

在蒸汽转化工序，如采用传统的蒸汽转化方式，一段蒸汽转化工艺的规模与其转化炉所需炉管数大致成正比，装置规模扩大，转化炉尺寸和炉管数增加，投资比例相应增加。表 6-1 对比了 2200t/d、3300t/d 与 4700t/d 合成氨装置一段蒸汽转化炉与二段转化炉的设备规格，其中 2200t/d 与 3300t/d 装置均已经实现了工业应用，而 4700t/d 的装置为概念设计[3]。

装置规模大型化后，采用自热式转化工艺代替传统的一段转化加二段转化工艺，可以有效地降低投资。对于自热式转化技术，装置规模扩大仅需增加自热式反应器的体积，空分装置在达到一定规模时投资的增加也并不显著。自热式反应所需水碳比低，反应器出口工艺气温度高，不仅确保了甲烷的高转化率，也减小了后续单元设备尺寸，装置投资低。根据测算，如图 6-1 所示，对于 4000t/d 合成氨装置，自热式转化技术比传统蒸汽转化技术的综合能耗增加约 6%，但总投资可减少约 14%[1]。

表 6-1 合成氨装置规模与合成气制备关键设备尺寸对比表[3]

合成氨装置规模，t/d	2200	3300	4700
一段蒸气转化炉体积，m^3	3025	4445	7088
转化管数量级及规格	288 根，6 排，5in	408 根，8 排，5in	570 根，10 排，5.12in
二段转化炉尺寸	ϕ4.5m×17.4m	ϕ5.0m×19.4m	ϕ5.5m×20.5m
二氧化碳吸收塔尺寸	ϕ5.0m/3.3m×42.6m	ϕ6.1m/4.1m×42.6m	ϕ7.1m/4.6m×42.6m
二氧化碳解吸塔直径与填料形式	ϕ6.1m，PRM50	ϕ7.6m，PRM50	ϕ7.9m，IMTP70(或 ϕ8.6m，PRM50)

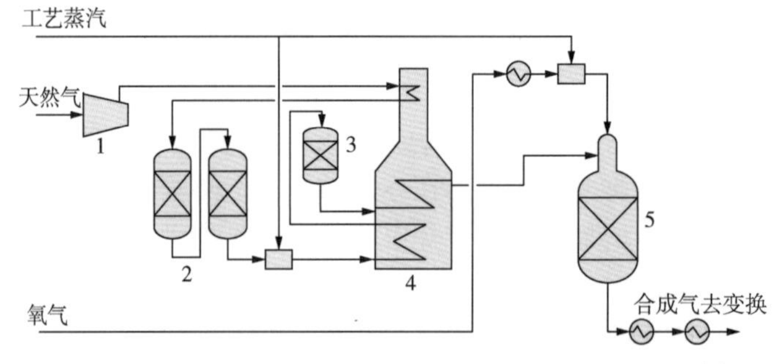

图 6-1 4000t/d 合成氨装置自热式转化工艺流程示意图[1]

1—天然气压缩机；2—脱硫；3—预转化；4—加热炉；5—自热式转化(ATR)

在脱碳工序，二氧化碳低压解吸塔是尺寸最大的设备，当装置规模扩大时，如继续增大会超过设备的运输极限。通过采用高效填料，可以降低二氧化碳解吸塔的尺寸，如当装置规模从 3300t/d 扩大到 4700t/d 时，将塔内填料由 PRM50 更换为 IMTP70，则可以将塔直径降低 0.8m，详细对比参见表 6-1[3]。

在氨合成工序，双压合成氨工艺是进一步实现装置大型化的有效方法，其中低压合成压力通常为 11MPa，高压合成压力为 20MPa。对于 4700t/d 的装置规模，3 台氨合成塔尺寸均限制在 3.2m 以内，与目前大型合成氨装置氨合成塔的尺寸相当，不会存在运输问题。对于合成气压缩机，由于转化压力的提高，合成气压缩机功率提高了约 33%。上述相关设备尺寸数据对比参见表 6-2[2]。

表 6-2 合成氨装置规模与氨合成关键设备参数对比表[3]

合成氨装置规模，t/d	2200	3300	4700
工艺流程	单压双回路工艺	双压氨合成工艺	双压氨合成工艺
合成气压缩机功率，kW	25864	28600	38078
合成气压缩机转速，r/min	9575	9674	8859
氨合成塔数量	2	3	3

续表

氨合成塔尺寸	ϕ3.0m×11.3m	ϕ3.2m×18.9m	ϕ3.2m×18.9m
	ϕ2.9m×10.2m	ϕ3.0m×12.5m	ϕ3.2m×12.5m
	—	ϕ2.9m×12.2m	ϕ3.2m×19.4m

二、绿色低碳

绿色发展将是合成氨行业布局调整和转型升级过程中的核心理念，实施环境友好的清洁生产技术是未来合成氨发展的必然和唯一选择，也是贯彻《中国制造2025规划纲要》关于绿色制造的重要体现。合成氨企业是投入和产出大户，生产过程中不生成或尽量少生成副产物、废物，实现或接近零排放的清洁生产技术将日趋成熟和完善，在绿色发展领域大有可为[4]。

对于以天然气为原料的合成氨技术，生产过程中的主要排放物包括氮氧化物、VOC和CO_2排放等。科技进步是实现节能减排的重要基础，需通过不断整合资源，突破技术瓶颈，充分挖掘节能潜力，降低能源消耗成本，实现污染物综合、循环利用，达到零排放，进一步推动氮肥的技术进步和可持续发展。

1. 烟气脱硝技术

一段蒸汽转化炉和锅炉中燃料气的燃烧会导致烟气的排放，其中的氮氧化物(NO_x)是主要污染源，CO_2是温室气体。降低NO_x排放的主要方法包括采用低NO_x燃烧器和烟气脱硝技术。其中脱硝技术又包括选择性催化还原技术(SCR)和选择性非催化还原技术(SNCR)，原理均是通过在烟气中加入定量氨与氮氧化物反应进行氮氧化物的脱除。目前SCR脱硝技术比其他脱硝技术应用更广泛，开发高低温活性、低成本、长寿命的SCR催化剂是烟气脱硝技术的重要方向[5]。

2. 碳捕集技术

近年来碳排放导致的温室效应越来越受到关注，碳中和概念的提出对合成氨工业也将产生越来越大的影响，减少碳排放是大势所趋。合成氨装置中原料天然气和燃料天然气中碳元素通常都会以CO_2的形式排向大气，即使对于下游采用氨和CO_2合成尿素的化肥工厂，尿素在使用时会被土壤中的细菌分解，其中NH_3以离子形式被植物吸收，而部分碳仍会以CO_2的形式排放。所以降低碳排放的根源是减少天然气的使用量，如采用换热式转化工艺降低燃料天然气的消耗量，同时也减少的蒸汽发生量，用电能替代蒸汽作为部分压缩机的驱动方式。如下游没有尿素装置，脱碳系统排出的高纯度CO_2可以用于油田开采回注，也可以作为原料生产化工产品，如H_2与CO_2合成甲醇工艺等。一段蒸汽转化炉或锅炉中烟气中的CO_2则可通过碳捕集技术(CCS)收集后综合利用，由于烟气具有压力低、CO_2含量相对较低等特点，化学吸收法是最具有工程可行性的CO_2回收方法，其中醇胺法在回收低浓度CO_2的工业应用中较其他方法更有优势。醇胺溶液尤其是MEA吸收液，在天然气工业中已有约60年的商业应用，是目前公认的较为成熟的CO_2分离技术。但目前来看，碳捕集和利用项目仍缺乏成熟的商业化模式，随着未来碳税交易或其他碳减排政策日趋完善，大规模、高效、低成本碳捕集技术将发挥越来越重要的作用。

以煤为原料的合成氨技术，应根据煤种特点和元素含量，采用清洁的粉煤气化技术逐渐替代传统技术，开发并配套高温除尘、高温脱硫及其他有害元素脱除等各类新型净化技术，控制煤种中砷、汞、氯、氟、磷及其他微量元素的释放。过剩 CO_2 的排放，应利用其 CO_2 纯度高、易回收的特点，进行有效的回收、利用，实现近零排放，并促进煤化工行业废水资源的循环利用。

3. 绿色合成氨技术

太阳能光伏发电与风力发电技术的发展进步，使得可再生能源发电的成本越来越低，这些会带来合成氨工业革命性的变化。由于可再生能源的特点，传统上以化石能源为原料的大型化发展特点将不再适用，分布式、小型化的合成氨技术对于可再生能源而言将更加重要。基于可再生能源的合成氨技术，主要是以可再生能源发电，以电解水制取氢气，空气分离单元制取氮气，随后氢气和氮气为原料合成氨，工厂概念图如图 6-2 所示。同时，电解水制氢与空分都会产生的氧气，可以作为重要的化工原料支撑其他化工装置的生产。新型绿色合成氨技术在未来将扮演越来越重要的角色。

图 6-2　绿色合成氨工厂概念图

目前，世界多家合成氨专利商均开发了绿色合成氨技术。如 Uhde 公司基于其碱液电解制氢技术，将合成氨作为其氢能产业链的重要一环。氨不仅仅作为原料，同时也作为一种储能方式，图 6-3 是 Uhde 公司开发的 20MW 可再生能源发电对应的 50t/d 合成氨装置模块；Casale 公司开发了 A60 小型合成氨技术，其装置能力为 100t/d，目标是小型化、集约化、模块化设计，减少设备数量，合成压力为 20MPa，仅使用水冷或者空冷将氨在合成回路中冷却下来；Topsøe 公司也已经投资发展了绿色合成氨技术，主要关注 SOC_4NH_3 固体氧化物燃料电池，充分发挥氨的高储能密度性质与易输送特性，以太阳能、风、水和空气为原材料生产氨，同时将氨作为消费能源应用于生活领域[6]。

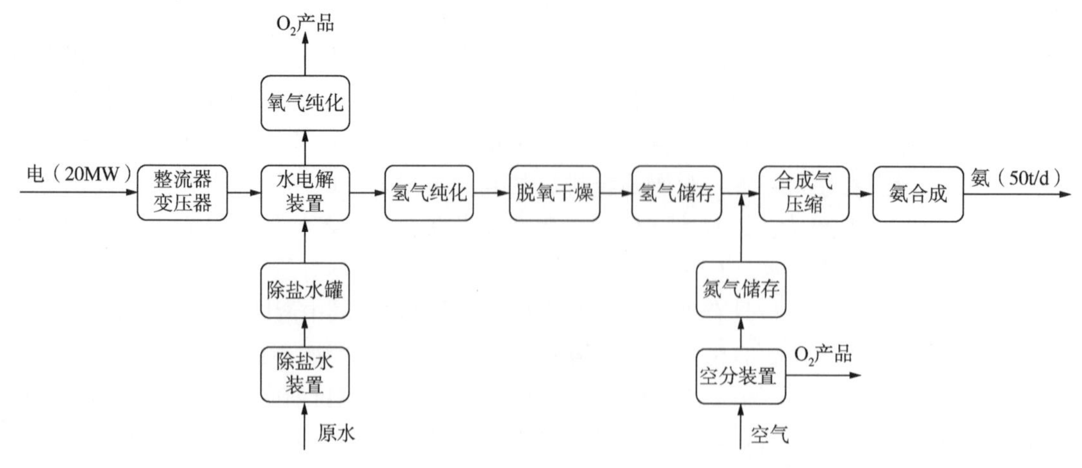

图 6-3　20MW 电解制合成氨典型工艺流程示意图[6]

对于氨合成流程，小型合成氨装置与传统大型装置基本相同，并具有以下特点：

(1) 合成气压缩机由于规模较小需使用电驱往复式压缩机；

(2) 氨合成塔仍可以使用三床径向结构，但是由于尺寸较小，可采用传统冷激形式调节床层温度，而非内部间接换热形式；

(3) 氨合成塔出口无须设置余热回收器副产蒸汽，除了加热入塔气外，可使用水冷器和氨冷器进行冷却和液氨分离；

(4)小型合成氨相比大型合成氨在投资上不占优势，其优势在于可以实现模块化设计、制造，避免了复杂的现场施工安装工作，模块化设备运至现场后可实现即插即用。

三、数字智能

智能化生产是传统石油化工行业提质增效、创新发展的重要抓手，也是传统合成氨工业“焕发新生”的重要机遇。合成氨工艺流程中涉及多种化学反应，很难用简单的计算方法实现全流程自动控制，而流程模拟技术与生产自动控制系统可以提供新的解决方案。采用大型通用流程模拟系统的接口技术，以严格的机理模型为基础，可以对生产过程进行模拟，也是其他应用软件的平台。作为实现模拟系统闭环优化的软件，能把实时数据库的数据提供给流程模拟软件，并把流程模拟的计算结果通过实时数据库提供给 DCS 的操作员，实现在线的实时生产操作调优。只有实现实时数据和关系数据的共享，才能使生产数据及时整合处理，成为生产管理和经营决策的依据。中国石油某化肥厂 CIMS 中应用实时数据库平台，不但提供了与关系数据库的 ODBC 接口，而且提供了实时数据的 Web 接口 Process Explorer，并使用 ODBC 实现实时数据库和关系数据库的数据交换，同时可以实现实时数据的信息发布，提高氮肥生产管理的精度和效率。此外，智能化生产还包括对装置所有设备的管理，通过先进的计算机控制系统收集所有设备信息，实时监控操作数据，避免给设备造成损坏，同时以机器学习算法学习历史数据，其他同类产品、同类装置的故障数据，对设备进行实时地“处方型维护”，最大限度地保证装置连续稳定运行。

未来，随着移动互联网、云计算、大数据等为特征的第三代信息技术快速发展，网络互联趋向移动化和泛在化，合成氨装置的生产管理将从计算机与计算机、人与人、人与计算机的交互逐渐向人、机、物的互联方向过渡，将合成氨模拟计算技术、工艺操作与优化技术、安全生产与管理技术等通过大数据学习方式由计算机进行整合，实现“装置数字化、网络高速化、数据标准化、应用集成化、感知实时化”[7]。

四、新技术应用

采用新型催化剂和新工艺，从源头上减少能耗是合成氨装置节能的理想措施[8]。自从 20 世纪 60 年代合成氨实现大型化以来，工艺技术并没有发生过质的改变。新型催化剂的开发是优化工艺参数，实现能耗降低的必然选择。新工艺则有助于提高目的产品的收率，提高装置的操作弹性，从而降低能耗。

在合成氨低能耗的技术开发过程中，主要工艺技术将会进一步提升，其核心体现在新型催化剂的开发和应用。合成气制备工艺将发展预转化、低水碳比转化、换热式转化等技术。如中国石油开发出的低水碳比天然气一段转化催化剂，在化肥企业的合成氨装置单周期应用多年，节约了天然气原料，经济效益明显。世界上最领先的一段转化催化剂供应商仍在致力于提高催化剂的比表面积和强度，以达到提高反应活性、降低水碳比、减少阻力降的目的。如国内使用最为广泛的四川天一公司 Z111 型催化剂和克莱恩公司 C11 型催化均为多孔碟面结构，其中 Z111 为 6 孔结构，如图 6-4(a)所示，C11 为 10 孔结构，如图 6-4(b)所示，而庄信万丰公司最新开发的 CATACEL SSR™ 催化剂采用了折叠片状结构，结构如图 6-4(c)所示，不仅显著增加了比表面积，还通过流体力学优化了催化剂微结构内部的气流分布，在增加了 20%天然气负荷的情况下阻力降可降低 6%[9]。

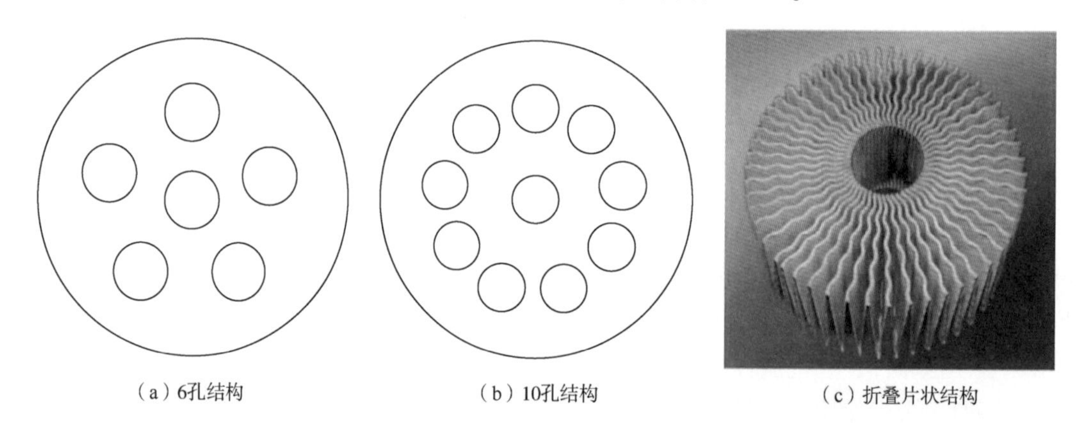

（a）6孔结构　（b）10孔结构　（c）折叠片状结构

图 6-4　一段转化催化剂结构示意图

合成气净化工艺主要包括开发新型 CO 变换技术与高效 CO_2 脱除技术。CO 变换工艺将重点研发等温 CO 变换、低水汽比 CO 变换和高选择性低温变换催化剂等技术。由于欧洲 REACH(《关于化学品注册、评估、许可和限制规定》的简称)出于职业卫生健康考虑限制了对含 Cr^{6+} 物质的使用，已有催化剂厂商开发了新型低铬高温变换催化剂，在不影响催化剂性能的前提下，Cr 含量可降至 0.02%以下[10]。另外，甲醇是合成氨生产中 VOC 排放的主要物质，甲醇作为副产物在变换反应过程中生成，并与 CO_2 共同排放至大气中或送至尿素装置。高温变换反应温度高，由于化学平衡的限制甲醇生成量很小，而低温变换的反应条件更加有利于甲醇的合成，所以降低甲醇排放的根本方式是通过优化变换催化剂的选择性，减少低温变换反应过程中的甲醇生成量。如庄信万丰等催化剂供应商已经开发了高选择性低温变换催化剂，可以降低约 90%的甲醇生成量[11]。另一种方式是降低工艺气冷凝温度，使得工艺冷凝液分离过程中更多甲醇溶解在水中，随工艺冷凝液排放。CO_2 脱除工艺将开发无毒、无害、吸收能力更强、再生热耗更低的净化技术。对于 VOC 排放限制较高的情况，可以在 CO_2 排放前增加水洗塔使甲醇溶解在水中排放，或通过排放气催化氧化措施将排放气中的甲醇在催化剂的作用下氧化为 CO_2 和水，催化剂通常为铂或钯催化剂，价格昂贵，同时排放尾气通过催化剂床层会有阻力降，需要 CO_2 排放气有一定压力。

氨合成工艺将重点研发如何增加氨合成转化率、降低合成压力、减小合成回路压降、合理利用能量，开发气体分布更加均匀、阻力更小、结构更加合理的合成塔及塔内件，开发高活性低压合成催化剂，实现“等压合成”。中国石油开发的低温、低压高活性钌基氨合成催化剂，通过催化剂配方优化，降低了催化剂中的钌含量，在 7~10MPa 压力下也具有良好的反应活性，是发展低压合成氨工艺的重要基础。

由于绿色合成氨概念的推广，以电作为能源进行合成氨将在未来发挥越来越重要的作用，所以基于电化学的常压合成氨工艺在未来也具有很大的发展空间。目前国内外有多种电化学合成氨体系，传统工艺采用液体电解质体系，虽然可以实现常温常压下合成氨，但是目前氨产率普遍较低；目前研究最多的是采用陶瓷膜的电化学合成氨技术，但是通常需要在450℃以上才能获得良好的导电性。采用质子交换膜电解质的电化学合成氨技术可在常温常压下进行，且电流效率高，氨差率大，但是存在涉氨环境下膜材料的稳定性问题[12]。这些技术距离大规模工业应用还有一定距离。

第二节　尿素技术展望

自20世纪60年代尿素生产工业化以来，各种工艺日臻成熟，生产过程中的原料消耗值大体接近，能量利用也已趋于完善。发展趋势主要集中在降低设备腐蚀、降低装置投资、提高装置安全性、装置大型化和生产清洁化等方面。

一、生产规模大型化

近年来新建的尿素装置规模为(50~80)×10^4t/a，工艺技术采用汽提技术。水溶液全循环尿素装置大都30×10^4t/a以下的，因为技术落后、能耗高、污染物排放高，属于将淘汰的落后产能。

目前装置规模最大的是4000t/d，氨汽提和二氧化塔汽提工艺都有这个规模的装置。Stamicarbon公司在2019年完成了5000t/d二氧化碳汽提尿素装置设计。

随着装置大型化的发展，工艺控制和设备检测技术水平也在不断提高，在线的氨碳比分析仪、雷达液位计和高压检漏系统等措施的应用，为装置的稳定生产提供进一步保障。

二、防腐蚀工艺和材料应用

尿素生产的工艺介质具有强烈的腐蚀性，尿素工业的发展是与尿素工业用材料和防腐方法的研究及发展紧密相连的。各种不同型号的奥氏体不锈钢，奥氏体—铁素体双相不锈钢，钛及其合金，锆及其合金等日益广泛地用于尿素工业，促进了尿素工业的发展。尿素专利商也根据自身的技术特点对材料有特别的选择。

经过国内外多年的生产实践，传统的二氧化碳汽提工艺暴露出一些不足之处，如果加氧量过高，使得尾气易燃爆；但过低的加氧量将导致设备腐蚀变得严重，氧含量需在合适的范围内；操作条件苛刻和操作弹性小等。Stamicarbon公司为了解决此问题，增加了CO_2脱H_2系统，高压洗涤器设计成带防爆空间的复杂结构。20世纪90年代以后，斯太米卡邦公司对工艺流程、设备用材和结构、设备布置等方面作了不少改进，推出了尿素合成塔高效塔板和池式甲铵冷凝器。改进后CO_2转化率有所提高，消耗指标有所下降，合成塔容积降低约30%，甲铵冷凝器传热面积减少约40%，工艺框架高度降低约20m，设备腐蚀率得到控制。

近年，Stamicarbon公司开发的LAUNCH MELT™系列技术，高压系统的设备和管道材料采用 Safurex 新材料，这种双相钢材料有很强的抗腐蚀性能，据介绍，生产中可以不加或少加防腐空气，这样就可以取消脱氢装置和结构复杂的高压洗涤器，高压圈流程简单；同时合成塔布置在地面。

Safurex 材料强度高，热膨胀系数与碳钢相近，可耐氯离子应力腐蚀而且焊接性能好，已经广泛应用于 CO_2汽提工艺的尿素厂。宁夏石化公司第二套化肥装置的尿素装置改造采用 Stamicarbon 的尿素 2000+™池式冷凝器工艺，池式冷凝器和汽提塔使用 Safurex 材料，鄂尔多斯联合化工的尿素装置(3520t/d)所有的高压设备和高压管道采用 Safurex 材料，该装置 2008 年底投产，现在 CO_2的加氧量小于 0.3%。Stamicarbon 在国外的工业规模厂也进行了停氧试验，但未见相关试验数据，如果实践证明，长期停氧不会使设备和管道的腐蚀加剧，在其新设计中将考虑取消防腐加氧，这将改变几十年的加氧防腐传统做法，进一步简化流程，也使生产更加安全。

意大利司南普吉提(Snamprogetti)公司为了减轻设备腐蚀的问题与钢厂共同研究开发了新的汽提塔材料，目前采用 25-22-2 管衬锆的双金属管作为汽提塔列管，较好地解决了设备的冲刷腐蚀问题，且设备制造难度大大降低。

开发高性能耐腐蚀新材料对尿素工艺的有利影响：(1)设备耐腐蚀性能提高，使用寿命延长；(2)二氧化碳气体中防腐空气用量将降低：压缩功耗降低，合成转化率提高，消耗降低，工艺尾气量降低，污染物排放减少，尾气洗涤系统更安全简化[8]。

尿素专利商与大型钢企或研究单位合作开发新型的防腐蚀材料，将有利于尿素工艺的优化和提升。

三、尿素新工艺开发

工业上以二氧化碳和氨制备尿素的工艺条件均为高温高压，因而也有研究者致力于常温常压条件下制备尿素的研究，不断在新型催化反应、光催化反应和电还原反应等方面进行探索，取得了一些实验结果[13]。

四、尿素新产品应用

作为重要的农用化肥和工业原料，2020 年世界尿素总产能约为 2.1×10^8t/a，中国有效产能为 7193×10^4t/a。

2018 年，尿素的工业需求约为总需求的 40%，2019 年、2020 年占比仍小幅增加。尿素的工业需求主要包括三聚氰胺、人造板、车用尿素、氰尿酸、火电脱硫脱硝等。

车用尿素方面，2019 年国内消耗车用尿素 240×10^4t，尿素需求约 80×10^4t。随着 2019 年我国汽车尾气排放标准的提高，车用尿素需求量将保持稳定增长。

国家产业调整目录(2018 年)鼓励类项目中，明确提出要鼓励各种专用肥和缓控释肥的生产，因此，提高化肥利用率，建设发展水溶肥、缓释肥、控释肥以及专用肥等新型的功能性肥料产品，是尿素产品的应用方向。其中包括包膜肥料、锌腐酸尿素、海藻酸尿素、合谷素尿素、复合肥和水溶肥，如尿素硝酸铵溶液(UAN)等肥料产品。

参 考 文 献

[1] 温倩，李志坚. 国内外合成氨行业分析和新动能构建思考[J]. 化学工业，2018，36(4)：1-6.

[2] Klaus Noelker. 4700mtpd single-train ammonia plant based on proven technology[C]. Nitrogen+Syngas 2018 International Conference & Exhibition, 2018.

[3] Higher single train ammonia capacity[J]. Nitrogen+Syngas, 2017, 349: 66-68, 70-72.

[4] 夏炎华. 我国尿素生产技术进展及展望[J], 煤炭加工与综合利用, 2016(8): 14-15.

[5] 宁汝亮, 刘霄龙, 朱廷钰. 低温 SCR 脱硝催化剂研究进展[J]. 过程工程学报, 2019, 19(2): 223-234.

[6] Sustainable ammonia for food and power[J]. Nitrogen+Syngas, 2018, 354: 44-53.

[7] 覃伟中. 传统石化企业的智能工厂建设探索[J]. 中国工业评论, 2016, 12(1): 38-43.

[8] 王岩. 化工节能技术现状及发展趋势[J]. 石油石化节能, 2019(6): 30-32.

[9] Wilson M, Brightling J, Carlsson M. Reforming catalyst under continuous development[J]. Nitrogen+Syngas, 2020, 363: 54-58.

[10] New shift catalyst variant[J]. Nitrogen+Syngas, 2014, 332: 16.

[11] Reducing ammonia plant emissions[J]. Nitrogen+Syngas, 2019, 357: 42-44, 46-49.

[12] 刘淑芝, 韩伟, 刘先军, 等. 电化学合成氨研究进展[J]. 化工学报, 2017, 68(7): 2621-2630.

[13] 史建公, 刘志坚, 刘春生. 二氧化碳为原料制备尿素技术进展 [J]. 中外能源, 2019, 24(1): 68-79.